高等职业教育精品规划教材

摄 影 测 量 学

主编 李付定

应急管理出版社

·北 京·

图书在版编目（CIP）数据

摄影测量学/李付定主编． -- 北京：应急管理出版社，2023
高等职业教育精品规划教材
ISBN 978-7-5020-9579-6

Ⅰ.①摄… Ⅱ.①李… Ⅲ.①摄影测量学—高等职业教育—教材 Ⅳ.①P23

中国版本图书馆 CIP 数据核字（2022）第 207389 号

摄影测量学（高等职业教育精品规划教材）

主　　编	李付定
责任编辑	胡　畔
责任校对	赵　盼
封面设计	王　滨
出版发行	应急管理出版社（北京市朝阳区芍药居 35 号　100029）
电　　话	010-84657898（总编室）　010-84657880（读者服务部）
网　　址	www.cciph.com.cn
印　　刷	北京地大彩印有限公司
经　　销	全国新华书店
开　　本	787mm×1092mm$^1/_{16}$　印张 $16^1/_2$　字数 355 千字
版　　次	2023 年 3 月第 1 版　2023 年 3 月第 1 次印刷
社内编号	20221444　　　　　定价 60.00 元

版权所有　违者必究

本书如有缺页、倒页、脱页等质量问题，本社负责调换，电话:010-84657880

编 委 会

主　任　蒲金龙　刘　忠
副主任　王　晖　李　燕　魏孔明
委　员（按姓氏笔画为序）
　　　　丁兆栋　马瑞山　王文革　王多荣　牛鹏程
　　　　兰聘文　卢建兵　刘志平　刘国强　刘　荣
　　　　朱启进　孙庆唐　吴森福　李志明　李　学
　　　　张宏升　何沛锋　杨　桢　陈　彦　胡贵祥
　　　　侯　侠　南永新　南有禄　赵澍民　黄少华
　　　　焦　健　梁珠擎　程来胜

本书编写人员

主　编　李付定
副主编　朱亚娟　康　富

序

改革开放以来，我国职业教育迅速发展。2019年国务院印发《国家职业教育改革实施方案》，进一步肯定了职业教育的作用及现实意义，要求要牢固树立新发展理念，服务建设现代化经济体系和实现更高质量更充分就业需要，对接科技发展趋势和市场需求，完善职业教育和培训体系，优化学校、专业布局，深化办学体制改革和育人机制改革，以促进就业和适应产业发展需求为导向，鼓励和支持社会各界特别是企业积极支持职业教育，着力培养高素质劳动者和技术技能人才。2020年《教育部 甘肃省人民政府关于整省推进职业教育发展打造"技能甘肃"的意见》出台，明确提出了部省合作推进甘肃职业教育发展，聚焦打造"技能甘肃"，树立西部职业教育发展示范，全面推进本科职业教育改革试点工作。甘肃高等职业教育发展迎来了新机遇、踏上了新征程。为了实施科教兴国战略，发展职业教育，提高劳动者素质，促进社会主义现代化建设，2022年国家颁布了《中华人民共和国职业教育法》，鼓励并组织职业教育的科学研究。

在此关键时期，恰逢世行贷款甘肃职业教育发展项目助推甘肃省职业教育发展。世行贷款甘肃职业教育发展项目，是经国务院批准，由甘肃省人民政府担保，借用世界银行贷款以提高甘肃省职业院校开展职业教育与培训整体能力的改革创新项目；是全面贯彻全国职教工作会议精神，落实《甘肃省人民政府关于贯彻落实国务院加快发展现代职业教育决定的实施意见》，针对甘肃省经济产业发展战略中技能型人才不足的实际，通过利用外资，同时引进国际先进的职业教育发展理念和经验，进一步促进甘肃省现代职业教育体系建设的重要支撑项目。

甘肃能源化工职业学院子项目是该项目的重要组成部分。项目的实施，为学校引智引资，改善办学条件，改革教育教学方法，推进课程体系建设，提升人才培养质量，促进学校高质量发展奠定了基础。学校以此为契机，积极推进职业教育教材编写工作，遴选资深教师和企业专家组成编委会，编写了这套

▶摄影测量学

"高等职业教育精品规划教材"。在此过程中,我们始终得到了世行专家团队、教育主管部门和相关院校的大力支持和积极参与,对此深表感谢。

我们要抢抓"一带一路"建设和新一轮西部大开发的历史机遇,探索经济欠发达地区职业教育与区域产业互动发展、融合发展、高质量发展的路径,推动高等职业教育发展,打造"技能甘肃"职业教育高地,为新时代甘肃融入"一带一路"建设培养技术技能型人才。

高等职业教育精品规划教材编委会
2022年9月

前　　言

摄影测量学是一门古老且不断发展的学科,是摄影技术发明后出现的一种测绘技术。摄影测量学已经有两百多年的历史,不仅形成了自成系统的成熟理论、技术方法和实用设备,而且还形成了独具特色的从航空摄影外业工作到内业处理的严密作业流程。但随着遥感、无人机及倾斜摄影等技术的发展,摄影测量学将迎来新的发展机遇与挑战。

尽管 DPGrid、Smart3D 等自动化数字摄影测量软件应用广泛,但如何通过二维影像重建三维立体模型?要理解这个过程,则需要认识单像摄影像片的几何特征,需要建立摄影测量的系列坐标系,需要对摄影过程进行几何反转等。

本书详细、全面地介绍了摄影测量的各个环节,目的是为广大摄影测量教师、学生以及工程技术人员提供一本能够自学、参考、实用的摄影测量文献。本书结合高等职业教育和测绘生产实际,注重理论联系实际及教材内容的适用性,以培养学生职业岗位能力为目标,精选教学内容,叙述简洁,注重技术应用。

本书由兰州石化职业技术大学李付定担任主编,兰州石化职业技术大学朱亚娟、康富担任副主编,具体分工如下:项目一至项目五由李付定编写;项目六、项目七由康富编写;项目八至项目十一由朱亚娟编写。李付定负责统稿。

由于编者水平有限,书中难免存在不足之处,诚恳欢迎读者批评指正。

编　者

2022 年 8 月

目 录

项目一 绪论 1
- 任务一 摄影测量学的概念及分类 1
- 任务二 摄影测量学与测绘学科的关系 4
- 任务三 摄影测量学的发展 8
- 任务四 摄影测量学新的发展方向 13

项目二 摄影测量基础知识 16
- 任务一 航摄原理和摄影机 16
- 任务二 航空摄影测量的基本要求 26
- 任务三 航空摄影测量影像获取 30

项目三 航空摄影测量基础知识 37
- 任务一 航摄像片的几何特征 37
- 任务二 航摄像片上的点、线、面及其特征 42
- 任务三 摄影测量常用坐标系 46
- 任务四 航摄像片的内、外方位元素 49
- 任务五 坐标系的转换 51
- 任务六 共线方程 57

项目四 立体观察和模拟摄影测量 63
- 任务一 人造立体视觉 63
- 任务二 立体像对 66
- 任务三 模拟立体测图 72

项目五 双像解析摄影测量 77
- 任务一 像片的空间后方交会-前方交会 77
- 任务二 解析相对定向-绝对定向 88
- 任务三 光束法双像摄影测量 104

项目六　空中三角测量 ········· 109
任务一　解析空中三角测量 ········· 109
任务二　区域网平差方法 ········· 114
任务三　GPS 辅助空中三角测量 ········· 128

项目七　数字摄影测量基础 ········· 139
任务一　数字摄影测量概述 ········· 139
任务二　数字影像与数字影像重采样 ········· 141
任务三　基于灰度的数字影像相关 ········· 147
任务四　基于特征的影像匹配 ········· 155
任务五　核线相关与同名核线的确定 ········· 160

项目八　数字摄影测量系统 ········· 164
任务一　数字摄影测量系统概述 ········· 164
任务二　数字摄影测量工作站 ········· 168

项目九　数字摄影测量产品 ········· 175
任务一　数字 6D 产品概述 ········· 175
任务二　数字地面模型的生产 ········· 182
任务三　数字正射影像图的生产 ········· 188
任务四　数字线划图的生产 ········· 194
任务五　数字栅格地图的生产 ········· 202

项目十　摄影测量的外业工作 ········· 210
任务一　摄影测量的外业工作的任务和工作流程 ········· 210
任务二　像片控制测量 ········· 212
任务三　像片的判读和调绘 ········· 219

项目十一　倾斜摄影测量 ········· 229
任务一　倾斜摄影测量概述 ········· 229
任务二　无人机倾斜摄影测量系统 ········· 232
任务三　无人机倾斜摄影测量技术的应用 ········· 243
任务四　无人机倾斜摄影测量作业流程 ········· 247

参考文献 ········· 253

项目一 绪 论

摄影测量学具有较悠久的历史,从摄影术的发明到计算机技术的辅助应用,摄影测量经历了模拟摄影测量、解析摄影测量和数字摄影测量三个发展阶段。通俗地讲,摄影测量就是通过摄影进行测量,摄影测量学追求的目标就是"给我照片,就给你精确的测量结果"。摄影测量作为测制地形图、建立地形数据库的手段之一,为地理信息系统提供了数据基础。随着近年来航天技术的不断进步,遥感技术将对摄影测量的应用产生重大影响。

任务一 摄影测量学的概念及分类

【任务目标】
(1) 理解摄影测量学的原理,掌握摄影测量学的概念。
(2) 了解摄影测量学的分类方法。

【任务描述】
摄影测量学是影像信息获取、处理、提取和成果表达的一门信息科学。获取被摄物体的影像,研究影像处理的理论、方法、设备和技术,将所测得的成果用图解或数字形式表示出来,实现从二维影像到三维模型的过程。通过学习,理解摄影测量学的概念及分类方法。

【任务知识】

一、摄影测量学的概念

1. 摄影测量学的原理和定义

如图 1-1 所示,根据普通测量学中的前方交会原理,要确定未知点 A 的空间位置,需

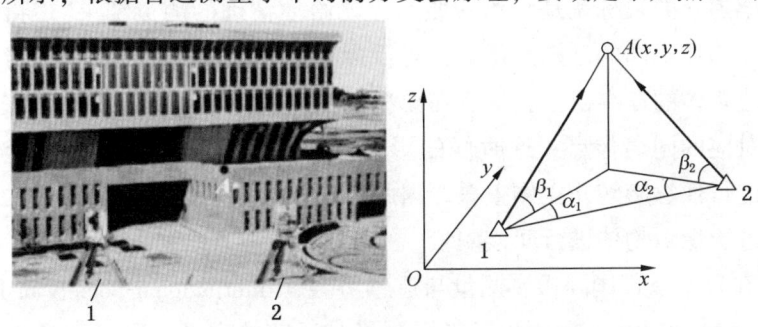

图 1-1 普通测量学的前方交会

▶摄影测量学

在测站点 1 和测站点 2 上分别安置两台经纬仪，分别测量对应的水平角 a_i ($i=1$，2) 和垂直角 β_i ($i=1$，2)；通过几何关系，就可以确定未知点 A 的空间位置。

摄影测量学的原理源于普通测量学中的前方交会。如图 1-2 所示，将两台经纬仪换成两台照相机或摄影经纬仪，分别在测站点 1 和测站点 2 上对物体进行拍摄，获得左、右两张影像，这时的测站点称为摄站点。然后在这两个摄站点拍摄的两张像片上（获得地物三维立体模型，如图 1-2c），分别量测未知点 A 的左、右像点 a_1 和 a_2 的坐标，这两个左、右像点称为同名像点。同样可以获得 A 点的空间位置，这种方法称为摄影测量。

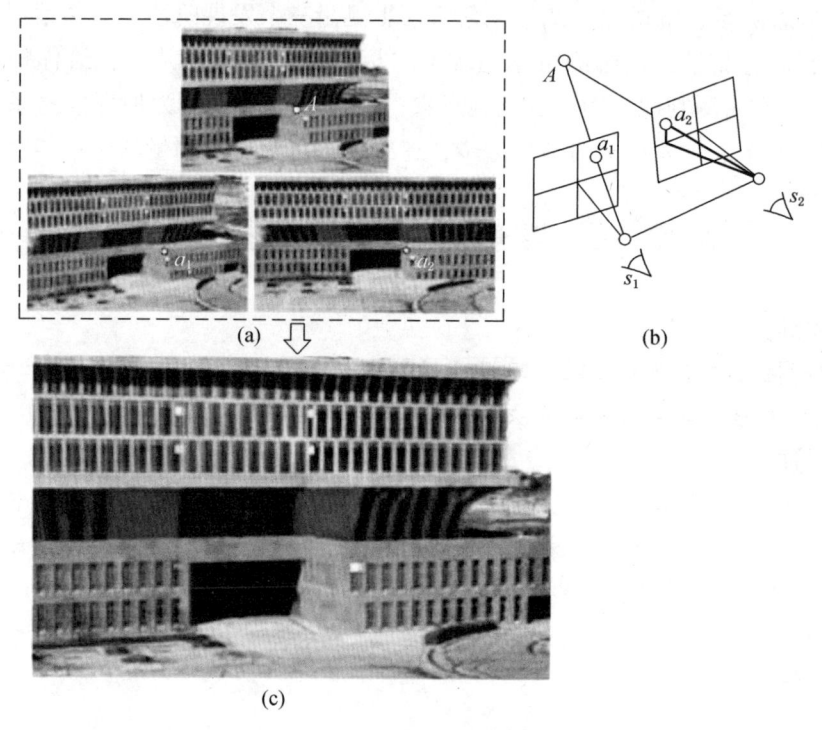

图 1-2　摄影测量学原理

摄影测量就是通过影像来获取空间地理信息的科学。通俗地讲，就是通过摄影进行测量，摄影测量学追求的目标就是"给我照片，就给你精确的测量结果"。摄影测量首先要获取影像数据，即在不同的已知点位上，对目标物体进行拍摄，获得两张像片；然后利用这两张像片构建物体的三维模型；最后在模型上量测目标物坐标，即在两张影像上，分别量测地物点所对应的同名像点。这时候的影像已经从二维平面转换为实际物体的三维模型，可以对其进行任意旋转并立体查看。因此，摄影测量学的实质是通过二维影像来构建三维模型，通过影像对物体进行间接测量。

1988 年，在日本京都国际摄影测量与遥感协会（International Society of Photogrammetry and Remote Sensing，ISPRS）上给出了摄影测量与遥感的定义。摄影测量与遥感是对非接触传感器系统获得的影像及其数字表达，进行记录、量测和解译，从而获得自然物体和环境的可靠信息的一门工艺、科学和技术。其中，摄影测量侧重于目标地物几何信息的提取，遥感侧重于物理信息的提取。总之，摄影测量是利用非接触成像系统，通过记录、量测、分析与表达等处理技术，获取地球及其环境和其他物体的几何、属性等特征的工艺、科学与技术。

2. 摄影测量学任务

摄影测量学的任务是测制各种比例尺的地形图（包括影像地图、普通地形图等），建立地形数据库，并为各种地理信息系统和空间信息系统提供基础数据。主要内容包括：利用非接触传感器（如摄影机、红外线传感器等）获取被测物体影像，根据摄影测量的理论、方法，对像片量测、计算、分析，形成地形图、图像、数字以及数字模型等测量成果。

3. 摄影测量学主要特点

摄影测量学的主要特点是在像片上进行量测和解译，无须接触物体本身，因此很少受自然和地理条件的限制。影像是客观物体或目标的真实反映，信息丰富、逼真，人们可以从中获得所研究物体的几何信息和物理信息；因此，摄影测量的应用非常广泛。例如，航摄飞机可以拍摄火山口、海面和滑坡山体的照片，对像片进行解译，获得所需要的信息，这在传统测量中是很难实现的。

相比传统测量，摄影测量具有无法比拟的优越性，在国家建设、抗震救灾等方面发挥了巨大作用，目前，摄影测量加快了实景三维中国建设的步伐。随着现代航天技术、高分辨率相机、电子计算机技术的飞速发展，传感技术从可见光的框幅式黑白摄影发展为彩色、彩红外、全景摄影、红外扫描、多光谱扫描、CCD（电荷耦合器件）推行式扫描与数字摄影，以及各种合成孔径侧视雷达等，它们提供了比黑白像片更丰富的影像数据。

4. 摄影测量系统构成

摄影测量系统由5个部分构成（图1-3），包括各种类型传感器、被摄物体影像、三维建模、量测和解译的过程，以及自然物体及其环境的可靠信息。摄影测量系统能够输出测绘与地理信息的基础地理信息数据，如数字高程模型（digital elevation model，DEM）、

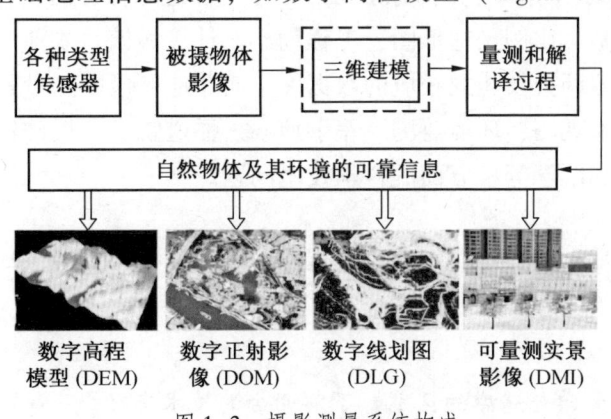

图1-3 摄影测量系统构成

▶ 摄影测量学

数字正射影像（digital orthophoto map，DOM）、数字线划图（digital line graphic，DLG），以及可量测实景影像（digital measurable image，DMI）。

在摄影测量系统中，如何根据被摄物体影像构建其三维立体模型是传统摄影测量学理论研究的重要内容；如何通过量测和解译获得可靠信息，则需要摄影测量实践的系列训练过程。

5. 摄影测量的两个关键技术

摄影测量就是实现从二维影像到三维模型的过程，包括空中摄影获得立体像对、三维建模，以及立体量测。最关键是要实现两个技术：一是准确恢复两张影像的位置关系，也称为摄影过程的几何反转；二是快速确定两张影像上的同名像点，也称为影像匹配。

具体地说，在摄影瞬间，拍摄每一张影像的空中位置和姿态是确定的，但是等飞行结束后拿到摄影像片时，摄影时刻像片的位置和姿态关系已经消失。恢复两张相邻像片在摄影瞬间的位置和姿态的关系称为摄影过程的几何反转，简称几何反转。在摄影测量中为了获得立体效果，要求所拍摄的两张相邻像片具有一定的重叠度。因此，同一地面物体在左右两张影像上都可能会成像，用计算机系统自动寻找左、右两张影像上的同名像点，称为影像匹配。

二、摄影测量学的分类

（1）按摄影机与被摄物体距离的远近，可分为航天摄影测量、航空摄影测量、地面摄影测量、近景摄影测量和显微摄影测量。其中，航天摄影测量多指位于 200 km 以上高空的高清晰卫星影像测量。

（2）按处理技术手段，可分为模拟摄影测量、解析摄影测量和数字摄影测量。其中，数字摄影测量是目前摄影测量发展的主要方向，具有很好的发展前景。模拟摄影测量的成果为各种图件（地形图、专题图等），解析和数字摄影测量除可提供各种图件外，还可以直接为各种数据库和地理信息系统提供数字化产品。

（3）按摄影测量的用途，可分为地形摄影测量与非地形摄影测量。其中，地形摄影测量主要用于测绘国家基本比例尺地形图，工程勘察设计，城镇、农业、林业、铁路、交通等各部门的规划与资源调查及建立相应的数据库。而非地形摄影测量是将摄影测量方法用于解决资源调查、变形观测、环境监测、军事侦察、弹道轨道、爆破以及工业、建筑、考古、地质工程、生物和医学等各方面的科学技术问题。

任务二 摄影测量学与测绘学科的关系

【任务目标】

（1）理解摄影测量学与遥感的区别，了解两者的技术交融。

（2）理解摄影测量学与普通测量的区别和联系。

项目一 绪 论

【任务描述】

遥感和普通测量是与摄影测量学联系最紧密的两门学科,分析摄影测量学与遥感和普通测量的区别和联系,进一步剖析摄影测量学的特点,理解摄影测量学的优势和先进性。

【任务知识】

一、摄影测量学与遥感

1. 学科背景

"摄影测量"一词最早出现在1867年的出版物上,当时摄影艺术和科学仍处在早期的发展阶段,通过影像能够获得被摄物体的三维模型。20世纪30年代,我国个别城市进行过航空摄影,但系统的航空摄影是从20世纪50年代才开始的,在地形图的制作与更新,在铁路、地质、林业等领域的调查、勘测及制图等方面起了重要作用。

1960年,美国海军研究局的一名军人最早提出了"遥感"的概念。1961年,在密歇根大学(the University of Michigan)召开的"环境遥感国际讨论会",标志着遥感作为一门新兴学科出现。当时人造地球卫星开始出现,人类可以通过人造地球卫星获取地球上的电磁波辐射信息,记录并探测陆地资源与环境等信息。

由此可见,摄影测量概念的提出比遥感概念的提出早近一个世纪。但是,由于摄影测量学与遥感都是基于影像获得地表几何与物理特性,是地球空间信息学(Geomatics)的核心,1988年前后,将摄影测量学与遥感合并为摄影测量与遥感(图1-4)。1988年,在日本京都国际摄影测量与遥感协会(ISPRS)上给出了摄影测量与遥感的定义。可以看出摄影测量与遥感关系密切,科学界对这两门学科没有明显的区分。

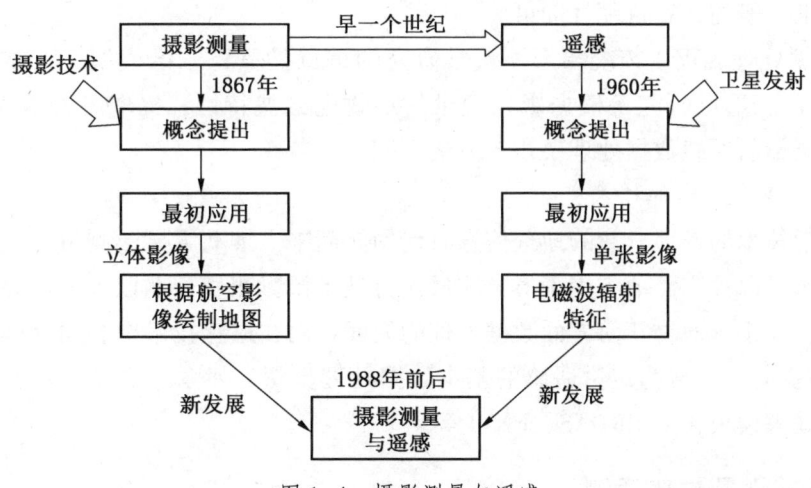

图1-4 摄影测量与遥感

摄影测量与遥感的共同之处在于,它们都是地理信息系统数据采集的重要手段,两者都是利用不同高度的平台搭载传感器,不接触物体本身而获取物体的信息。所用平台没有本质区别，主要包括地面、航空和航天平台。

2. 摄影测量与遥感的差异性

摄影测量与遥感是两个不同的学科，具有较大的差异性。摄影测量学主要是对空间信息的获取，重点研究地表几何信息的获取，研究地物位置、大小、形状等几何特征及几何位置精度。而遥感主要关注的是地物属性信息的获取，重点研究如何通过不同波段、不同分辨率及不同时相的遥感数据，获得地表温度、土壤湿度、大气污染物等地球物理属性信息。

摄影测量与遥感的差异性主要体现在以下5个方面。

（1）波段。摄影测量主要使用的波段是可见光和短波近红外，大部分采用的是可见光波段。这样使得像片上的信息被人们所熟悉，基本与人眼看见的实际地物信息相同，便于立体观测和坐标精确量测。遥感影像波谱范围很宽，从紫外到微波波段覆盖了整个电磁波谱范围。遥感真正实现了人眼的延伸，能够探测到人眼看不到的地物属性，如热红外地表温度等，可以利用热红外影像获得火点监测信息。

（2）影像空间分辨率。为了便于人眼识别地物集合特征，摄影测量一般要求影像空间分辨率较高。而遥感影像的空间分辨率范围比较宽泛，从毫米级到万米级都有。

（3）摄影条件。传统摄影测量对飞机或卫星轨道姿态及像片质量具有严格的限制条件，如航线平行、相邻像片航向重叠、旁向重叠等。遥感则对遥感平台飞行条件、像片与像片之间的几何关系等没有严格要求，一般要求无缝摄影即可。

（4）计算机硬件。数字摄影测量系统除了需要配置一般计算机硬件外，还需要专业立体显卡和立体显示器等。同时也要求配置立体眼镜、手轮脚盘等输入设备。而遥感数据处理设备只要求一般的计算机硬件即可。

（5）数据处理流程。传统摄影测量学研究的重点是重建三维模型，立体量测，获得6D产品。而遥感重点研究是根据影像记录的地物电磁波特性，提取各种地表物理属性。因此，摄影测量与遥感数据处理手段与方法不同。

3. 摄影测量与遥感的技术交融

随着科学技术的发展，新的地理信息时代悄然而来，推动了摄影测量与遥感的技术交融。遥感技术可以被广泛地应用于摄影测量，打破了摄影测量长期以来，过分局限于测量物体的形状、大小等地物几何方面数据处理的局面。而在遥感技术中利用立体像对获得高精度DEM数据等，也成为定量遥感的基本数据处理步骤。如今，很多商业遥感软件都具有摄影测量处理模块，如 ERDAS、ENVI 等。

二、摄影测量与普通测量

1. 学科背景

"测量"一词来源于希腊语，是"土地划分"的意思。早在上古时期，人类就开始了测量工作。最初由于划分土地的需要产生了平面测量，使用简单的工具（如绳尺、步弓等)进行距离测量。公元前 3 世纪,中国已使用早期的指南针进行方位测定;公元前 1 世纪,利用直角三角形的性质测量高度和距离,后来根据水平面的性质出现了原始的水准测量;公元 17 世纪,制成水准仪后,开始出现较精密的水准测量;直到公元 17、18 世纪,望远镜、经纬仪出现后,才开始了角度测量。由于军事和生产活动的需要,产生了平面测量与高程测量相结合的地形测量,出现了地图。早期的地图只是一种简单的示意图。随着测绘学的发展,逐渐引入了比例尺、方位、等高线等概念,形成了现在所使用的线划地形图。总之,作为测绘学基础的普通测量,已经形成和发展了几千年。

摄影测量是普通测量学的发展,是在摄影技术、航空、航天飞行器发展基础上出现的。相比较而言,摄影测量是一门年轻的学科,从概念的提出到现在,具有 160 多年的历史。

摄影测量与普通测量的共性在于两者都属于测量学范畴,都是对地球的形状、大小和地球表面的各种物体的几何形状及其空间位置的关系进行研究。当然,这些研究任务是对地形摄影测量而言的。

2. 摄影测量与普通测量的差异性

尽管摄影测量与普通测量都隶属于测绘学,但两者差异较大。摄影测量与普通测量的差异性主要体现在以下 5 个方面。

(1) 测量过程。普通测量是将三维地球转换为二维平面。普通测量工作中的基本观测量为距离、角度和高差,入门比较容易。摄影测量则是将二维影像转换为三维地表模型,基本观测为立体模型。因此在摄影测量中,如何建立三维立体模型、如何在三维模型上切准立体进行测量,尤其是后者需要一个比较漫长的训练过程。

(2) 测量方式。普通测量是一种点测量方式,只能逐点进行点位测定。摄影测量是一种面测量方式,立体模型建立后只要切准立体,多个点几乎可以同时进行测定。因此摄影测量能够实现大面积同步观测,而普通测量基本无法实现同步测量。

(3) 点位精度。普通测量在不同时间测定的点位精度差异较大,如早上、中午和晚上由于大气折光等因素,对同一点位测定精度差异较大,一般选择大气光线稳定的时间段进行点位测定。而摄影测量属于面测量方式,在立体模型上各个点位测量精度几乎相同。当然,总体上讲,普通测量精度高于摄影测量精度,摄影测量只能取代三、四等或等外三角测量的点位测定。

(4) 环境影响。普通测量受天气等环境影响较大,还受到通视条件、地形阻隔等的影响。摄影测量对影像拍摄时的天气条件要求较高,同时,摄影测量无须接触地物本身就可以对其进行测定,因此不受地面条件的限制。

(5) 输出成果。普通测量一般得到目标地物的线划地形图;而摄影测量成果输出较丰富,包括 DOM、DEM、DLG 及 DMI 等。

3. 摄影测量与普通测量的联系

从摄影测量与普通测量的差异性可以看出,摄影测量具有明显的优势与先进性。然

▶ 摄影测量学

而，摄影测量离不开普通测量，普通测量是摄影测量的基础，为摄影测量学提供了基础理论和成果资料。摄影测量学直接应用普通测量学的相关基础理论及成果，如大地坐标系统、大地水准面、参考椭球体等。同时，摄影测量通常利用普通测量方法测量像控点坐标，为高精度三维建模提供数据支持。

任务三　摄影测量学的发展

【任务目标】
(1) 了解摄影测量学发展的三个阶段。
(2) 掌握模拟摄影测量、解析摄影测量、数字摄影测量的原理。
(3) 掌握三个摄影测量发展阶段的特点对比。

【任务描述】
完成摄影测量的两个关键技术是准确恢复两张影像的位置关系和快速确定两张影像上的同名点。由于不同历史阶段完成这两项关键技术的手段不同，摄影测量的发展经历了模拟摄影测量、解析摄影测量和数字摄影测量三个发展阶段。

【任务知识】

一、模拟摄影测量

1. 模拟摄影测量的发展

若从1839年尼普斯和达意尔发明摄影术算起，摄影测量学（Photogrammetry）已有一百八十多年的历史。而1851—1859年法国陆军上校劳赛达特提出和进行的交会摄影测量，则被称为摄影测量学的真正起点。由于当时飞机尚未发明，摄影测量的几何交会原理仅限于处理地面的正直摄影，主要用作建筑物摄影测量。

最早从空中拍摄地面的照片，是1858年纳达尔在气球上进行的。1903年，莱特兄弟发明了飞机，使航空摄影和航空摄影测量成为可能。在第一次世界大战中，第一台航空摄影机问世。由于航空摄影比地面摄影有明显的优越性（如视场开阔、无前景挡后景、可快速获得大面积地区的像片等），因此航空摄影测量成为20世纪以来大面积测制地形图的最有效并且快速的方法。20世纪30—70年代，各国主要测量仪器厂所研制和生产的各种类型的模拟测图仪器，都是针对航空地形摄影测量。

2. 模拟摄影测量的原理

模拟摄影测量是在室内利用光学或机械的方法模拟摄影测量过程，恢复摄影时像片的空间位置、姿态和相互关系，建立实地的缩小模型，即摄影过程的几何反转，再在该模型的表面进行测量。模拟摄影测量所得结果，通过机械或齿轮传动方式直接在绘图桌上绘出各种地形图与专题图，模拟摄影测量的成果大多是纸质的线划地图。该方法主要依赖于摄影测量内业测量设备，研究的重点主要放在仪器的研制上。

由于这些仪器均采用光学投影器、机械投影器或光学-机械投影器"模拟"摄影过程，用它们交会被摄物体的空间位置，即实现摄影光束的几何反转，所以称其为"模拟摄影测量仪器"。根据投影方式的不同，模拟立体测图仪可分为光学测图仪、机械测图仪与光学-机械测图仪三种类型。将模拟投影光线的光学或机械部件，称为"光机导杆或机械导杆"。

这一阶段的各种摄影测量测图仪的原理相同，都是利用光学机械模拟装置，把左、右像片分别放置在左、右成像盘上，通过调整机械导杆或光机导杆，恢复左右像片的空间位置和姿态，实现摄影过程的几何反转，从而避免了烦琐的计算。

如图 1-5 所示的光学投影仪中，用投影器替代摄影机从而实现摄影过程的几何反转。这样就可以利用光学机械模拟投影的光线，由"双像"上的"同名像点"进行"空间前方交会"获得目标点的空间位置，建立立体模型，进行立体测图。需要说明的是，有些模拟摄影测量仪器冠以"自动"二字，其含义在于通过仪器模拟摄影过程，避免了复杂的摄影测量解算，但是它并不意味着不需要人工的立体观测而真正实现"自动测图"。20 世纪 60—70 年代，模拟摄影测量仪器发展到了顶峰。

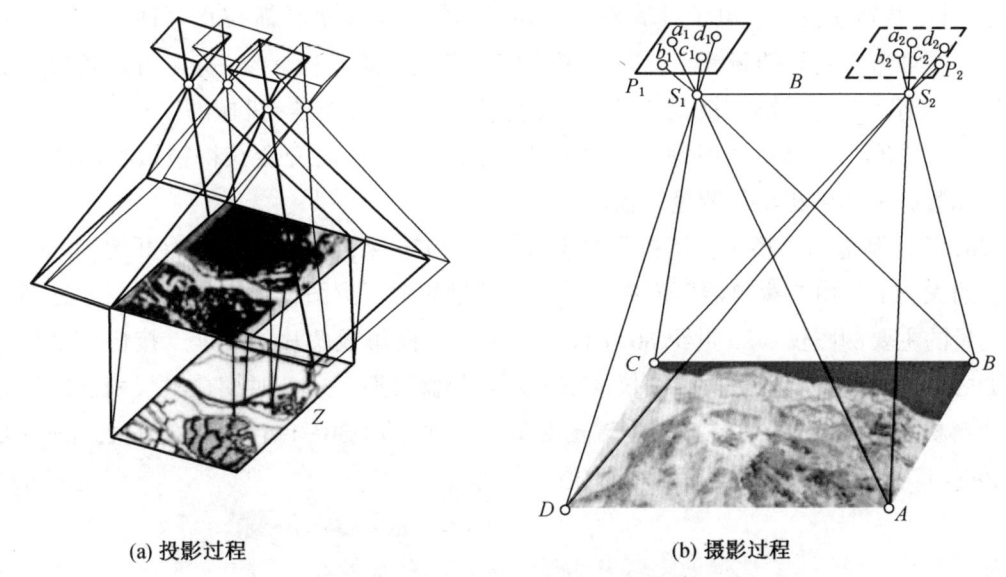

(a) 投影过程　　　　　　　　　　(b) 摄影过程

图 1-5　模拟测图仪器的投影器实现摄影几何反转

总之，利用光学/机械投影方法实现了摄影过程的几何反转，用两个/多个投影器模拟摄影机摄影时的位置和姿态，构成与实际地形表面成比例的几何模型，通过对该模型的立体量测得到地形图和各种专题信息。所用像片为光学或模拟像片，仪器为昂贵的专业模拟摄影测量仪器，人眼通过左右目镜寻找同名像点建立立体模型，通过手轮脚盘控制 x、y、z 移动方向，人工切准立体、解译和量测地面目标（图 1-6），然后利用套在机械臂上的铅笔进行绘图，这样就实现了图解线划地图的生产。当然模拟摄影测量阶段也能输出影像地图，但需要专门的仪器设备。

图 1-6　模拟摄影测量测图原理（Wild A10 模拟立体测图仪）

二、解析摄影测量

1. 解析摄影测量的发展

随着模/数转换技术、电子计算机与自动控制技术的发展，海拉瓦（Helava）于 1957 年提出了一个摄影测量的新概念，即"用数字投影代替物理投影"，标志着解析摄影测量的开始。所谓"物理投影"就是指"光学的、机械的，或光学-机械的"模拟投影。"数字投影"就是利用计算机实时地进行共线方程的解算，从而交会获得被摄物体的空间位置，从此迈进了"解析摄影测量"阶段。

1961 年，制造出了第一台解析测图仪 AP/1。1976 年，在赫尔辛基召开的国际摄影测量协会的大会上，由 7 家仪器厂商展示了 8 种型号的解析测图仪，解析测图仪才逐渐成为摄影测量的主要测图仪。20 世纪 80 年代，由于大规模集成芯片的发展，接口技术日趋成熟，加之计算机的发展，解析测图仪的发展进入鼎盛时期。这一时期最具代表性的仪器设备是"解析立体测图仪"。图 1-7 为瑞士 Kern 厂生产的 DSR-1 型解析测图仪，图 1-8 为德国 Zeiss 厂生产的 C-100 型解析测图仪。

图 1-7　DSR-1 型解析测图仪

图 1-8　C-100 型解析测图仪

解析摄影测量时代，广泛使用的各类测图仪器都以电子计算机为基础。由于正射影像比传统的线划地图更形象直观、信息量更丰富，受到了广泛的欢迎。因此解析摄影测量时期的另一类仪器是生产正射影像的数控正射投影仪。还有一种专门量测坐标的仪器，称为坐标量测仪。

2. 解析摄影测量的原理

解析摄影测量是以电子计算机为主要手段，通过对摄影像片的量测和解析计算的交会方式，来研究和确定被摄物体的形状、大小、位置、性质及其相互关系，从而提供各种摄影测量产品。解析摄影测量时代虽然只经历了短暂的 30 年左右，但很多的摄影测量基础理论就是在这个时期提出并形成的。

三、数字摄影测量

1. 数字摄影测量的发展

摄影测量自动化是摄影测量工作者多年来所追求的理想。最早涉及摄影测量自动化的专利可追溯到 1930 年，但并未付诸实施。1950 年，美国工程兵研究发展实验室与 Bausch and Lomb 光学仪器公司合作，研制出第一台自动化摄影测量测图仪。20 世纪 60 年代初，美国研制出全数字自动化测图系统 DAMC，它是将影像灰度转换成电信号再转变成数字信号，然后由计算机来实现摄影测量的自动化过程。1992 年，国际摄影测量与遥感大会上推出了基于 SUN、SGI 工作站的数字摄影测量系统。20 世纪 90 年代，数字摄影测量进入实用化阶段，并逐步取代传统的摄影测量仪器和作业方法。我国自主研制的全数字摄影测量系统 VirtuoZo（原武汉测绘科技大学）（图 1-9）与 JX-4A（中国测绘科学研究院）（图 1-10）已大规模应用于摄影测量生产中，并在国际上得到了应用。

2. 数字摄影测量的原理

数字摄影测量是指从摄影测量和遥感所获取的数据中，采集数字化图形或数字影像/数字化影像，在计算机中进行各种数值、图形和影像处理，研究目标的几何和物理特性，从而获得各种形式的数字产品和可视化产品。其中数字产品包括数字地图、数字高程模型（DEM）、数字正射影像（DOM）、测量数据库、地理信息系统（GIS）和土地信息系统（LIS）等；可视化产品包括地形图、专题图、纵横剖面图、透视图、正射影像图、电子地图、动画地图等。

图 1-9　VirtuoZo 数字摄影工作站

图 1-10　JX-4A 数字摄影工作站

获得数字影像/数字化影像的方法，一种方法是直接用数字摄影机（如 CCD 阵列扫描仪或摄影机）和各种数字式扫描仪获得，称为数字影像；另一种方法则是用各种数字扫描仪对已得到的像片影像进行扫描，称为数字化影像。对数字/数字化影像在计算机中进行全自动化数字处理的方法又称为"全数字化摄影测量"，包括自动影像匹配与定位、自动影像判读两大部分。前者是对数字影像进行分析、处理、特征提取和影像匹配，然后进行空间几何定位，建立高程模型和获得数字正射影像，所获得的可视化产品则为等高线图和正射影像图。由于这种方法能代替人眼观测立体的过程，因此是一种计算机视觉方法。后者是解决对数字影像的定性描述，并称为数字图像分类，低级的分类方法是基于灰度、特征和纹理等，多用统计分类方法；高级的图像理解则基于知识，构成分类专家系统。由于这种方法的目的在于代替人眼识别和区分目标，是一种比定位难度更高的计算机视觉方法，因此，全数字化摄影测量是一项高科技研究领域。

四、摄影测量发展阶段的特点对比

由于科学技术的飞速发展，特别是计算机和航空航天技术的飞速发展，摄影测量从早期的低效率模拟摄影测量发展到现代快速成图的数字摄影测量阶段。模拟摄影测量阶段是摄影测量发展的起步阶段，仪器昂贵笨重、生产率低等因素大大制约了摄影测量的发展。20 世纪 70 年代，随着计算机技术的出现，解析摄影测量逐渐取代了模拟摄影测量，这一时期不但为摄影测量的发展打下了坚实的理论基础，也出现了关于全数字摄影测量的构想，是摄影测量发展的重要阶段。20 世纪 90 年代，随着计算机软硬件技术飞速发展，航空航天科技快速崛起，数字摄影测量迅速发展起来，并成为摄影测量发展的主流（表 1-1）。数字摄影测量彻底摆脱了模拟摄影测量笨重的仪器，以计算机软、硬件为核心，高效快捷地成图，半自动化的工作模式，使摄影测量在测绘行业中占有越来越重要的地位，目前是测绘成图的主要方式之一。

解析测图仪与模拟测图仪的主要区别在于：前者使用的是数字投影方式，后者使用的是模拟的物理投影方式。由此导致仪器设计和结构上的不同：前者是由计算机控制的坐标量测系统，后者是使用纯光学、机械型的模拟测图装置。此外两者的操作方式也不同：前者是计算机辅助的人工操作，后者是完全的手工操作。由于在解析测图仪中引入了半自动化的机组作业，因此，免除了定向的烦琐过程和测图过程中许多手工作业方式，但解析摄影测量和模拟摄影测量都是使用摄影像片，都需要人手动去操纵（或指挥）仪器，同时用眼进行观测，其产品则主要是绘制在纸上的线划地图或印在像纸上的影像图，即模拟产品。解析摄影测量未能完全摆脱模拟摄影测量技术，计算机必须与一台小型模拟摄影测量仪相连接，共同完成一项摄影测量任务，但解析摄影测量的效率大大提高了，同时也能生产简单的数字产品。

数字摄影测量与模拟、解析摄影测量的最大区别在于：它处理的原始信息不仅可以是像片，更主要的是数字影像（如Spot影像）或数字化影像，它最终是以计算机视觉取代人眼的立体观测，因而它使用的仪器最终只能是计算机及其相应外部设备，数字摄影测量的产品更加丰富。由于数字摄影测量不需要笨重的模拟测图仪，其体积和价格也大幅下降，成图的精度和速度却大大提高了。数字摄影测量更多地依赖软件系统（数字摄影测量系统），而不是计算机硬件，在今天数字摄影测量已经完全取代模拟摄影测量和解析摄影测量，成为摄影测量发展的主流。

表1-1 摄影测量三个发展阶段的特点

发展阶段	原始资料	投影方式	仪器	操作方式	产品
模拟摄影测量	像片（模拟影像）	物理投影	模拟测图仪	手工操作	模拟产品
解析摄影测量	像片（模拟影像）	数字投影	解析测图仪	机助作业员操作	模拟产品 数字产品
数字摄影测量	数字化影像 数字影像	数字投影	数字摄影测量系统	自动化操作+ 作业员的干预	数字产品 （4D产品）

任务四 摄影测量学新的发展方向

【任务目标】

（1）了解像素工厂及其功能。

（2）了解多基线摄影测量、无人机摄影测量、激光雷达、倾斜摄影测量和贴近摄影测量。

【任务描述】

随着计算机技术及其应用的发展，以及数字图像处理、模式识别、人工智能、专家系

▶摄影测量学

统和计算机视觉等学科的不断发展，数字摄影测量的内涵已远远超过了传统摄影测量的范围。近年来，摄影测量学出现了新的发展方向。

【任务知识】

摄影测量简单地讲就是通过摄影进行测量，通过二维影像重建三维立体模型，然后进行立体量测和解译，从而获得物体的几何与物理信息。由于实现摄影测量的技术手段不同，传统摄影测量经历了三个发展历程，测图仪器软硬件设备也经历了三次大的变革。除了要求立体显卡、立体显示器、立体眼镜和手轮与脚盘外，当前的数字摄影测量系统更像是一台计算机。

近年来，摄影测量学出现了新的发展方向，主要包括像素工厂、多基线摄影测量、无人机摄影测量、激光雷达、倾斜摄影测量和贴近摄影测量等。

一、像素工厂

像素工厂简称 PF（pixel factory），是当今世界一流的摄影测量与遥感影像自动化处理系统，集自动化、并行处理、多种影像兼容性、远程管理等特点于一身，主要用于地形图测绘、城市规划、城市环境变化监测等。第一台像素工厂是由法国地球信息（INFOTERRA）公司研制开发，价格在 1000 万人民币左右。中国工程院院士、武汉大学教授张祖勋提出的像素工厂称为 DPGrid，打破了传统的摄影测量流程。2007 年 DPGrid 通过国家鉴定，为数字摄影测量的新一轮跨越式发展奠定了基础。其功能主要有：

（1）一键式智能处理。采用改进的影像匹配算法，实现了自动空三、自动 DEM 与正射影像生成，自动化程度大大提高。

（2）多机协同作业。相比传统的仅仅是一个作业员作业平台的摄影测量工作站，DPGrid 能够实现多机协同作业。

（3）高性能集群。利用单台计算机几分钟内可以完成 100 多幅影像全自动处理，包括全自动空三等。

（4）多特征联合平差。利用多特征联合平差，可明显提升区域网平差精度及可靠性。

另外，中国测绘科学研究院的刘先林院士团队，自主研发的像素工厂 PixelGrid，获得 2009 年度国家测绘科技进步奖一等奖。这些像素工厂系统的出现，标志着摄影测量的发展又进入一个新阶段，即网格摄影测量。

二、多基线摄影测量

张祖勋院士提出的多基线摄影测量，以多基线的计算机视觉原理，代替单基线的人眼双目视觉，将空间一个点由两条光线交会的传统的摄影测量基本法则，变化为空间一个点由多条光线交会而成的全新概念。2006 年，武汉朗视软件有限公司推出了 Lensphoto 多基线数字近景摄影测量系统。它能利用普通单反数码相机快速精密三维重建，在地质矿山测量、数字文博、城建规划等领域具有广泛应用。

三、无人机摄影测量

近年来，随着无人机与数码相机技术的发展，无人机摄影测量（又称无人机测绘或无人机航测）成为一个崭新的发展方向，在灾害应急与处理、国土监察等方面具有广阔的应用前景。相比卫星摄影测量和有人机航空摄影测量，无人机摄影测量的优势主要体现在：机动灵活；受气候条件影响较小；对起降场地的要求限制较小；空域申请便利；效率高而成本低等。

四、激光雷达

传感器发射激光束，反射能量被传感器接收并记录，通过激光探测与距离测量，直接采集三维点云信息，便于三维重建。同时，激光雷达通常携带高分辨率数码相机，通过影像与激光点数据整合处理后可以得到 DEM 与 DOM 数据。

五、倾斜摄影测量

倾斜摄影技术最早可以追溯到第一次世界大战，近十几年发展较为迅速。摄影时同时获取垂直与倾斜的摄影像片，从多个不同视角同步采集地物影像，不仅能够真实地反映地物几何特征，高精度地获取地物纹理信息，还可生成真实的三维纹理城市模型，即实景三维模型，大大降低了传统三维模型数据采集的经济和时间代价。同时，倾斜摄影测量还可以真正实现裸眼观察三维模型及立体量测，摆脱了传统摄影测量对立体眼镜的依赖。

自然资源部在 2019 年全国国土测绘工作座谈会上透露，实景三维中国建设将成为"十四五"基础测绘的重点关注方向。重庆市历时三年完成了全市域多源多尺度实景三维建设。实景三维已经广泛应用于应急指挥、国土安全、城市管理、房产税收等行业。

六、贴近摄影测量

贴近摄影测量是张祖勋院士团队于 2019 年提出的第三种摄影测量方式。利用旋翼无人机，贴近物体表面摄影（一般 5~50 m）获取亚厘米级高清影像，恢复被摄对象的精确坐标和精细形状结构。由于具有高度还原地物地貌本身精细结构的特点，贴近摄影测量可用于城市精细重建、古建筑重建等方面。

【项目习题】

1. 简述摄影测量学的定义和任务。
2. 简述摄影测量学的分类。
3. 简述摄影测量与遥感、普通测量的异同。
4. 简述摄影测量的发展阶段及测图原理。
5. 简述摄影测量学新的发展方向。

项目二　摄影测量基础知识

摄影测量的前期工作就是利用各种摄影机对所量测目标进行摄影，获取量测目标的影像，对影像进行量测与解译。学习摄影测量的基本原理与构造，认识各类摄影机，了解航空摄影技术的基本要求、掌握航空摄影测量影像获取的相关知识。另外，由于摄影测量是利用立体进行观测的，各种测图仪器有它自身的限制条件，测量中为了获得较高精度，对摄影有一些特殊要求，对影像存在的各种系统误差也要进行改正。

任务一　航摄原理和摄影机

【任务目标】
（1）了解航摄原理及摄影机的结构。
（2）掌握物镜成像原理及成像公式。
（3）了解具有代表性的航空摄影机。

【任务描述】
航空摄影机是根据小孔成像原理发明的。空中摄影是摄影测量的重要组成部分，而航空摄影机（又称航摄相机）则是摄影的关键，主要包括光学航空摄影机和数码航空摄影机两种，它们都属于量测型相机。

【任务知识】

一、摄影原理

摄影的成像原理来自光学的小孔成像现象，但是孔的面积非常小，限制了入射光量，为了能产生既明亮又清晰的影像，必须先将光线集中。当物体的投射光线经摄影物镜，将曝光后的感光材料在暗室里进行冲洗处理，得到影像层次与景物明暗相反的负片，又因常根据它洗印像片，故称为底片，此过程称为负片过程。为了得到与景物明暗相同的影像，必须再利用感光材料紧密叠加于负片上曝光印相，经过与负片一样的处理程序后，得到与负片黑白相反，而与景物明暗相同的正片，如果晒印在相纸上，也可称为像片，上述处理过程称为正片过程。

二、摄影机的结构

摄影的主要工具是摄影机，俗称照相机，其种类繁多、结构复杂、机械精密，但其基本结构是一致的,主要由镜箱和暗箱两部分组成(图 2-1)。镜箱包括物镜筒、镜像体和成像面,是摄影机的光学部件。物镜筒内嵌有摄影物镜、光圈和快门,是摄影机的重要部件。物体的透射光线经物镜聚焦后进入摄影机,成像于像平面上。镜像体是一个封闭筒,用来调节摄影机物镜与像框平面之间的距离。暗箱用来存放感光材料,安装在镜像体的后面。

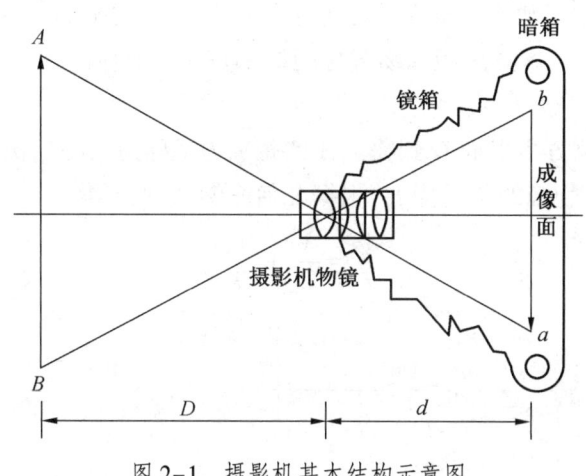

图 2-1 摄影机基本结构示意图

(一) 物镜

1. 物镜的特征

物镜是摄影机的成像部件,是由多个透镜组合而成,在摄影时起到成像和聚光作用,被摄物体所摄影像的大小和质量主要取决于物镜的特性参数和制造质量。透镜两球面曲率中心的连线是透镜的光轴,物镜光学系统中诸透镜的光轴应重合为一,即为物镜的主光轴。

如图 2-2 所示,一平行于主光轴的光线 AB,经物镜组多次折射后得到折射光线 CD,与主光轴相交于 F',AB 延长线与 CD 相交于点 h',经过 h' 作垂直于主光轴的面 H',所有平行于主光轴的投射光线,都在平面 H' 上发生折射现象。同样,当投射光线从物镜的另一方射入时,可得到点 F、点 h 和另一个折射面 H。这两个平面将空间分为两部分,物体所

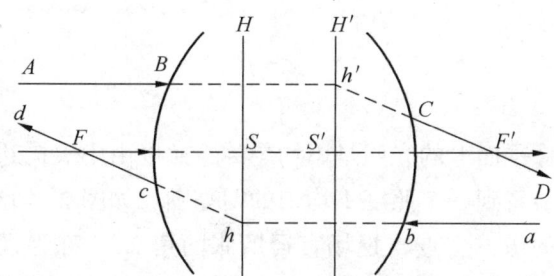

图 2-2 物镜的主光轴、主平面、主点、焦点

在的空间称为物方空间，影像所在空间称为像方空间。平面 H 和平面 H' 相应地被称为物方主平面和像方主平面。两平面与主光轴的焦点 S 和 S' 也相应地被称为物方主点和像方主点。折射光线与主光轴的交点 F 和 F' 称为物方焦点和像方焦点。像方主点 S' 到像方焦点 F' 之间的距离称为物镜的像方焦距，也用 F' 表示；同样的，物方主点 S 到物方焦点 F 之间的距离称为物方焦距，用 F 表示。

图 2-2 中的像方空间和物方空间、像方主平面和物方主平面、像方主点和物方主点、像方焦点和物方焦点以及像方焦距和物方焦距等都是一一对应的。

2. 物镜成像公式

如图 2-3 所示，物方主平面 Q 到物点 A 的距离 D，称为物距；像方主平面 Q' 到像点 a 的距离 d，称为像距，物镜的焦距为 f，根据几何光学原理，得：

$$\frac{1}{f} = \frac{1}{d} + \frac{1}{D} \tag{2-1}$$

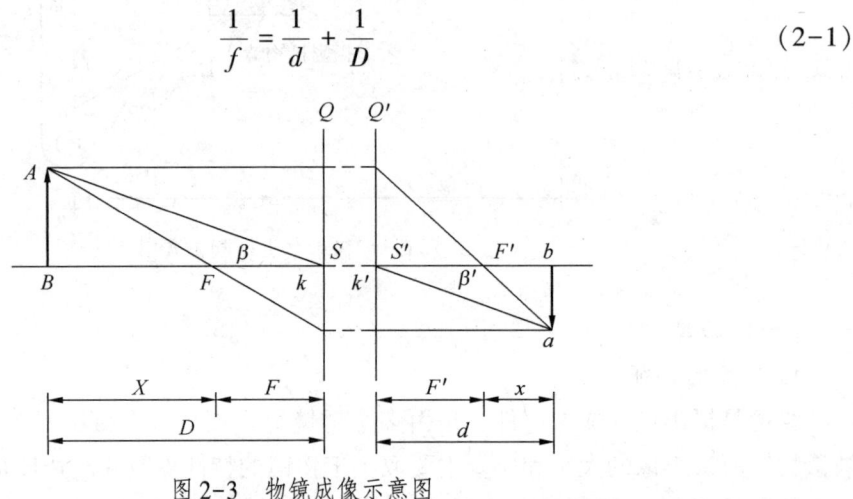

图 2-3 物镜成像示意图

式（2-1）称为物镜构像公式，它表示一个物点发出的所有投射光线，经物镜后所有对应的折射光线仍然会聚于一个像点上，则这个像点是清晰的。在摄影时，通过伸缩摄影机物镜或移动摄影机到被摄景物的距离，就可使式（2-1）得到满足，这一过程称为调焦或对光。

若物距和像距分别取焦点 F 和 F' 为起算点，相应的物距和像距用 X 和 x 表示，则得到构像公式的另一种形式：

$$X \cdot x = f^2 \tag{2-2}$$

3. 物镜的像场和像场角

光线通过物镜后在像平面上的光照是不均匀的，照度由中央向边缘递减。若将物镜对光于无穷远，在焦面上会看到一个照度不均匀的明亮圆，如图 2-4 所示。这样一个明亮圆的范围称为视场，物镜的像方主点与视场直径所张的角 2α，称为视场角。在视场面积内能获得清晰影像的区域称为像场，物镜像方主点与像场直径所张的角 2β 称为像场角。

为能获得清晰的构像，应取像场的内接正方形或矩形为最大像幅来限制像场的使用范

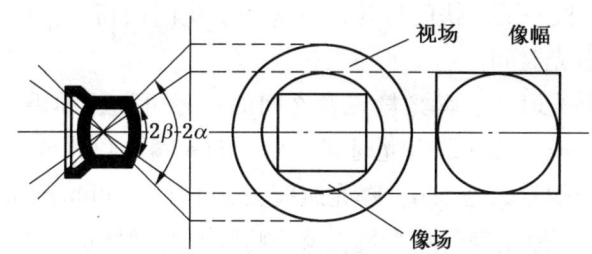

图 2-4 物镜的像场、像场角和像幅

围。像幅决定着物面或物空间有多大的范围可被物镜成像于像平面。当像幅一定时,像场角与物镜焦距有关,即焦距越长,像场角越小;焦距越短,像场角越大。而当物距一定时,像场角愈大,摄取的地方范围就愈大,但成像比例尺就愈小。

4. 物镜的分解力

分解力是摄影机物镜的又一重要特性,它是指物镜对被摄物体微小细部的表达能力,其大小一般以 1 mm 宽度内能清晰分辨的线对数来表示。

(二) 物镜的光圈和光圈号数

光圈的作用主要是控制进入物镜的光量,调节物镜的使用面积,限制物镜边缘部分的使用,提高成像的清晰程度。光圈是由若干金属片组成的可调节大小的进光孔,孔径的大小可用光圈环调节,它是一个可以改变的光栏。当光圈完全张开时,进入物镜的光通量最大,反之最小。

为使用方便,人们用光圈号数来表示光圈的大小,它是物镜焦距 f 与光圈有效孔径 d 的比值,即 $K=f/d$,光圈号数越小,光圈光孔开启得越大,焦面上影像的亮度也越大;光圈号数越大,光圈光孔开启得越小,影像亮度也就越小。光圈号数是一组以 $\sqrt{2}$ 为公比规律排列的等比级数:1.4 2 2.8 4 5.6 8 11 16 22。

(三) 快门

快门是控制曝光时间长短的机械装置。快门从打开到关闭所经历的时间称为曝光时间,或称快门速度。常用的快门有中心快门和帘式快门。中心快门由 2~5 个金属叶片组成,它位于物镜的透镜组之间,紧靠着光圈,用来遮盖投射光线经物镜进入镜箱体内。曝光时利用弹簧机件使快门叶片由中心向外打开,让投射光线经物镜进入镜箱体中,使感光材料曝光,到了预定的时间间隔,快门又自动关闭,终止曝光。中心快门的优势是打开快门后感光材料就能满幅同时感光。航空摄影机和一般普通摄影机大多采用中心快门。曝光时间一般标注在物镜筒上的快门速度调节环上,或摄影机顶面的快门调节盘上。例如:
B 1 2 4 8 15 30 60 125 300。

曝光时间的数值都是标注其分母,如 2 便是 1/2 s。因此,快门上的数字越大,对应的曝光时间便越短。符号 B 是 1 s 以上的短曝光标志,俗称 B 门,是一种慢门装置。手按下快门按钮快门就打开,手一松开按钮,快门立即关闭,手按下的持续时间,即为曝光时

▶ 摄影测量学

间。T门是快门按钮,按一下,快门打开;再按一下快门按钮,快门便关闭,两次按快门按钮的时间间隔便是曝光时间。

根据光圈号数、曝光时间、曝光量三者之间的关系可知,如果保持原光圈号数不变,而曝光时间改变一档,或者保持原曝光时间不变,而光圈号数改变一档,则曝光量将改变一倍。例如,原采用光圈号数为 5.6,曝光时间为 1/125 s,可得到正确的曝光量;若将光圈号数调至 8,仍要保持原正确的曝光量,就应将曝光时间增加至 1/60 s。

(四) 检影器

摄影时,不断移动镜头使其前后伸缩,改变调整像距,使检影器平面上的影像清晰的过程叫作对光(即调焦)。检影器也称取景器,是用来观察检影器平面上的影像是否清晰及确定合适拍摄范围的装置,它在摄影机上往往与调焦装置综合在一起,使用更加方便。

(五) 附加装置

为了满足摄影的需要,摄影机还有一些附加装置及功能,如自动调焦、自拍、自动闪光、自动记录拍摄日期等。

三、航空摄影机

几乎所有型号的摄影机都可用于航空摄影的影像获取。摄影机的物镜要求成像清晰、分解力高、透光力强、几何精度好、操作简便,安装在飞机上对地面进行连续自动摄影的摄影机,称为航摄仪。

空中摄影是摄影测量的重要组成部分,而航空摄影机(又称航摄相机)则是摄影的关键,主要包括光学航空摄影机和数码航空摄影机两种,它们都属于量测型摄影机。

(一) 光学航空摄影机

单镜头分幅摄影机是目前应用最多的光学航空摄影机。它的主要工作平台为飞机,其一般结构除了与普通光学摄影机一样具有物镜、光圈、快门、暗箱和检影器外,还有座架及其控制系统的各种设备以及压平装置,有的还有像移补偿器,以减少像片的压平误差和摄影过程中的像移误差。由于快门每启动一次只拍摄一幅影像,所以又称为框幅式摄影机。其结构原理如图 2-5 所示。

航空摄影机的物镜要求具备良好的光学性能,其畸变差要小,分辨率要高,透光率要强。摄影机的机械结构要稳定,整个摄影系统应具备摄影过程的自动化装置,摄影机可快速连续拍摄大量像片,并达到最佳的几何保真度。

光学航空摄影机的特征:

(1) 光学航空摄影机的像距是一个固定的已知值。航摄仪在空中摄影时,由于物距较大,物镜都是固定调焦于无穷远点处,像距几乎等于摄影物镜的焦距。

(2) 光学航空摄影机承片框上具有框标。量测用摄影机镜箱体的后面,即物镜筒和暗箱的衔接处有一个金属的贴附框架,框架的四边严格地处于同一平面内,即像平面。框架的每一边中点各设有一个框标记号,也有设在框架的角隅处,前者为机械框标,后者为光

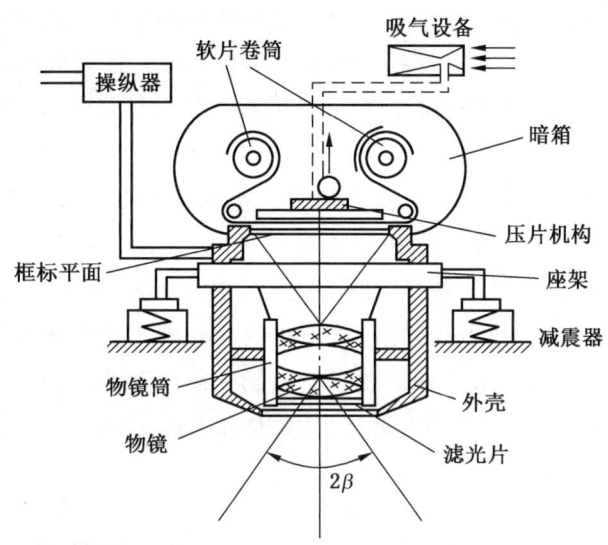

图 2-5 光学航空摄影机的结构

学框标。在摄影曝光瞬间，感光材料展平并紧贴附在框标平面上，曝光的同时框标记号也成像于感光材料上，像点在像片平面上的位置就可以按像片上的框标坐标系来确定。

（3）光学航空摄影机的内方位元素是已知的。摄影机物镜后节点在像片平面上的投影称为像主点。像主点与物镜后节点之间的距离称为摄影机主距。像片主距和像主点在框标坐标系中的坐标值合称为摄影机的内方位元素，它们可在出厂检核中测定出来。

常见的光学航空摄影机获取像片的像幅有 18 cm×18 cm、23 cm×23 cm、30 cm×30 cm。按摄影机物镜的焦距和像场角进行分类，航摄相机可分为短焦距航摄机、中焦距航摄机和长焦距航摄机，各相机参数见表 2-1。

表 2-1 传统航空摄影机的分类

摄影机分类	焦距/mm	像场角/(°)
短焦距摄影机	<150	>100（特宽）
中焦距摄影机	150~300	70~100（宽角）
长焦距摄影机	>300	≤70（常角）

中国航摄仪生产中，使用的胶片型系列航空摄影测量相机主要是由国外引进的，产品类型有 RC 型航摄仪、RMK 型航摄仪，以及 AΦA 型测图航摄仪等。它们的特点是满足精度要求，气象保障条件要求严格，成图获取周期较长。

RC 型航摄仪有 RC10、RC20、RC30 等型号，每种型号配有几种不同焦距的物镜筒（可改变主距），像幅均为 23 cm×23 cm。RC10 和 RC20 的光学系统基本相同，RC20 具有像移补偿装置。RC 航摄仪在结构上有一个重要特点，即座驾、镜箱和控制器都是基本部件，但是镜箱体不包括摄影物镜，暗匣和物镜筒都是可以替换的，因此，RC 型航摄仪的暗匣对每一种型号而言都是通用的。新一代的 RC30 航摄仪系统由 RC30 航摄仪、陀螺稳定平台和飞行管理系统组成。具有像移补偿装置和自动曝光控制设备，并具有导航 GPS 数据接口，可进行 GPS 辅助的航空摄影，因此其航摄性能远远高于 RC10 和 RC20，如图 2-6 所示。

RMK 型航摄仪有 5 个不同焦距的摄影物镜，像幅均为 23 cm×23 cm。RMK 型航摄仪的摄影物镜固定在镜箱体上，而压平板设置在暗匣上，因此要进行像移补偿航空摄影时，必须具有特殊的 RMK-CC24 像移补偿暗匣装置。常用的 RMK-TOP 型航摄仪是在 RMK 基础上改进成具有陀螺稳定装置的航摄仪，该航摄仪具有高质量的物镜和内置滤光镜，像位补偿装置及陀螺稳定平台可以对图像质量进行补偿，自动曝光装置采用图像质量优先，并提供 GPS 航摄仪导航系统，如图 2-7 所示。RC30 和 RMK-TOP 型航摄仪是目前主要使用的光学航摄仪。

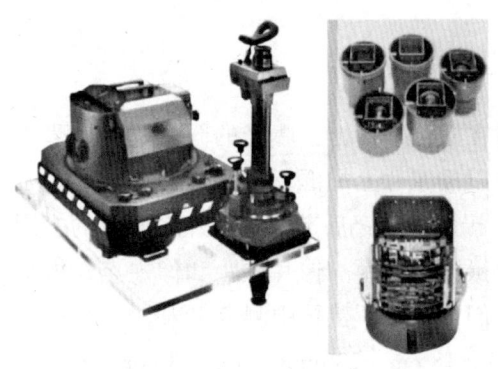

图 2-6　RC30 型航摄仪

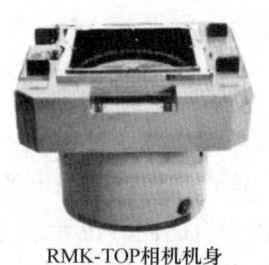

图 2-7　RMK-TOP 型航摄仪

航摄仪的辅助设备是航摄仪重要组成部分，可以提高航摄的精度，减少航摄误差。航摄仪的辅助设备主要包括航摄滤光片、影像位移补偿装置、航摄仪自动曝光系统等。

（二）数字航摄仪

随着计算机和 CCD 技术的发展，出现了可直接获取数字影像的数字航摄仪，可同时获取黑白、天然彩色及彩红外数字影像，具有无须胶片、免冲洗、免扫描等特点，减少了传统光学航摄获取影像的多个环节。

CCD 是英文 Charge Coupled Device 的缩写，意为电荷耦合器件。与传统胶片相比，CCD 更接近于人眼视觉的工作方式。其感光的过程就是光子冲击感光元件产生信号电荷，并通过 CCD 上 MOS 电容进行电荷存储、传输的过程。CCD 传感器对曝光量的响应是线性的，曝光量越大，像素的亮度值也越大。而在同样的曝光区间内，胶片的感光特性曲线则是非线性的。因此，CCD 传感器获得的数字影像可以更真实、准确地反映出图像的亮度信息。

数字航摄仪可分为框幅式（面阵 CCD）和推扫式（线阵 CCD）两种。现有的框幅式

项目二 摄影测量基础知识

数字航摄仪主要有 DMC、UltraCam-D 和 SWDC 系列航摄仪,推扫式数字航摄仪主要有 ADS 系列航摄仪。

1. DMC 数字航摄仪

DMC 数字航摄仪是德国 Z/I IMAGING 公司研制开发的,基于面阵 CCD 技术,将最新的传感器技术与最新的摄影测量与遥感影像处理技术相融合,由多个光学机械部分组装成的高精度、高性能的测量型数字航摄仪(图 2-8)。它技术上突破的标志在于从完成小比例尺摄影项目到能够完成高精度、高分辨率的大比例尺航摄项目。

DMC(图 2-8)基于面阵 CCD 的设计,保证了类似胶片一样严格的几何精度,即使在 GPS 信号完全失去、运行器不稳定和光照条件较差的情况下仍具有获得高质量图像的可能性。

DMC 镜头系统由 8 个镜头组合而成,其中 4 个全色镜头、4 个多光谱镜头。每个单独镜头配有大面阵的 CCD 传感器,这些传感器由 DALSA 公司制作。4 个全色镜头的 CCD 传感器为 7K×4K,4 个多光谱镜头的 CCD 传感器为 3K×2K。

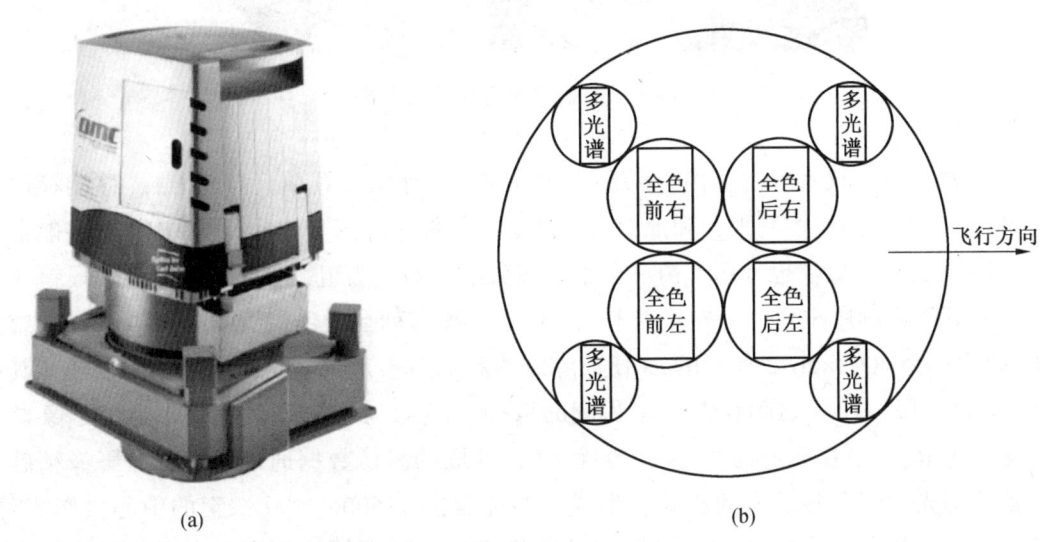

图 2-8 DMC 数字航摄仪及其镜头组

在航摄飞行中,DMC 数字航空摄影机的 8 个镜头同步曝光(间隔小于 9~10 s),4 个全色镜头分别获得 7K×4K 的数字影像,4 个多光谱镜头分别获得 3K×2K 的数字影像。

在镜头的设计和安装过程中,将 4 个 7K×4K 的全色镜头固定在相机的内侧,并实现 4 个全色镜头航飞获得的数字影像有部分重叠。通过镜头的几何检校、影像匹配、相机自检校和光束法空三技术等,将 4 个全色镜头获得的 4 个中心投影的影像拼合成一幅具有虚拟投影中心、固定虚拟焦距的虚拟中心投影"合成"影像,影像分辨率为 7680×13824 像素。

同样,4 个多光谱镜头能获得覆盖 4 个全色镜头所获得影像范围的影像,通过影像匹配和融合技术,可将 4 个多光谱镜头获得的影像与全色的"合成"影像进行融合,进而获得高分辨率的天然彩色影像数据或彩红外影像数据。

DMC 数字航摄仪通过全色影像的镶嵌，全色与多光谱影像的融合，实现了多波段对地大面积覆盖。因此，DMC 数字航摄仪一次飞行可同步获得黑白、真彩色和彩红外像片数据。

2. UltraCam-D 数字航摄仪

UltraCam-D（简称 UCD）数字航摄仪由奥地利 Vexced 公司开发生产，于 2003 年 5 月在美国摄影测量与遥感大会上推出，也是属于多镜头组成的框幅式数字航摄仪，一次摄影可同时获取黑白、彩色和彩红外影像，如图 2-9 所示。

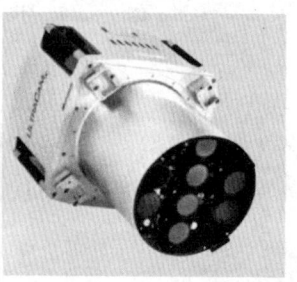

图 2-9　UCD 数字航摄仪及工作系统

UCD 数字航摄仪系统主要由传感器单元（SU）、存储计算单元（SCU）、移动存储单元（MSU）、空中操作控制平台和地面后处理系统软件包等部分构成。与 DMC 数字航摄仪一样，UCD 数字航摄仪也采用了由 8 个小型镜头组成的镜头组，其中 4 个全色波段镜头沿飞行方向等间距顺序排列，另外 4 个多光谱镜头对称排列在全色镜头的两侧，UCD 系统共有 13 块大小为 4008×2672 像素的 CCD 面阵传感器承担感光和采集影像数据的责任，其中 9 个为全色波段，面阵之间存在一定程度的重叠（航向为 258 像素，旁向为 262 像素），另外 4 个为 R、G、B 和近红外波段。9 个 CCD 获取的影像数据通过重叠部分影像精确配准，消除曝光时间误差造成的影响，生成一个完整的 11500×7500 像素的中心投影影像。全色影像通过与同步获取的 RGB 和彩红外影像融合、配准等处理，生成高分辨率的真彩色和彩红外影像产品。

3. ADS100 数字航摄仪

德国徕卡（Leica）公司于 2001 年率先推出了第一台大型推扫式航空摄影测量系统 ADS40（Airborne Digital Sensor），可三线阵立体成像进行立体测图，是非常典型的三线阵航空数码相机。ADS 系列航摄仪相机上集成了 GPS 和惯性测量装置（IMU），可以在无地面控制的情况下完成对地面目标的三维定位，此外 ADS 的成像方式不同于传统航摄仪，它得到的是多中心投影影像，每个扫描线对应单独的投影中心，拍摄到的是一整条带状无缝隙的影像，同一航线的影像不存在拼接问题。

2013 年德国徕卡（Leica）公司推出性能独特的 ADS100 航摄仪，共有 13 条 CCD 扫描线,每个波段扫描线宽度为 20000 像素,三个扫描视角(前视、底视、后视),三个角度 100%重叠的连续条带影像,其彩色影像可分别构成"前视-底视、前视-后视、后视-底视"等三重立体,若采用多重立体匹配技术,可有效剔除粗差,提高匹配精度。ADS100 的像素大小为 5 μm,具有最高的数据获取效率,支持选择 TDI 延时参数的像移补偿以提高灵敏度。扫描周期提高,能够以更快的飞行速度获取更高地面分辨率的影像。ADS100 硬件系统由 SH100 镜头、CC33 控制器(质量减轻 80%,只有 6.5 kg)、MM30 存储器(容量为 2.4 TB,提高 40%)、PAV100 陀螺仪稳定平台、IPAS20-CUS6 IMU 镜头内集成、OC50 飞行员导航仪、OC60 操作平台等组成,如图 2-10 所示。

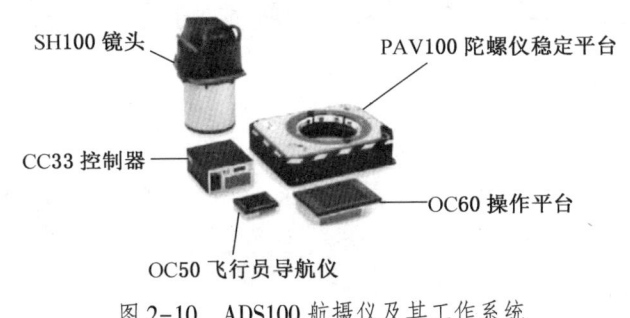

图 2-10 ADS100 航摄仪及其工作系统

4. SWDC 数字航摄仪

SWDC(Si Wei Digital Camera)数字航摄仪是我国自主知识产权的科研产品。它是在国家测绘局、科技部中小企业创新基金的扶持下,中国测绘科学研究院、北京四维远见信息技术有限公司等单位的共同努力下,经过五年的研究试验,研制出的国产实用数字航摄仪。SWDC 数字航摄仪作为航空遥感的重要技术手段,填补了国内空白。SWDC 主体由四个高档民用相机(单机像素数为 3900 万,像元大小为 6.8 μm)经精密检校和外视场拼接而成,系统中集成了测量型 GPS 接收机、数字罗盘、航空摄影控制系统、地面后处理系统(图 2-11)。SWDC 经多相机高精度拼接生成虚拟影像(像幅为 14000×10000 像素),提供数字摄影测量数据源,是一种能够满足航空摄影规范要求的大面阵数字航空摄影仪。

图 2-11 SWDC 数字航摄仪

▶摄影测量学

SWDC 系列数字航摄仪具有高分辨率、高几何精度、体积小、质量轻等特点，并且对天气条件要求不高，能够在阴天云下摄影，具有飞行高度低、镜头视场角度大、基高比大、高程测量精度高、真彩色、镜头可更换等优势。SWDC 数字航摄仪在与进口航摄仪比较时，其短焦距镜头特点可以保证在同样航高情况下进行中小比例尺作业时获取更大数值的 GSD（像元地面分辨率），提高航摄效率的同时更有利于获取可飞的航摄天气；可更换拍摄方式的特点，保证了在大比例尺作业时达到合格的高程精度；内置稳定平台也为用户节约了设备成本。

任务二　航空摄影测量的基本要求

【任务目标】
（1）了解航空摄影测量影像实施过程。
（2）掌握摄影比例尺的选择、航高差异要求、像片重叠度规定、像片倾角、航线弯曲和像片旋偏角。

【任务描述】
摄影测量以影像为基础，是在影像上对物体进行量测与判读，航空摄影获取的航摄像片是航空摄影测量成图的原始依据，其质量关系到后期作业的难易和量测的精度，因此对航空像片质量及航空摄影的飞行质量均有严格要求。

【任务知识】

一、航空摄影测量影像实施过程

将航摄仪安装在飞机上或其他航空飞行器上，在空中一定的高度对地面物体进行摄影，获得航摄像片的工作统称为航空摄影。

航空摄影过程，实质上是将地球表面上的地物、地貌等信息，穿过大气层，进入摄影机物镜，到达航摄胶片上形成影像的传输过程。航摄影像不仅详细记录了地物、地貌特征以及地物之间的相互关系，而且记录摄影机装载各种仪表在摄影瞬间的各种信息。这些信息及起始数据都能从影像中提取，是航空摄影成图或建立影像数据库最重要的原始资料之一。

航空摄影前要做出计划，航摄计划中技术部分包括的主要内容有：确定测区范围；根据测区的地形条件、成图比例尺等因素选用摄影机；确定摄影比例尺及航高；需用像片的数量、日期及航摄成果的验收等。

在做好地面准备工作之后，选择晴朗无云的天气，利用带有航摄仪的飞机或其他空载工具（如无人机）对地面进行摄影。飞机进入航摄区域后，按设计的航高、航向呈直线飞行并保持各航线间的相互平行，一条航线接一条航线、一片接一片顺次进行摄影，如图2-12所示。

项目二 摄影测量基础知识

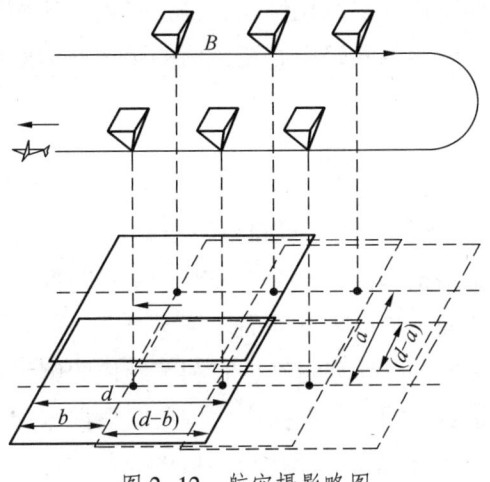

图 2-12 航空摄影略图

摄影的曝光过程是飞机在飞行中瞬间完成的,在这一曝光时刻,摄影机物镜所在的空间位置称为摄站点,航线方向相邻两摄站点间的空间距离称为摄影基线,通常用 B 表示。飞机边飞行边摄影,直至拍摄完整个测区。如果测区面积较大或测区地形复杂,可将测区分为若干分区,分区摄影。

飞行完毕后,若使用框幅式胶片摄影机,将感光的底片进行摄影处理,得到航摄底片,称为负片。利用负片在相纸上接触晒印,得到正片。最后,对像片的色调、重叠度、航线弯曲等项进行检查验收与评定,不符合要求时要重摄或补摄。

根据航空摄影的特点和测量对航摄像片的要求,航空摄影可分为独立地块航空摄影、线状地带航空摄影和区域航空摄影。独立地块航空摄影主要用于军事侦察目的;线状地带航空摄影主要用于公路、铁路和输电线路的定线及江河流域的规划;区域航空摄影又称面积航空摄影,是在规定高度上在被摄区域内敷设多条航线,逐条摄影,像片在航向和旁向都有一定的重叠,主要用于地形图测绘。

二、航空摄影测量的基本要求

航空摄影的成果是摄影测量的原始资料,其质量直接影响摄影测量成图的精度和效率。因此摄影测量对空中摄影提出一些质量要求和误差控制,要求保证航摄像片的精度和飞机飞行的质量,其具体要求如下。

1. 摄影比例尺与摄影航高

摄影比例尺又称为像片比例尺,是航摄像片上一线段 l 的影像与地面上相应线段的水平距离 L 之比,即:

$$\frac{1}{m} = \frac{l}{L} \tag{2-3}$$

由于航空摄影时航摄像片不能严格保持水平,再加上地形起伏,所以航摄像片上的影像比例尺处处不相等。我们所说的摄影比例尺，是指平均的比例尺，当以摄区内的平均高程面作为摄影基准面时，摄影机的物镜中心至该面的距离称为航高，一般用 H 表示，摄影比例尺表示为

$$\frac{1}{m} = \frac{f}{H} \tag{2-4}$$

式中 f 为摄影机主距（焦距）。摄影瞬间摄影机物镜中心相对于平均海水面的航高称为绝对航高，而相对航高是指摄影机物镜中心相对于某一基准面的高度，相对航高所选用的基准面是指被摄区域内地面平均高程基准面。摄影航高一般是指相对航高。

摄影比例尺越大，像片地面分辨率越高，有利于影像的解译与提高成图精度，但摄影比例尺过大，将增加工作量及费用，所以摄影比例尺要根据测绘地形图的精度要求与获取地面信息的需要来确定。表 2-2 是摄影比例尺与成图比例尺的关系，具体要求按测图规范执行。

表 2-2 摄影比例尺和成图比例尺对照表

比例尺类别	摄影比例尺	成图比例尺
大比例尺	1∶2000，1∶3000	1∶500
	1∶4000，1∶6000	1∶1000
	1∶8000，1∶12000	1∶2000
中比例尺	1∶15000，1∶20000（像幅 23 m×23 m）	1∶5000
	1∶10000，1∶25000	1∶10000
	1∶25000，1∶35000（像幅 23 m×23 m）	
小比例尺	1∶20000，1∶30000	1∶25000
	1∶35000，1∶55000	1∶50000

当选定了摄影机和摄影比例尺后，即 f 和 m 为已知，航空摄影时就要求按计算的航高 H 飞行摄影，以获得符合生产要求的摄影像片。当然，飞机在飞行中很难精确确定航高，但是要求差异一般不得大于 H 的 5%。同一航线内，各摄影站的高差不得大于 50 m。

2. 像片重叠

为了满足测图的需要，在同一条航线上，相邻两像片对所摄区域应有一定范围的影像重叠，这种影像重叠称为航向重叠。对于区域摄影（多条航线），要求两相邻航带像片之间也需要有一定的影像重叠，这种影像重叠称为旁向重叠。像片重叠包括航向重叠和旁向重叠。像片重叠的大小是以航摄像片上像幅边长的百分数表示的，即重叠度。航向重叠度一般要求为 $p\% = 60\% \sim 65\%$，最小不得小于 53%；旁向重叠度要求为 $q\% = 30\% \sim 40\%$，最小不得小于 15%，如图 2-13 所示。

航向、旁向重叠度小于最低要求时，称航摄漏洞，需要在航测外业做补救。当摄区地面起伏较大时，还要增大重叠度，才能保证像片立体量测与拼接。航向重叠和旁向重叠在

摄影测量中具有重要的意义，是摄影测量立体测图的基础。

应当指出，随着航空数码相机的应用，已有航向重叠度大于80%、旁向重叠度在40%~60%的大重叠度航空摄影测量出现，利用三线阵传感器摄影，还可具有100%的重叠度。

3. 像片倾角

以测绘为目的的空中摄影多采用竖直摄影方式，即要求航摄仪在曝光的瞬间摄影机物镜主光轴垂直于地面。实际上由于飞机的稳定性和摄影操作技能限制，摄影机主光轴在曝光时总会有微小的倾斜。在摄影瞬间摄影机轴发生了倾斜，摄影机轴与铅直方向的夹角α称为像片的倾角，如图2-14所示，当$\alpha=0$时为垂直摄影，是最理想的情形。但飞机受气流的影响，航机不可能完全置平，一般要求倾角α不大于2°，最大不超过3°。

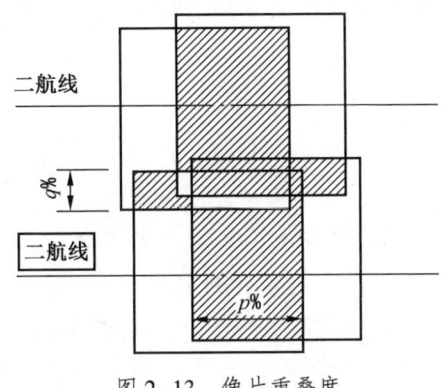

图2-13 像片重叠度　　　　图2-14 像片倾角

4. 航线弯曲

受技术和自然条件限制，飞机往往不能按预定航线飞行而产生航线弯曲，航线弯曲过大会造成漏摄或旁向重叠过小，从而影响内业成图。一般要求航摄最大偏距δ（图2-15）与全航线长L之比不大于3%。图2-15中的$O_1,\cdots,O_i,\cdots,O_n$表示航向上各像片的像主点。

5. 像片旋角

相邻像片的主点连线与像幅沿航线方向两框标连线间的夹角称像片旋角，如图2-16所示。像片旋角一般以κ表示，它是由于空中摄影时，摄影机定向不准产生的，若摄影机定向准确，所摄的像片镶嵌以后排列整齐，就不存在像片旋角。像片旋角影响像片的重叠度，此外还会给航测内业增加困难。因此，一般要求κ角不超过6°，最大不超过8°。

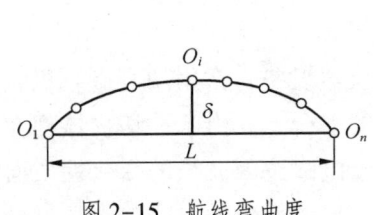
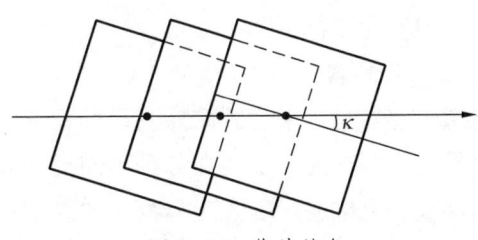

图2-15 航线弯曲度　　　　图2-16 像片旋角

▶摄影测量学

任务三 航空摄影测量影像获取

【任务目标】

(1) 掌握遥感影像的处理及应用。
(2) 掌握无人机航空摄影作业流程。
(3) 了解无人机航摄系统组成及无人机航测技术的应用。

【任务描述】

摄影测量是在物体的影像上进行量测与解译,首先要对被研究的物体进行摄影,以获得被研究对象的影像。通过遥感影像获取及无人机摄影测量的影像获取的学习,掌握遥感影像的处理,无人机影像获取的作业流程。

【任务知识】

一、遥感影像信息获取

遥感是在20世纪60年代初发展起来的一门新兴技术,是通过各种传感器,在不接触目标物体的条件下探测目标地物,获取其反射、辐射和散射的电磁波信息,并进行处理、分析和应用的一门科学和技术。遥感影像是指搭载在遥感平台上的遥感器远距离对地表扫描或者摄影获得影像,在遥感中主要是指航空像片和卫星像片。信息获取是指运用遥感技术装备接收、记录目标物电磁波特性的探测过程。

(一) 遥感技术装备

1. 遥感平台

遥感平台是用来搭载传感器的运载工具,常用的有气球、飞机和人造卫星等。按遥感的工作平台可分为地面遥感、航空遥感、航天遥感。地面遥感是把传感器设置在地面平台上,如车载、船载、手提、固定或活动高架平台等。航空遥感是把传感器设置在航空器上进行成像或扫描的一种遥感方式。航空遥感平台不仅包括飞机、飞艇,而且还包括有人驾驶和无人驾驶的遥控飞机,但仍以飞机为主。按飞行高度,分为低空(600~3000 m)、中空(3000~10000 m)、高空(10000以上)3级,此外还有超高空和超低空的航空遥感。航天遥感是把传感器设置在航天器上,如人造卫星、航天飞机、宇宙飞船、空间站等,以地球人造卫星为主体。

2. 遥感传感器

遥感传感器是用来远距离探测目标物电磁波特性的仪器设备,常用的有摄影机、扫描仪和成像雷达等,通常安装在各种不同类型和不同高度的平台上。由于一切物体都在不断地发射和吸收电磁波,其强度与物体的温度和性质有关,电磁波因波长的变化性质而有很大差异,因此利用各种不同波段的遥感器可以接收这种辐射或反射的电磁波,经过分析和处理,有可能反映物体的某些特征,借以识别物体。

依据不同的分类标准，传感器有以下的分类方法。

（1）按工作的波段分为可见光遥感、红外遥感、多波段遥感、紫外遥感和微波遥感等。

（2）按工作方式分为主动式遥感和被动式遥感。其中主动式传感器是人工辐射源向目标物发射电磁波，然后接收从目标物反射回来的能量，如侧视雷达、激光雷达、微波散射计等；被动式传感器不向目标发射电磁波，仅被动接收目标物自身发射和对自然辐射源的反射能量，如摄影机、多光谱扫描仪、微波辐射计、红外辐射计等。

（3）按记录方式分为成像方式和非成像方式。传感器接收的电磁辐射信号可转换成（数字或模拟）图像，如摄影机、扫描仪、成像雷达等；非成像方式传感器接收的目标电磁辐射信号不能形成图像，如辐射计、雷达高度计、散射计、激光高度计等。

遥感传感器由收集器、探测器、处理器、输出器4个部分组成。收集器是收集来自地面目标辐射的电磁波能量，然后送往探测器，不同的遥感器使用的收集元件不同，最基本的收集元件是透镜、反射镜或天线等。对于多波段遥感，收集系统还包括按波段分波束的元件，一般采用各种散元分光件，如滤光片、棱镜、光栅等。探测器是遥感传感器中最重要的部分，它是真正接收地物电磁辐射的器件，它将收集到的电磁辐射能转换为化学能或电能，具体的元件如感光胶片、光电敏感元件、固体敏感元件等。处理器是将探测器探测到的化学能或电能等信息进行加工处理，即进行信号的放大、增强或调制。除了摄影机中的感光胶片，需要从光辐射输入信号记录，无须信号转化外，其他遥感器都存在信号转化的问题，光电敏感元件，固体敏感元件和波导等输出的都是电信号，从电信号转换到光信号必须有一个信号转化系统，这个转化系统可以直接进行电光转化。

（二）遥感影像的特征

1. 空间分辨率

空间分辨率（Spatial Resolution）又称地面分辨率。后者是针对地面而言，指可以识别的最小地面距离或最小目标物的大小。前者是针对遥感器或图像而言的，指图像上能够详细区分的最小单元的尺寸或大小，或指遥感器区分两个目标的最小角度或线性距离的度量。它们均反映对两个非常靠近的目标物的识别、区分能力，有时也称分辨力或解像力。

2. 光谱分辨率

光谱分辨率（Spectral Resolution）指遥感器接收目标辐射时能分辨的最小波长间隔。间隔越小，分辨率越高。所选用的波段数量的多少、各波段的波长位置，及波长间隔的大小，这三个因素共同决定光谱分辨率。光谱分辨率越高，专题研究的针对性越强，对物体的识别精度越高，遥感应用分析的效果也就越好。但是，面对大量多波段信息以及它所提供的这些微小的差异，人们要直接地将他们与地物特征联系起来，综合解译是比较困难的，而多波段的数据分析，可以改善识别和提取信息特征的概率和精度。

3. 时间分辨率

时间分辨率（Temporal Resolution）是关于遥感影像间隔时间的一项性能指标。遥感

▶ 摄 影 测 量 学

探测器按一定的时间周期重复采集数据,这种重复周期,又称回归周期。它是由飞行器的轨道高度、轨道倾角、运行周期、轨道间隔、偏移系数等参数所决定的。这种重复观测的最小时间间隔称为时间分辨率。

4. 辐射分辨率

辐射分辨率(Radiant Resolution)指探测器的灵敏度,即遥感器感测元件在接收光谱信号时能分辨的最小辐射度差,或指对两个不同辐射源的辐射量的分辨能力。一般用灰度的分级数来表示,即最暗—最亮灰度值(亮度值)间分级的数目(量化级数)。它对于目标识别是一个很有意义的元素。

(三) 图像处理

地面反射或发射的电磁波信息经过大气层到达传感器,传感器根据地物对电磁波的反射强度以不同的亮度表示在遥感图像上。遥感传感器记录电磁波的形式有两种,一种是以胶片的光学成像形式记录,一种以数字形式记录,即光学图像和数字图像。与光学图像相比,数字图像的处理更加简捷、快速,并且可以完成一些光学图像处理方法所无法完成的特殊处理。

1. 遥感图像处理系统

航空摄影所获得的影像,会受到摄影机物镜畸变差、大气折光、底片压平等因素的影响,使得影像与实际地物影像存在偏差。在航摄影像应用前应对这些外界因素、摄影机自身仪器等造成的误差进行纠正处理,以免影响摄影测量的精度。

遥感图像的图像处理是将传感器所获得的数字磁带,经数字化的图像胶片数据,用计算机进行各种处理和计算,提取出各种有用的信息,从而去了解、分析物体和现象。一个完整的遥感数字图像处理系统应包括硬件和软件两大部分。硬件的主体是电子计算机、输入设备、输出设备等;软件是指进行遥感图像处理,使所编制的各种程序,在特定的操作系统上运行。

2. 遥感数字图像处理的主要内容

(1) 数字图像变换。图像的表示形式主要有光学图像和数字图像两种。光学图像可以看成一个二维的连续的光密度函数,数字图像是一个二维的离散的光密度函数。光学图像转化成数字图像就是把连续的光密度函数变成一个离散的光密度函数,这个过程叫作图像数字化。数字图像转变成光学图像是通过显示终端设备将数字信号以模拟方式表现,或是通过照相、打印的方式输出。

(2) 数字图像校正。由于在遥感图像成像过程中,受到太阳位置和角度条件、大气条件、地形影响和传感器本身性能的影响,传感器接收到的电磁波能量与目标本身辐射的能量不一致。这些失真会对图像的使用和理解造成干扰,所以要进行辐射纠正。

在遥感图像应用之前,我们需要将其表达在某个规定的投影坐标系中。受到各种因素(如传播介质不均匀、地形起伏、投影成像方式等)的影响,图像的几何形状与其对应的地物形状往往不一致,使得遥感图像的几何处理成为遥感图像处理中的一个重要的环节。

（3）多源信息复合。单一传感器获取的图像信息量有限，难以满足现代化的应用需要。来自不同传感器的数据具有不同的时间、空间和光谱分辨率，将多种遥感平台、多时相遥感数据之间以及遥感数据与非遥感数据之间的信息组合匹配的技术就是多源信息复合。

（4）遥感图像判读。判读是对遥感图像上的各种特征进行综合分析、比较、推理和判断，最后提取出所需要的信息。判读有目视判读和自动判读两种。

传统的方法是目视判读，是一种人工方法，是工作人员使用眼睛观察，借助一些仪器，凭借丰富的经验、扎实的知识和已有资料，通过人脑的分析、推理和判断，提取感兴趣的信息。

随着技术的发展，大量的多源多尺度遥感数据仅仅依靠人工的方法已经不能满足需求。利用计算机通过一定的数学方法，对地球表面及其环境在遥感图像上的信息进行属性的识别和分类，从而达到提取有用信息的目的，这是图像判读的另一种方法——自动判读。

二、无人机摄影测量的信息获取

无人机是通过无线电遥控设备或机载计算机程序控制系统进行操控的不载人飞行器。无人机航测技术因其特有的优势在近年来发展极为迅速。

1. 无人机航测系统组成

无人机航测系统组成按照功能分为3个主要部分：飞行平台、数据获取系统以及数据处理系统。其中飞行平台主要有五类：固定翼无人机、多旋翼无人机、无人飞艇、伞翼无人机、扑翼无人机等，其中应用比较广泛的是固定翼无人机（图2-17）和多旋翼无人机（图2-18）。飞行平台一般包含飞行动力系统、飞行控制系统、信号传输系统。数据获取系统包括搭载的影像获取装备相机或者专业设备，如激光扫描仪（Light Detection and Ranging，LIDAR），以及定位定姿设备，如GNSS接收机、POS系统等。由于获得数据和需要的成果不同，采用的数据处理软件大不相同，一般分为影像处理、点云数据处理、位置姿态数据处理以及视频数据处理等。

图2-17　固定翼无人机

图 2-18 螺旋翼无人机

用于航测的无人机最关键的是其载荷和续航能力,这直接影响飞行的效率。可以根据任务需要选择无人机的飞行参数,通常多旋翼无人机适宜用于空间分辨率为 2~5 cm 的垂直航空摄影及倾斜摄影、视频拍摄、激光点云获取;电动固定翼无人机适宜用于 3~10 cm 垂直航空摄影;油动固定翼无人机适宜用于 5~20 cm 垂直航空摄影及倾斜摄影,也可以用于激光点云获取;无人直升机适宜用于 2~10 cm 垂直航空摄影及倾斜摄影、视频拍摄、激光点云获取。

2. 无人机航空摄影作业流程

无人机航空摄影作业流程一般包括以下 6 个步骤:航测设计、空域申请、航空摄影、地面控制点布设及测量(这两个步骤可以同步进行)、空三加密、产品制作和成果输出。

航测设计主要涉及 4 个方面:无人机的选择、相机的选择及设置、航飞方案的设计、航飞前的准备和实施。无人机的选择一般考虑其续航能力和有效载荷,即能够飞行多长时间以及能够载重多少;选择相机的时候一般还要考虑相机本身的像元尺寸和像幅大小,同时要考虑镜头焦距的长短;航飞方案设计一般要结合地形资料考虑航高、重叠度、分区情况以及天气影响等。

航空摄影主要分 3 个阶段:起飞前需要进行设备组装、检查、启动;航测过程中主要包括起飞、作业、降落;航测完成后需要检查维护和下载数据。控制点布设原则:一般要求均匀布设,边角加密,大面积弱纹理区域(水域、森林、农田)边界加密。地面标志形状有三角标、圆形标、十字标,颜色可选择白色或者蓝色。

控制点量测一般有两种:基础控制测量和像控点测量,一般只需进行像控点测量,基本采用网络实时动态定位+似大地水准面精化高程的方式。空三加密是利用立体像对中影像的内方位元素、同名像点坐标、少量地面控制点坐标以及摄影时刻像片的粗略外方位元素等已知条件,解算出地面未知点坐标或像片精确外方位元素的过程。

空三加密主要分为 5 个阶段:数据准备、自动匹配与构网、控制点转刺、构建控制网、成果输出。

3. 无人机摄影测量的特点

无人机系统在设计和最优化组合方面具有突出的特点，是集成了高空拍摄、遥控、遥测技术、视频影像微波传输和计算机影像信息处理的新型应用技术。无人机低空摄影测量主要用于基础地理数据的快速获取和处理，为制作数字正射影像、数字地面模型或基于影像的区域测绘提供最简捷、最可靠、最直观的应用数据。作为卫星遥感与普通航空摄影不可缺少的补充，其主要有下述特点。

（1）机动性、灵活性和安全性。无人机具有灵活、机动的特点，能够在恶劣环境下直接获取影像，即使是设备出现故障、发生坠机，也不会出现人员伤亡，具有较高的安全性。

（2）低空作业，获取高分辨率影像和多角度影像。无人机可以在云下超低空飞行，飞行高度为 50~1000 m，弥补了卫星光学遥感和普通航空摄影经常受云层遮挡而获取不到影像的缺陷，可获取比卫星遥感和普通航摄更高分辨率的影像，摄影测量精度达到了亚米级，精度范围通常为 0.1~0.5 m。同时不仅能竖直航拍获取平面影像，还能低空多角度摄影获取建筑物多面高分辨率纹理影像，弥补了卫星遥感和普通航空摄影获取城市建筑物影像时遇到的高层建筑遮挡问题。

（3）成本相对较低，操作简单。无人机升空时间短，操作控制较容易，运行成本低，无须专门机场起降，可实现测绘单位按需开展航摄飞行作业这一理想的生产模式。

（4）具有周期短、效率高等特点。对于面积较小的大比例尺地形测量任务，受天气和空域管理的限制较多，大飞机航空摄影测量成本高；而采用全野外数据采集方法成图，作业量大，成本也比较高。而将无人机遥感系统进行工程化、实用化开发，则可以利用它机动、快速、经济等优势，在阴天、轻雾天也能获取合格的影像，从而将大量的野外工作转入内业，既能减轻作业者的劳动强度，又能提高作业者的作业效率和精度。

4. 无人机航测技术应用

随着无人机低空摄影测量技术的成熟和经济建设的需要，无人机测绘已经逐渐渗透到多个领域。美国航空航天局也将多种无人机应用于森林火灾监测、精确农业、海洋遥感等研究项目。澳大利亚也利用全球鹰搭载成像 SAR 进行海洋监测研究。

在我国，无人机技术应用非常广泛，涉及土地利用动态监测、矿产资源勘探、地质环境与灾害勘查、海洋资源与环境监测、地形图更新、林业草场监测以及农业、水利、电力、交通、公安、军事等领域。在应急测绘方面，除了可以第一时间获取影像资料外，还可直接参与救援。在监测方面，对于发生地质灾害这种对人类来说高风险的区域，采用无人机航测技术特别方便。另外，无人机测绘在违章建筑监测特别是城市小面积的违法用地管理上发挥着重要的作用；无人机航测技术为环境保护提供监测证据；海岛、矿山测量、电力巡检都已经离不开无人机航测技术（图 2-19）；农业无人机辅助管理、施肥等大大提高了生产效率。随着智慧城市建设任务的进一步推进，无人机低空摄影测量必将为城市建设发展提供更加有力的测绘保障。

▶摄影测量学

(a) 应急测绘保障　　(b) 违章建筑监测　　(c) 环保监测　　(d) 电力巡线

图 2-19　无人机应用

【项目习题】

1. 简述摄影的基本原理。
2. 航摄仪由哪几部分组成？各主要部件都有什么功能？
3. 简述航空摄影测量影像信息获取的过程。
4. 什么是相对航高、绝对航高和航摄仪主距？
5. 什么是像片的重叠度和像片倾斜角？
6. 简述遥感影像处理的主要内容。
7. 简述无人机航空摄影的作业流程。
8. 简述无人机航测技术的应用。

项目三　航空摄影测量基础知识

航摄像片是航空摄影测量的原始资料，是所摄物体在像面上的中心投影。航空摄影测量就是根据被摄物体在像片上的构像规律及物体与对应影像之间的几何关系和代数关系，获取被摄物体的几何属性和物理属性。因此，单张航摄像片解析是整个摄影测量的理论基础。

任务一　航摄像片的几何特征

【任务目标】
(1) 掌握中心投影的基本知识。
(2) 了解航摄像片与地形图、普通地图的区别和联系。

【任务描述】
航摄像片是地面景物的摄影构像，当航空摄影机向地面摄影时，地面上各点的光线都通过摄影机物镜中心后，在底片上感光成像从而获得航摄像片，这时物镜中心在摄影测量中又被称为摄影中心。摄影测量的主要任务之一，就是把地面按中心投影规律获得的摄影比例尺像片，转换成按图比例尺要求的正射投影规律的影像。

【任务知识】

一、中心投影与正射投影

(一) 基本概念

用一组假想的直线将物体向几何面投射称为投影。其投影线称为投影射线；投影的几何面通常取平面，称为投影平面；在投影平面上得到的图形称为该物体在投影平面上的投影。投影有中心投影与平行投影两种。当投影射线会聚于一点时，称为中心投影，图3-1a、b、c 三种情况均属中心投影。投影射线的会聚点 S 称为投影中心。

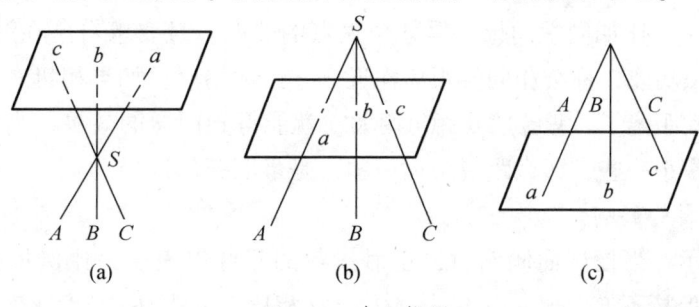

图 3-1　中心投影

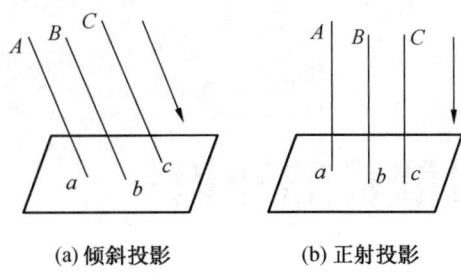

(a) 倾斜投影　　(b) 正射投影

图 3-2　平行投影

当投影射线都平行于某一固定方向时，这种投影称为平行投影。平行投影分为倾斜投影和正射投影。平行投影中，投影射线与投影平面成斜交的称为倾斜投影，如图 3-2a 所示；投影射线与投影平面成正交的称为正射投影，如图 3-2b 所示。

测量中地面与地形图的投影关系属于正射投影，某地区的地形图为该区域的地面点在水平面（小区域内将大地水准面用该地区中心的切平面取代）上的正射投影按比例尺缩小在图面上。

（二）中心投影的正片位置和负片位置

中心投影有两种状态：一种是投影平面和物点位于投影中心的两侧，如同摄影时的情况，此时像片为负片，像片所处的位置称为负片位置；另外一种是以投影中心为对称中心，将负片旋转 180°到物方空间，即投影平面与物点位于投影中心的同一侧，此时像片为正片，其所处的位置称为正片位置。不论像片处在正片位置还是负片位置，像点与物点之间的几何关系并没有改变，数学表达式也仍旧是一样的。因此，无论是在仪器的设计方面，还是在讨论像点与物点间相互关系时，按照需要采用正片位置或负片位置。正、负片位置如图 3-3 所示。

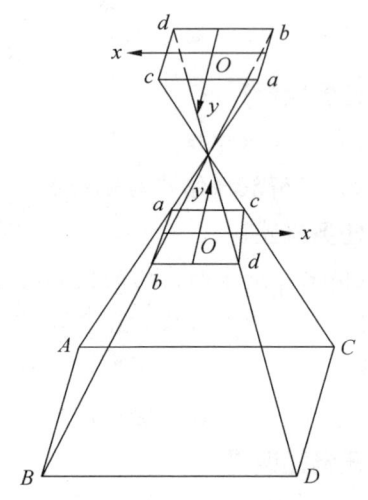

图 3-3　中心投影的正片位置和负片位置

（三）中心投影与正射投影的区别

常用的大比例尺地形图属于正射投影，而摄影像片属于中心投影。下面分析中心投影和正射投影的区别。

1. 投影距离的影响

正射投影图像的缩小和放大，与投影距离无关，并有统一的比例尺，没有焦距 f 的概念。中心投影的比例尺则受投影距离（航高）的影响，像片比例尺与航高 H 和焦距 f 有关。如图 3-4 所示。比如同学们想获得某个景点的美照，且要求自己在照片中不要太小，如果相机没有调焦功能，你会让同伴距离你近一些给你拍照；如果相机有调焦功能，这时候同伴就无须移动距离了，只要将焦距 f 调大，就能得到同样的效果。当然，如果在集体照中，希望自己瘦小一些，那么距镜头远一些，是最明智的选择。

2. 摄影面倾斜的影响

如图 3-5 所示，当投影面倾斜时，正射投影的影像仅表现为比例尺有所放大，像点 ao、bo 相对位置保持不变，但 ao、bo 与 AO、BO 相比，ao 与 bo 长度比例有所夸大。在中

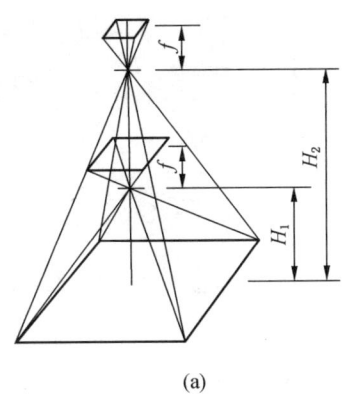 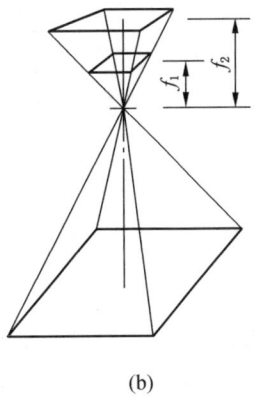

图 3-4 投影距离对中心投影的影响

心投影的像片上，ao、bo 的比例关系有显著的变化，各点的相对位置和形状不再保持原样，地面上 $AO = BO$，而像片上的 $ao>bo$。

图 3-6 为从不同角度拍摄的 3 张同一建筑物影像。可以看出，不同角度的建筑物形状各异，因此，传统摄影测量的航摄像片要求竖直摄影。

3. 地形起伏的影响

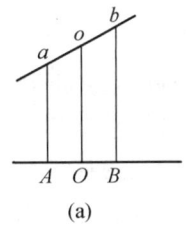 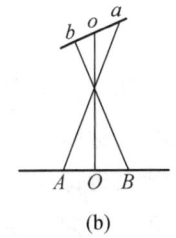

图 3-5 投影倾斜面对投影的影响

图 3-6 投影倾斜面对中心投影的影响

从图 3-7 可以看出，当进行正射投影时，随着地面起伏变化，投影点之间的相对位置不变，比例尺与投影距离、地形起伏没有关系。但对于中心投影，地形起伏引起像点投影水平位置发生变化从而产生了投影误差，地面起伏越大，像点位移量就越大，如图 3-7c 中的高楼大厦引起了楼顶点的像点位移。有时我们拍摄一些重要文件时，由于文件不平整也会产生类似的影像变形。

总之，航摄像片是中心投影，由于像片倾斜、地形起伏等因素，各种物体的形状随着像片所处的位置不同，其变形也各不相同。

（四）中心投影透视规律

点状物体在中心投影上仍然是一个点，但如果有几个点同在一投影线上，它们的影像

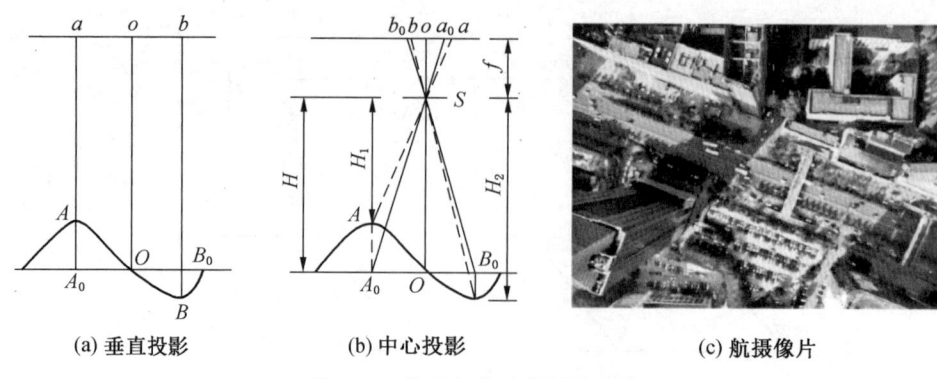

图 3-7 地形起伏对投影的影响

便重叠成一个点。与像面平行的直线在中心投影上仍然是直线，与地面目标的形状基本一致，例如地面上有两条道路以某种角度相交，反映在中心投影像片上也仍然以相应的角度相交。如果直线垂直于地面（如电线杆等），其中心投影有两种情况：当直线与像片垂直并通过投影中心主光轴时，该直线在像片上是一个点；如果直线的延长线不通过投影中心，这时直线的投影仍然是直线，但该直线长度和变形取决于目标在像片中的位置，直线越靠近像片中心，影像上的直线长度被缩短；反之，若在像片边缘其长度被严重夸大。平面上的曲线在中心投影的像片上仍为曲线。

面状物体的中心投影为各种线的投影的组合。水平面的投影仍为一平面；垂直面的投影依其所处的位置而变化，当面状物体位于投影中心时，投影所反映的是其顶部形状而呈一直线，在其他位置时，除其顶部投影为一直线外，其侧面投影呈不规则的梯形。

二、航摄像片与地形图、普通地图的关系

1. 航摄像片与地形图

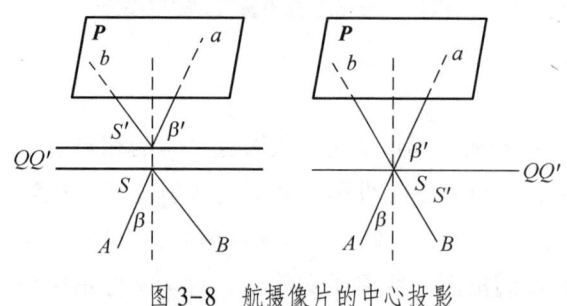

图 3-8 航摄像片的中心投影

航摄像片是摄区地面的中心投影。摄影物镜是一个比较复杂的透镜组，由多片透镜组合而成。物镜光心的连线在摄影测量中称为物镜的主光轴。一个理想的物镜可以用两个焦点、两个主点和两个节点来等价表示。当物方空间和像方空间的介质相同时，前后主点与前后节点对应重合。这样，建立物点和像点成像关系的物镜主点就具备节点的特征。入射光线相对于物镜光轴的投射角 β 等于出射光线与物镜光轴的夹角 β'，如图 3-8 中，$AS//S'\alpha$，$BS//S'b$。设想把物镜像方主点 S' 连同像片 P 作为一个整体，沿物镜主光轴平移，使物镜的两个主平面 Q 和 Q' 重合，这样就使各个相应共轭光线都各自成为一条直线。于是，任何物点都可以看作是通过同一个 S 点的主光线成像于像片

平面上。从几何意义上说，此时的物方主点相当于投影中心，像片平面是投影平面，像片平面上的影像就是摄区地面点的中心投影。地面上的点在像片上的影像可以用主光线与像片平面的交点表示。在确定像点与对应物点的关系时，都是按中心投影特征进行讨论。

地形图是测区在水平面上的正射投影按照成图比例尺缩小在图面上而得到的，其典型特征就是图上任意两点间的距离与相应地面点的水平距离之比为一常数（图比例尺），图上任一点引出的两方向线的夹角与地面上对应水平角相等。

因此，摄影测量的主要任务之一，就是将地面按中心投影规律获得摄影比例尺像片，转换成按成图比例尺要求的符合正射投影规律的影像。

2. 摄影像片与普通地图

航摄像片是地面景物的摄影构像，航摄像片也被泛称为摄影像片，在生活中大家都用过 Google Earth、奥维地图等卫星影像平台，认识到摄影像片给日常生活及出行带来的便利。普通地图也是人们进行科学研究或生活的重要工具。下面将重点比较分析摄影像片与普通地图的关系，剖析两者之间的异同。

（1）投影方式不同。地图是正射投影，而航摄像片是中心投影。航摄像片会产生像片倾斜以及地形起伏引起的像点位移。因此，航摄像片不能像地图一样使用，直接在像片上量测两点之间的距离是有误差或变形的。

（2）比例尺差异。一幅地图只有一个固定比例尺，可以在地图上任意量测两点之间的距离，图上距离与实际距离之比就是地图比例尺。但即使摄影像片是绝对垂直摄影，主光轴与铅垂线严格地平行，由于地形起伏，各地物实际的航线高度是不相同的；因此，航摄像片的比例尺处处不一致。

（3）表示方法不同。地图是依据一定的制图绘制法则，按照一定比例运用线条、符号、颜色、文字注记等描绘显示地球表面的自然地理、行政区域、社会状况的图形。地图是一种人们加工过的线画图，具有完整的符号系统，同时也是一门艺术。而摄影像片或光学遥感影像就是在不接触目标物的基础上，利用可见光或近红外传感器收集获得地表信息，是地面景物的客观反映。

（4）表示内容不同。如图 3-9 所示，遥感影像或者航片内容非常丰富，甚至很拥挤。地图突出制图对象的主要方面而略去次要方面，在有限的图面上表示出制图对象的主要特点和制图区域的基本特征。摄影像片所见即所得，比如研究区内的汽车或垃圾桶，如果进行高分辨率航空拍摄，汽车或垃圾桶会出现在摄影像片上。但如果是 1∶1000 或更高比例尺地形图，这些可移动地物是不能在地图上出现的。换句话说，一定比例尺下的地图表示内容是严格按照制图规范进行科学概括选取的，综合取舍既是地图学的精髓，也是其难点所在。因此，地图具有主观性。

（5）几何差异性。地图将三维地理信息表达在二维平面上，单张摄影像片是三维地理信息的二维平面表达。但多个具有一定重叠度的摄影像片经摄影过程几何反转以后，可以

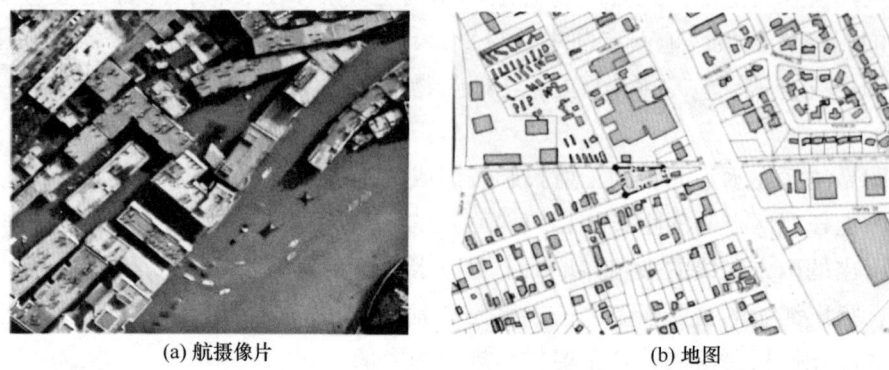

(a) 航摄像片　　　　　　　　　　(b) 地图

图 3-9　航摄像片的中心投影

组成立体像对，从而建立地表三维立体模型。然后，通过立体观测制作各种丰富的地图产品，其中地图制图是摄影测量学的重要任务之一。目前，很多地图都是通过摄影测量的方法获得的，这就是它们的联系。摄影测量学研究的任务之一就是如何把中心投影规律的摄影像片转换成一个以测图比例尺表示的正射投影的地形图。

（6）现势性差异。摄影像片现势性强、更新快，能够对地表进行实时监测。而地图生产周期较长，更新速度较慢。因此，可以利用摄影像片现势性强的特点修测地图。

（7）两者的相同之处。摄影像片和地图都是地理信息的载体，它们都是地理信息系统的重要数据源。同时，有一种非常重要的地理数据产品——影像地图，是一种带有影像的地图。利用航空或卫星影像，通过几何纠正、投影变换，运用一定的地图符号、注记等直接反映地表特征及空间分布的地图，综合了航空像片和线划地图的优点，既包含摄影像片的丰富内容信息，又能保证地形图的整饰和几何精度。如今，很多城市出版了影像地图集。目前，很多网络平台也相继推出了卫星影像地图平台，如百度地图、奥维卫星地图、Google Earth 等。

任务二　航摄像片上的点、线、面及其特性

【任务目标】

（1）理解航摄像片上重要点、线、面以及重要点、线、面的特性。掌握中心投影的基本知识。

（2）掌握航摄像片投影差规律。

【任务描述】

航摄像片是地面的中心投影，研究航摄像片的摄影中心与地面的投影关系以及确定摄影瞬间航摄像片的空间位置之前，首先要研究航摄像片上的一些特殊点、线、面。这些点、线、面对于定量和定性地分析航摄像片上像点的几何特性有着重要的意义。

【任务知识】

一、航摄像片上的特殊点、线、面

如图 3-10 所示，设像片平面 P 和地平面（或图面）E 是以物镜中心 S 为投影中心的两个透视平面。两透视平面的交线 TT 称为透视轴或迹线，两平面的夹角 α 称为像片倾角。

过 S 作 P 面的垂线与像片面交于 o，与地面交于 O，o 称为像主点，O 称为地主点，So 称为摄影机的主光轴。$So = f$，称为摄影机主距。

过 S 作 E 面的铅垂线，称为主垂线。主垂线与像片面交于 n，与地面交于 N，n 称为像底点，N 称为地底点。$SN = H$，称为航高。

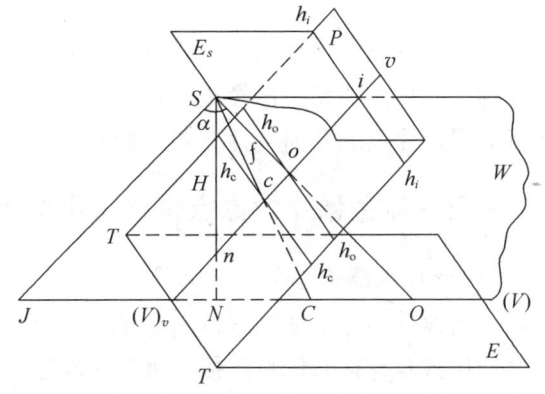

图 3-10 航摄像片特殊点、线、面

摄影机主光轴 So 与主垂线 Sn 的夹角就是像片倾角 α。过 S 作 $\angle oSn$ 的角平分线，与像片面 P 交于 c，与地平面交于 C，c 称为等角点，C 称为地等角点。

过主垂线 SnN 和主光轴 SoO 的铅垂面 W 称为主垂面。主垂面既垂直于像片面 P，又垂直于地平面 E，因而也必然垂直于透视轴 TT。主垂面与像片面 P 的交线 vv 称为主纵线，与地平面的交线 VV 称为摄影方向线。o、n、c 必然在主纵线上，O、N、C 必然在摄影方向线上。过 S 作平行于 E 面的水平面 Es，称为合面。合面与像片面的交线 $h_i h_i$ 称为合线（真水平线），合线与主纵线的交点 i 称为主合点。过 c、o 分别作平行于 $h_i h_i$ 的直线 $h_c h_c$、$h_o h_o$，分别称为等比线和主横线。

过 S 作 vv 的平行线交 VV 于 J，称为主遁点。

二、特殊点线之间的几何关系

由图 3-10 所示，可以求得特殊点线之间的数学关系，在像面上有：

$$on = f \cdot \tan\alpha$$
$$oc = f \cdot \tan\frac{\alpha}{2}$$
$$oi = f \cdot \cot\alpha \qquad (3-1)$$
$$Si = ci = \frac{f}{\sin\alpha}$$

同样在物面上有：

▶摄影测量学

$$ON = H \cdot \tan\alpha$$
$$CN = H \cdot \tan\frac{\alpha}{2}$$
$$SJ = iV = \frac{H}{\sin\alpha}$$
(3-2)

上述各点、线在像片上是客观存在的，但除了像主点在像片上容易找到外，其他点、线均不能直接找到，需经过解析求解才能得到。这些点、线对于后面章节中定性和定量分析航摄像片上的几何特性有着重要意义。

三、航摄像片的像点位移与比例尺

（一）航摄像片的像点位移

当像片倾斜或地面起伏时，地面点在航摄像片上的投影相对于理想情况下的投影所产生的位置差异称为像点位移。所谓的理想情况，就是像片水平或地面绝对平坦。例如图3-11中，相比于左边水平像片，右边两幅倾斜像片上框内的像点产生了位置移动，花坛形状发生了变形，且这种形变大小随着像点在像片上所处位置的不同而不同。

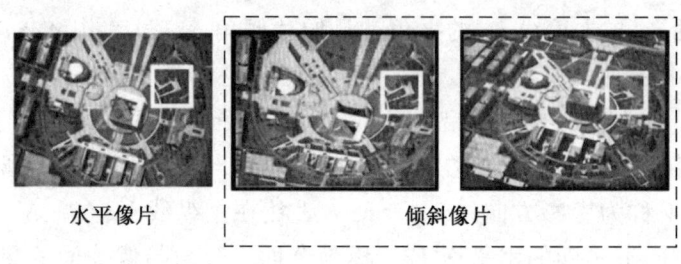

图3-11 像点位移

图3-12 摄影像片上的投影差

假如像片是水平拍摄的，当地面高低起伏时，地物的像点在像片位置上移动，其位移量就是中心投影与正射投影在同一水平面上的投影差，所以地形起伏引起的像点位移也称为投影差。如图3-12所示的圆圈内，高大建筑物地基点和其所对应的房顶点在像片上发生了位置的移动，产生了像点投影差。

其实在日常生活中，为了方便，通常利用拍照方式获得某一重要证件的影像数据。人们应该有这样的经历，拍照时总得不到令人满意的照片，例如由于书封面不平整使得影像产生了像点位移从而发生了变形，最后只能将证件拿去打印店扫描以获得令人满意的影像，而这种变形类似于地形起伏引起的像点位移。

由于在传统摄影测量中要求航摄像片是竖直摄影，因此这种由像片倾斜引起的像点位移一般比较小。但是地球表面的地形起伏是自然现象，无法避免，所以需要重点讨论地形引起的投影差及其规律。

（二）航摄像片投影差规律

下面，通过绘图推导地形起伏引起的航摄像片投影差规律。假定像面和地面都是一维的，对于任意一张航摄像片，如图 3-13 所示，像点、地面点和投影中心都在一条直线上，即三点共线。如果像片水平，像主点与像底点将会重合。首先绘制三个基本要素，即地面、投影中心和像平面。在地面上画两个特殊地形：山顶点 A 和洼地点 B。设像主点为 o，地主点为 O，航摄时的地面基准

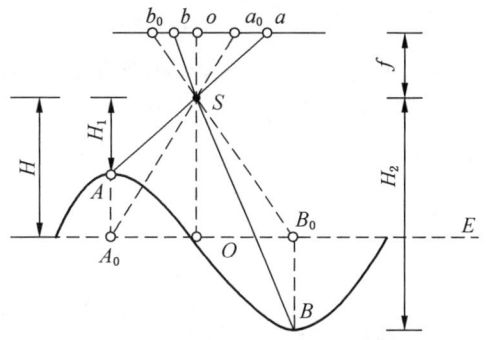

图 3-13 摄影像片的透视规律

面为 E，那么山顶点和洼地点在基准面上对应的理想点为 A_0、B_0。根据中心投影透视方法，连接地面点、投影中心延长至像平面交于一点，分别绘制出每个地面点所对应的像点，像点均以对应地面点的小写字母代替，分别得到像点 a、a_0、b、b_0。我们发现，不管是洼地点还是山顶点，其像点位置都相对于地形不起伏时对应理想构像点发生了移动，得到线段 aa_0、bb_0。同时，像点移动的方向和移动的大小不同。

根据相似三角形原理，投影差公式为

$$\delta_h = \frac{rh}{H}$$

式中 r——像点到像主点的距离；

h——地面高差；

H——摄影相对航高。

因此，投影差 δ_h，具有如下规律：

（1）对相对高差相等的点，δ_h 也相等；像主点处无像点移动；

（2）δ_h 与高差 h 成正比，$h>0$ 表明像点背离像主点方向移位，$\delta_h>0$；反之，$h<0$，像点朝向像主点方向移位，$\delta_h<0$；

（3）δ_h 与航高 H 成反比。

（三）影响航摄像片比例尺的因素

影响航摄像片比例尺的因素有两个。

1. 与焦距和航高有关

摄影像片比例尺与物镜焦距成正比，与相对航高成反比，即 f/H。式中 H 为相对航高，该比例尺实质是一种平均摄影比例尺，在实际生产中经常用到。若焦距固定不变，相对航高越大，比例尺就越小。

2. 受地形因素的影响

在平坦地区摄像时，像片水平，则像片的比例尺可以近似认为处处一致。但在地形复杂地区，即使是像片水平，由于地形起伏变化，像点实际比例尺处处是不一致的。因为在

▶ 摄影测量学

摄影中,像距不变而物距也就是实际航高随地形高低不同而变化,由于中心投影具有近大远小的特点,地形越高物距越小,则像点比例尺越大。

同一幅航摄像片上,由于地形起伏引起的实际像点比例尺差异较大。当然在实际摄影测量任务中,一个区域地形高差太大就需要分区进行摄影,否则最高区域重叠度太小,影响测图精度。

任务三 摄影测量常用坐标系

【任务目标】
(1) 掌握像方坐标系。
(2) 掌握物方坐标系。

【任务描述】
摄影测量学的主要任务就是根据像点坐标求解地面点三维坐标,首先选择适当的坐标系来定量描述像点和地面点,这是解析摄影测量的基础,然后才能从像方坐标测量出发,求出相应地面点在物方的坐标,实现坐标系的变换。摄影测量中常用的坐标系分为像方坐标系和物方坐标系两种,其中像方坐标系主要用来表达像点位置,而物方坐标系主要用来表达地面点位置。

【任务知识】

一、像方坐标系

1. 框标坐标系 $P\text{-}xy$

航空摄影后直接得到的是航摄像片,航摄像片与普通像片的主要区别之一就是它有框标标志。一般的航摄像片都有角框标(四个角点)和四个边框标,框标标志除了可以用来进行像片的内定向外,还可以直接建立框标坐标系。框标坐标系有两种:根据角框标建立的框标坐标系是分别将角框标对角相连,连线交点 P 为坐标原点,连线的角平分线构成 x 轴和 y 轴,如图 3-14a 所示;根据边框标建立的框标坐标系是将边框标对边相连,连线的交点 P 为坐标原点,与航线方向一致的连线作为 x 轴,另一条连线作为 y 轴,如图 3-14b 所示。框标坐标系是右手坐标系。

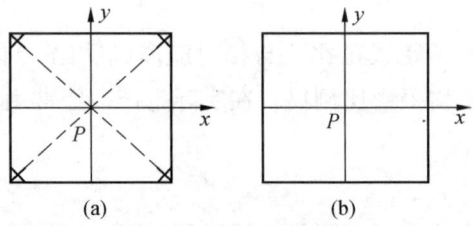

图 3-14 像片框标坐标系

2. 像平面坐标系 $o-xy$

像平面坐标系用来表示像点在像平面的位置，通常采用右手坐标系，x、y 轴的选择按需要而定。在解析和数字摄影测量中，常根据框标来确定像平面坐标系，x 轴和 y 轴分别平行于框标坐标系的 x 轴和 y 轴。

在摄影测量解析计算中，像点的坐标应采用以像主点为原点的像平面坐标系中的坐标。为此，当像主点与框标连线交点不重合时，须将像片框标坐标系中的坐标平移至以像主点为原点的坐标系，如图 3-15 所示。当像主点在框标坐标系中的坐标为 (x_0, y_0) 时，则测量出的像点坐标 (x, y)，换算到以像主点为原点的像平面坐标系中的坐标为 $(x-x_0, y-y_0)$。

3. 像空间坐标系 $S-xyz$

为便于空间坐标的变换，需要建立描述像点在像空间位置的坐标系，即像空间坐标系。坐标系原点定义在投影中心 S，x、y 轴分别与像平面坐标系的相应轴平行，z 轴与摄影方向 So 重合，正方向按右手规则确定，向上为正。在图 3-16 中，将像空间坐标系记为 $S-xyz$。由于航摄仪主距是一个固定的常数 f，所以一旦测量出某一像点的像平面坐标值 (x, y)，则该像点在像空间坐标系中的坐标也就随之确定了，即 $(x, y, -f)$。

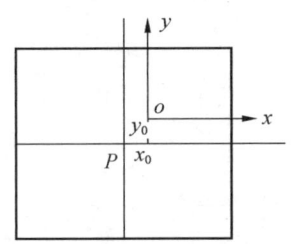
图 3-15　像平面坐标系

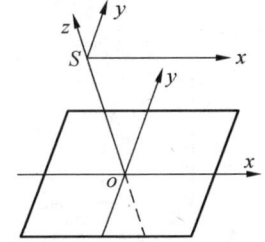
图 3-16　像空间坐标系

4. 像空间辅助坐标系 $S-XYZ$

像点的像空间坐标可直接以像平面坐标求得，但这种坐标的特点是每张像片的像空间坐标系不统一，这给计算带来困难。为此，需要建立一种相对统一的坐标系，即像空间辅助坐标系，用 $S-XYZ$ 表示。此坐标系的原点仍选在投影中心 S，坐标轴系的选择视需要而定。

通常有三种选取方法：其一是选取铅垂方向为 Z 轴，航向方向为 X 轴，构成右手直角坐标系，该辅助坐标系的三轴分别平行于地面摄影测量坐标系，如图 3-17a 所示；其二是以每条航线内第一张像片的像空间坐标系作为像空间辅助坐标系，如图 3-17b 所示；其三是以每个像对的左片摄影中心为坐标原点，摄影基线方向为 X 轴，以摄影基线及左片主光轴构成的面（左核面）作为 XZ 平面，构成右手直角坐标系，如图 3-17c 所示。不同的情况下，选用不同的像空间辅助坐标系作为过渡坐标系。

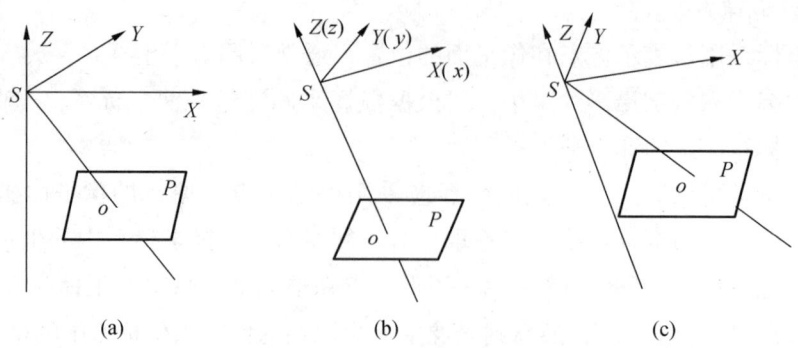

图 3-17 像空间辅助坐标系

二、物方坐标系

1. 地面测量坐标系 $T\text{-}X_t Y_t Z_t$

地面测量坐标系通常指地图投影坐标系，也就是国家测图所采用的高斯克吕格 3°带或 6°带投影的平面直角坐标系和高程系，两者组成的空间直角坐标系是左手系，用 $T\text{-}X_t Y_t Z_t$ 表示，如图 3-18a 所示。摄影测量方法求得的地面点坐标最后要以此坐标形式提供给用户使用。

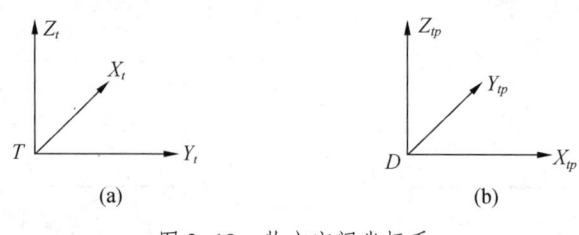

图 3-18 物方空间坐标系

2. 地面摄影测量坐标系 $D\text{-}X_{tp} Y_{tp} Z_{tp}$

由于摄影测量坐标系采用的是右手坐标系，而地面测量坐标系采用的是左手坐标系，这给摄影测量坐标到地面测量坐标的转换带来了困难。为此，在摄影测量坐标系与地面测量坐标系之间建立一种过渡的坐标系，称为地面摄影测量坐标系，用 $D\text{-}X_{tp} Y_{tp} Z_{tp}$ 表示。其坐标原点在测区内的某一地面点上，X_{tp} 轴为大致与航向一致的水平方向，Z_{tp} 轴沿铅垂方向，Y_{tp} 与 X_{tp} 轴正交构成右手直角坐标系，一般认为像空间辅助坐标系三轴与地面摄影测量坐标系三轴互相平行，如图 3-18b 所示。摄影测量中，首先将摄影测量坐标转换成地面摄影测量坐标，最后再转换成地面测量坐标，因此地面摄影测量坐标系是一个过渡坐标系。

任务四　航摄像片的内、外方位元素

【任务目标】
(1) 掌握内方位元素及其作用。
(2) 掌握外方位元素及其作用。

【任务描述】
在摄影测量过程中,需要定量描述摄影机的姿态和空间位置,从而确定所摄像片与地面之间的几何关系。这种描述摄影机(含航摄像片)姿态的参数叫作方位元素。依其作用不同可分两类,一类是用以确定投影中心对像片的相对位置,称为像片的内方位元素;另一类用以确定像片及投影中心(或像空间坐标系)在物方空间坐标系(通常为地面摄影测量坐标系)中的方位,称为像片的外方位元素。

【任务知识】

一、内方位元素

摄影中心 S 对所摄像片的相对位置称为像片的内方位。确定航摄像片内方位的必要参数称为航摄像片的内方位元素。航摄像片有三个内方位元素,即像片主距 f、像主点在框标坐标系中的坐标 x_0 和 y_0。

从图 3-19 不难看出 f、x_0、y_0 中任一元素改变,则 S 与像片平面 P 的相对位置就要改变,摄影光束(或投影光束)也随之改变。所以也可以说,内方位元素的作用在于表示摄影光束的形状,在投影的情况下,恢复内方位就是恢复摄影光束的形状。

在航摄机的设计中,要求像主点与框标坐标系的原点重合,即尽量使 $x_0 = y_0 = 0$。实际上由于摄影机装配中的误差,x_0,y_0 常为一微小值而不为 0。内方位元素值通常是已知的,可在航摄仪检定表中查出。相机在使用一段时间后,要进行定期的检校,以确定内方位元素。

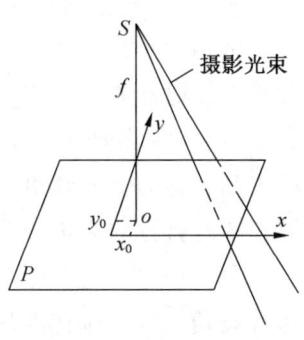

图 3-19　内方位元素

二、外方位元素

在恢复内方位元素(即恢复了摄影光束)的基础上,确定摄影光束在摄影瞬间的空间位置和姿态的参数称为外方位元素。一张像片的外方位元素包括六个参数,其中有三个是直线元素,用于描述摄影中心 S 的空间位置的坐标值;另外三个是角元素,用于描述像片空间姿态。

(一) 三个直线元素

三个直线元素是反映摄影瞬间，摄影中心 S 在选定的地面空间坐标系中的坐标值，用 X_s，Y_s，Z_s 表示。地面空间坐标系通常选用地面摄影测量坐标系，其中 X_{tp} 轴与地面测量坐标系的 Y_t 轴平行，Y_{tp} 轴与地面测量坐标系的 X_t 轴平行，构成右手直角坐标系，如图 3-20 所示。

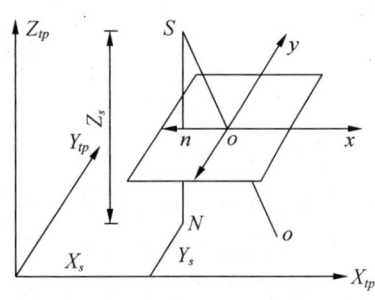

图 3-20　外方位直线元素

（二）三个角元素

外方位三个角元素可看作是摄影机主光轴从起始的铅垂方向绕空间坐标轴按某种次序连续三次旋转形成的。先绕第一轴旋转一个角度，其余两轴的空间方位随同变化；再绕变动后的第二轴旋转一个角度，经过两次旋转达到恢复摄影机主光轴的空间方位；最后绕经过两次变动后的第三轴（即主光轴）旋转一个角度，亦即像片在其自身平面内绕像主点旋转一个角度。像片由理想姿态到实际摄影时的姿态依次旋转的三个角值，也就是像片的三个外方位角元素。

如图 3-21 中，$S\text{-}xyz$ 为像空间坐标系，而 $D\text{-}X_{tp}Y_{tp}Z_{tp}$ 为地面摄影测量坐标系。像空间辅助坐标系 $S\text{-}XYZ$ 的各轴与地面辅助坐标各轴平行，则 3 个角元素的定义如下：

1. 以 Y 轴为主轴的 $\varphi\text{-}\omega\text{-}\kappa$ 系统

φ——主光轴 SO 在 XZ 坐标面内的投影与过投影中心的铅垂线之间的夹角，称为航向倾角。从铅垂线起算，逆时针方向为正。

ω——主光轴 SO 与其在 XZ 坐标面内的投影之间的夹角，称为旁向倾角。从主光轴在 SZ 面上的投影起算，逆时针方向为正。

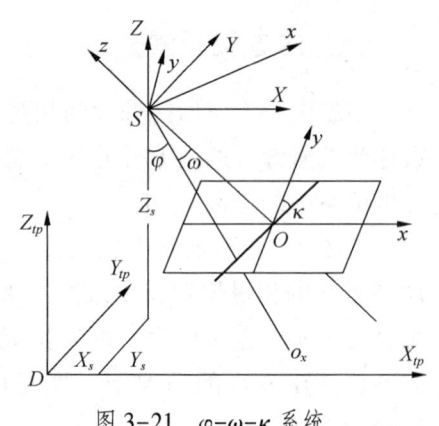

图 3-21　$\varphi\text{-}\omega\text{-}\kappa$ 系统

κ——Y 轴沿主光轴 SO 的方向在像平面上的投影与像平面坐标 y 轴之间的夹角，称为像片旋角。从 Y 轴在像片上的投影起算，逆时针方向为正。

3 个角元素中 φ 和 ω 共同确定了主光轴 SO 的方向，而 κ 则用来确定像片在像平面内的方位，即光线束绕主光轴的旋转。

2. 以 X 轴为主轴的 $\omega'\text{-}\varphi'\text{-}\kappa'$ 系统

如图 3-22 所示，第二种角方位元素的定义如下：

ω'——主光轴 SO 在 YZ 坐标面上的投影与过投影中心的铅垂线之间的夹角，称为侧滚角。从铅垂线起算，逆时针方向为正。

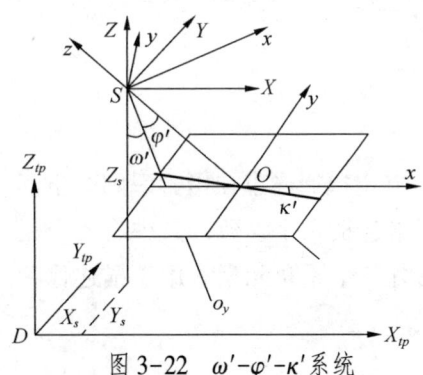

图 3-22　$\omega'\text{-}\varphi'\text{-}\kappa'$ 系统

φ'——主光轴 SO 与其在 YZ 面上的投影之间的夹

角，称为俯仰角。从主光轴在 YZ 面上的投影起算，逆时针方向为正。

κ'——X 轴在像平面上的投影与像平面坐标系 X 轴之间的夹角，称为偏航角。从 X 轴的投影起算，逆时针方向为正。

与第一种角元素系仿，ω' 和 φ' 角用来确定主光轴（SO）的方向，旋角 κ' 用来确定像片（光束）绕主光轴的旋转。利用 ω'-φ'-κ' 系统恢复像片在空间的角方位时，应以 X 坐标轴作为第一旋转轴（主轴），Y 坐标轴作为第二旋转轴（副轴），即依次绕 X-Y-Z 轴分别连续旋转 ω'、φ' 和 κ' 角来实现。

3. 以 Z 轴为主轴的 A-α-κ_v 系统

这种角方位元素系统的定义，如图 3-23 所示。

A——主垂面与地面坐标系统的 $X_{tp}Y_{tp}$ 坐标面的交线与 Y_{tp} 轴之间的夹角，称为主垂面方位角。从 Y_{tp} 轴起算，顺时针方向为正。

α——主光轴 SO 与过投影中心的铅垂线之间的夹角，称为像片的倾斜角。此角恒取正值。

κ_v——像主纵线与像平面坐标系 y 轴之间的夹角，称为像片的旋角。从主纵线起算，逆时针方向为正。

与前两种角元素相仿，A 和 α 用来确定主光轴（SO）的方向，旋角 κ_v 用来确定像片（光束）绕主光轴的旋转。利用 A-α-κ_v 系统恢复像片角方位

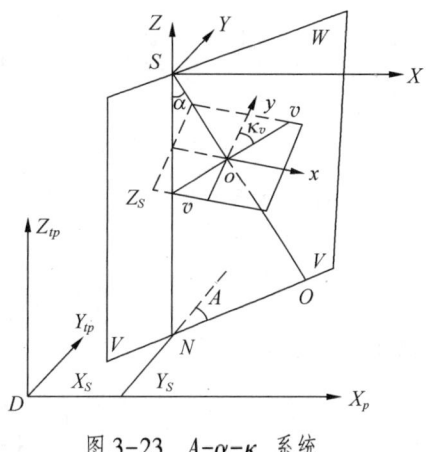

图 3-23 A-α-κ_v 系统

时，应依次绕 Z-X-Y 坐标轴分别旋转 A、α、κ_v 角来实现，其中 X、Y 轴是旋转后的坐标轴。

需明确指出，任何一个空间直角坐标系在另一个空间直角坐标系中的角方位，都可采用上述 3 种系统中的任意一种来描述。但不论采用哪一种，都是由 3 个独立的角元素确定的。一般的摄影测量中多采用以 Y 轴为主轴的转角系统来描述 3 个角元素。

任务五　坐标系的转换

【任务目标】

（1）掌握像点的平面坐标变换方法。

（2）理解像点的空间坐标变换方法。

【任务描述】

用像点坐标求解地面点坐标时，需要对像点进行不同坐标系之间的转换，同时空间坐标系之间也要进行转换。例如，在求解地面点坐标时，需要进行像空间直角坐标系和像空间辅助坐标系之间的坐标变换。解析几何中坐标系转换的求解方法，被应用到了摄影测量坐标系的转换中，坐标系的转换涉及矩阵运算，需要一定的线性代数知识作为基础。

一、像点的平面坐标变换

平面坐标系就是我们常说的二维坐标系,平面坐标系的变换一般需要知道四个参数。原点平移值($\triangle x$,$\triangle y$),坐标系的旋转角度 κ,还有两个坐标系之间的放大系数 λ。在摄影测量中平面坐标系之间的转换很少涉及放大系数 λ,一般只需要考虑原点的平移和坐标轴的旋转。

在摄影测量的计算中,需要将各种不同情况下测量的像点坐标转换到像平面直角坐标系中,如图 3-24 所示,为原点相同而坐标轴不一致的像平面坐标系之间的变换。

设像点 a 在两个不同坐标系中的坐标分别为 (x, y) 和 (x', y')。两者的关系只存在坐标轴的旋转变换,其数学表达式为

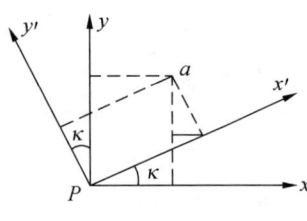

图 3-24 平面坐标旋转

$$\begin{bmatrix} x \\ y \end{bmatrix} = A \begin{bmatrix} x' \\ y' \end{bmatrix}$$

其中,

$$A = \begin{bmatrix} \cos xx' & \cos xy' \\ \cos yx' & \cos yy' \end{bmatrix} = \begin{bmatrix} a_1 & a_2 \\ b_1 & b_2 \end{bmatrix}$$

A 称为旋转矩阵,矩阵中 a_1,a_2 是 x 轴分别与 x'、y' 轴夹角的余弦,b_1,b_2 是 y 轴分别与 x'、y' 轴夹角的余弦。在图 3-24 中,x 轴和 x' 轴,y 轴和 y' 轴的夹角为 κ,我们可以求得各方向余弦为

$$a_1 = \cos\kappa \quad a_2 = \cos(90° + \kappa) = -\sin\kappa$$
$$b_1 = \cos(90° - \kappa) = \sin\kappa \quad b_2 = \cos\kappa$$

则数学表达式转化为

$$\begin{bmatrix} x \\ y \end{bmatrix} = \begin{bmatrix} \cos k & -\sin k \\ \sin k & \cos k \end{bmatrix} \begin{bmatrix} x' \\ y' \end{bmatrix} \tag{3-3}$$

反算式为

$$\begin{bmatrix} x' \\ y' \end{bmatrix} = A^{-1} \begin{bmatrix} x \\ y \end{bmatrix}$$

A 为正交矩阵,其逆矩阵就是它的转置矩阵,所以反算式可表达为

$$\begin{bmatrix} x' \\ y' \end{bmatrix} = \begin{bmatrix} \cos k & \sin k \\ -\sin k & \cos k \end{bmatrix} \begin{bmatrix} x \\ y \end{bmatrix} \tag{3-4}$$

式(3-3)和式(3-4)适用于原点相同的两个像平面坐标系之间的相互变换。坐标原点不同时,如图 3-25 所示,则像点的平面坐标变换关系可表示为式(3-5)和式(3-6)。

项目三　航空摄影测量基础知识

$$\begin{bmatrix} x \\ y \end{bmatrix} = A \begin{bmatrix} x' \\ y' \end{bmatrix} + \begin{bmatrix} x_0 \\ y_0 \end{bmatrix} \qquad (3-5)$$

$$\begin{bmatrix} x' \\ y' \end{bmatrix} = A^{-1} \begin{bmatrix} x - x_0 \\ y - y_0 \end{bmatrix} \qquad (3-6)$$

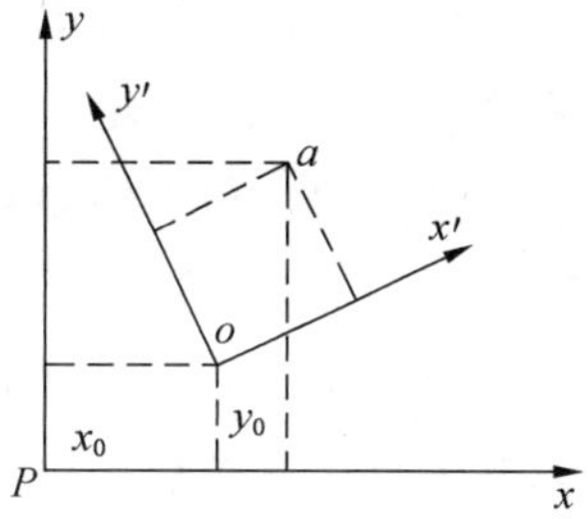

二、像点的空间坐标变换

图 3-25　平面矩阵变换

在摄影测量中,为了利用像点坐标计算地面点坐标,首先要建立像点在不同的空间直角坐标系之间的坐标变换关系,通常是将像点的空间坐标系 (X, Y, Z) 变换为像空间辅助坐标系 (x, y, $-f$),这是同一像点在原点相同的不同空间坐标系之间的转换。

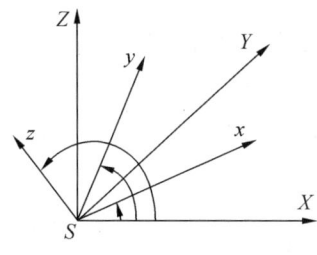

图 3-26　S-XYZ 与 S-xyz 两种空间坐标系

（一）像点在空间坐标系中的变换关系

图 3-26 表示了两种空间坐标系,其中 S-XYZ 为像空间辅助直角坐标系,S-xyz 为像空间直角坐标系。这两个坐标系原点都在投影中心 S 上,但是各个坐标轴之间不重合,这种坐标轴之间夹角的余弦称为方向余弦。各个坐标轴之间夹角的余弦关系见表 3-1。

表 3-1　各轴之间方向余弦关系

cos	x	y	z
X	a_1	a_2	a_3
Y	b_1	b_2	b_3
Z	c_1	c_2	c_3

现在假设有一像点 a,它在 S-XYZ 中的坐标为 (X, Y, Z),在 S-xyz 中的坐标为 (x, y, $-f$)。根据空间解析几何和坐标转换的规律,a 点在这两种坐标系中的坐标有如下关系：

$$\left. \begin{array}{l} X = a_1 x + a_2 y - a_3 f \\ Y = b_1 x + b_2 y - b_3 f \\ Z = c_1 x + c_2 y - c_3 f \end{array} \right\} \qquad (3-7)$$

写成矩阵的形式为

$$\begin{bmatrix} X \\ Y \\ Z \end{bmatrix} = R \begin{bmatrix} x \\ y \\ -f \end{bmatrix} = \begin{bmatrix} a_1 & a_2 & a_3 \\ b_1 & b_2 & b_3 \\ c_1 & c_2 & c_3 \end{bmatrix} \begin{bmatrix} x \\ y \\ -f \end{bmatrix} \qquad (3-8)$$

— 53 —

▶摄影测量学

式中，$\boldsymbol{R}$ 为旋转矩阵，有 9 个方向余弦。矩阵元素 a_i，b_i，c_i（$i=1$，2，3）称为方向余弦。a_1，a_2，a_3 是 X 轴与像空间直角坐标系轴 x，y，z 间夹角的余弦；b_1，b_2，b_3 是 Y 轴与像空间直角坐标系轴 x，y，z 间夹角的余弦；c_1，c_2，c_3 是 Z 轴与像空间直角坐标系轴 x，y，z 间夹角的余弦。

由于这种直角坐标系的变换是一种正交变换，因此 $\boldsymbol{R}$ 也是正交矩阵，9 个方向余弦只含有 3 个独立参数，这 3 个参数可以看作是一个空间直角坐标系（如 $S\text{-}XYZ$）按 3 个空间轴向顺次旋转至另一空间直角坐标系（如 $S\text{-}xyz$）。

因为 $\boldsymbol{R}$ 是正交矩阵，因此 $\boldsymbol{R}^\mathrm{T}=\boldsymbol{R}^{-1}$。$\boldsymbol{R}$ 矩阵这一特点使它的求逆矩阵计算大大简化，因此坐标反算的公式为

$$\begin{bmatrix} x \\ y \\ -f \end{bmatrix} = \boldsymbol{R}^{-1} \begin{bmatrix} X \\ Y \\ Z \end{bmatrix} = \boldsymbol{R}^\mathrm{T} \begin{bmatrix} X \\ Y \\ Z \end{bmatrix} = \begin{bmatrix} a_1 & b_1 & c_1 \\ a_2 & b_2 & c_2 \\ a_3 & b_3 & c_3 \end{bmatrix} \begin{bmatrix} X \\ Y \\ Z \end{bmatrix} \tag{3-9}$$

式（3-8）和式（3-9）是像点在像空间直角坐标系和像空间辅助直角坐标系之间的变换关系式。

（二）方向余弦的确定

坐标系变换时，像空间直角坐标系可以看成像空间辅助坐标系经过 3 次绕轴旋转一定角度得到；因此，方向余弦可以由 3 个角元素来计算。由于像空间辅助坐标系旋转到与像空间直角坐标重合有 3 种不同的旋转方法，因此角元素（3 个独立参数）也有 3 种表达式。下面仅以常用的 $\varphi\text{-}\omega\text{-}\kappa$ 系统为例推导方向余弦的表达式，另外两个系统就不详细推导了。

1. 用 $\varphi\text{-}\omega\text{-}\kappa$ 表示方向余弦

以像空间辅助直角坐标系为起始位置，首先绕 Y 轴旋转 X 轴和 Z 轴，旋转 φ 角得到 $S\text{-}X_\varphi Y Z_\varphi$ 坐标系；再绕 X_φ 旋转 Y 轴和 Z_φ 轴，旋转 ω 角，得到 $S\text{-}X_\varphi Y_\omega Z_{\varphi\omega}$ 坐标系；最后绕 $Z_{\varphi\omega}$ 轴旋转 X_φ 轴和 Y_ω 轴，旋转 κ 角，得到 $S\text{-}X_{\varphi\kappa} Y_{\omega\kappa} Z_{\varphi\omega}$ 坐标系，这个坐标系就是像片摄影时的位置，也就是像空间直角坐标系。因为每次旋转的时候都是绕一个轴旋转，该旋转轴保持不变，在另外两个轴构成的平面内旋转，3 次旋转都属于平面坐标系变换（只有一个转动角度值构成矩阵）。因此空间直角坐标系的坐标变换就分解成了 3 次平面旋转。每次旋转的旋转矩阵 $\boldsymbol{R}$ 是以旋转角（φ、ω、κ）为函数的矩阵。

（1）将 $S\text{-}XYZ$ 绕 Y 轴旋转 φ 角，得到一个新的坐标系 $S\text{-}X_\varphi Y Z_\varphi$。如图 3-27 所示，像点坐标（$X_\varphi$，$Y$，$Z_\varphi$）与（$X$，$Y$，$Z$）的变换公式如下：

$$\begin{bmatrix} X \\ Y \\ Z \end{bmatrix} = \boldsymbol{R}_\varphi \begin{bmatrix} X_\varphi \\ Y \\ Z_\varphi \end{bmatrix} = \begin{bmatrix} \cos\varphi & 0 & -\sin\varphi \\ 0 & 1 & 0 \\ \sin\varphi & 0 & \cos\varphi \end{bmatrix} \begin{bmatrix} X_\varphi \\ Y \\ Z_\varphi \end{bmatrix} \tag{3-10}$$

（2）将 $S\text{-}X_\varphi Y Z_\varphi$ 绕 X_φ 轴旋转 ω 角，得到新坐标系 $S\text{-}X_\varphi Y_\omega Z_{\varphi\omega}$，如图 3-28 所示，像

点坐标 $(X_\varphi, Y_\omega, Z_{\varphi\omega})$ 与 $(X_\varphi, Y, Z_\varphi)$ 的变换公式为

$$\begin{bmatrix} X_\varphi \\ Y \\ Z_\varphi \end{bmatrix} = \boldsymbol{R}_\omega \begin{bmatrix} X_\varphi \\ Y_\omega \\ Z_{\varphi\omega} \end{bmatrix} = \begin{bmatrix} 1 & 0 & 0 \\ 0 & \cos\omega & -\sin\omega \\ 0 & \sin\omega & \cos\varphi \end{bmatrix} \begin{bmatrix} X_\varphi \\ Y_\omega \\ Z_{\varphi\omega} \end{bmatrix} \qquad (3-11)$$

(3) 将 $S\text{-}X_\varphi Y_\omega Z_{\varphi\omega}$ 绕 $Z_{\varphi\omega}$ 轴旋转 κ 角,得到新坐标系 $S\text{-}X_{\varphi\kappa} Y_{\omega\kappa} Z_{\varphi\omega}$,也就是像空间直角坐标系 $S\text{-}xyz$,如图 3-29 所示。像点空间坐标 $(x, y, -f)$ 与 $(X_\varphi, Y_\omega, Z_{\varphi\omega})$ 的变换关系为

$$\begin{bmatrix} X_\varphi \\ Y_\omega \\ Z_{\varphi\omega} \end{bmatrix} = \boldsymbol{R}_\kappa \begin{bmatrix} x \\ y \\ -f \end{bmatrix} = \begin{bmatrix} \cos\kappa & -\sin\kappa & 0 \\ \sin\kappa & \cos\kappa & 0 \\ 0 & 0 & 1 \end{bmatrix} \begin{bmatrix} x \\ y \\ -f \end{bmatrix} \qquad (3-12)$$

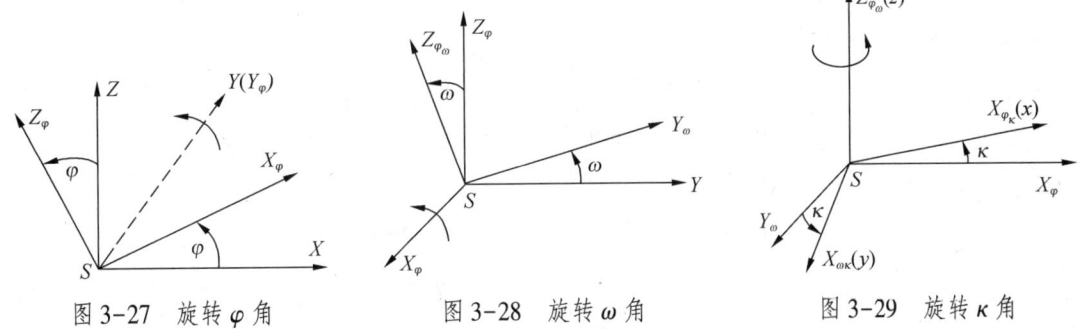

图 3-27 旋转 φ 角　　　图 3-28 旋转 ω 角　　　图 3-29 旋转 κ 角

(4) 将式 (3-10) 代入式 (3-11),再将式 (3-11) 代入式 (3-12),即求得像空间辅助坐标系与像空间直角坐标系的变换公式为

$$\begin{bmatrix} X \\ Y \\ Z \end{bmatrix} = \boldsymbol{R}_\varphi \boldsymbol{R}_\omega \boldsymbol{R}_\kappa \begin{bmatrix} x \\ y \\ -f \end{bmatrix} = \boldsymbol{R} \begin{bmatrix} x \\ y \\ -f \end{bmatrix} \qquad (3-13)$$

式中

$$\boldsymbol{R} = \boldsymbol{R}_\varphi \boldsymbol{R}_\omega \boldsymbol{R}_\kappa = \begin{bmatrix} \cos\varphi & 0 & -\sin\varphi \\ 0 & 1 & 0 \\ \sin\varphi & 0 & \cos\varphi \end{bmatrix} \begin{bmatrix} 1 & 0 & 0 \\ 0 & \cos\omega & -\sin\omega \\ 0 & \sin\omega & \cos\varphi \end{bmatrix} \begin{bmatrix} \cos\kappa & -\sin\kappa & 0 \\ \sin\kappa & \cos\kappa & 0 \\ 0 & 0 & 1 \end{bmatrix}$$

$$= \begin{bmatrix} a_1 & a_2 & a_3 \\ b_1 & b_2 & b_3 \\ c_1 & c_2 & c_3 \end{bmatrix}$$

矩阵相乘之后得到 a_i, b_i, c_i 的表达式为

$$\left.\begin{aligned}
a_1 &= \cos\varphi\cos\kappa - \sin\varphi\sin\omega\sin\kappa \\
a_2 &= -\cos\omega\sin\kappa - \sin\varphi\sin\omega\cos\kappa \\
a_3 &= -\sin\varphi\cos\kappa \\
b_1 &= \cos\omega\sin\kappa \\
b_2 &= \cos\omega\cos\kappa \\
b_3 &= -\sin\omega \\
c_1 &= \sin\varphi\cos\kappa + \cos\varphi\sin\omega\sin\kappa \\
c_2 &= -\sin\varphi\sin\kappa + \cos\varphi\sin\omega\cos\kappa \\
c_3 &= \cos\varphi\cos\omega
\end{aligned}\right\} \quad (3-14)$$

2. 用 ω'-φ'-κ' 表示方向余弦和用 A-α-κ 表示方向余弦

当取 X 轴为主轴的转角系统 ω'-φ'-κ' 三个角元素为独立参数时，可按照上面的推演步骤得到相应的计算公式：

$$\left.\begin{aligned}
a_1 &= \cos\varphi'\cos\kappa' \\
a_2 &= -\cos\varphi'\sin\kappa' \\
a_3 &= -\sin\varphi' \\
b_1 &= \cos\omega'\sin\kappa' - \sin\omega'\sin\varphi'\cos\kappa' \\
b_2 &= \cos\omega'\cos\kappa' + \sin\omega'\sin\varphi'\sin\kappa' \\
b_3 &= -\sin\omega'\cos\varphi' \\
c_1 &= \sin\omega'\sin\kappa' + \cos\omega'\sin\varphi'\cos\kappa' \\
c_2 &= \sin\omega'\cos\kappa' - \cos\omega'\sin\varphi'\sin\kappa' \\
c_3 &= \cos\omega'\cos\varphi'
\end{aligned}\right\} \quad (3-15)$$

当取 Z 轴为主轴的转角系统 A-α-κ 三个角元素为独立参数时，同样按照上面的推演步骤，可得到相应的计算公式：

$$\left.\begin{aligned}
a_1 &= \cos A\cos\kappa + \sin A\cos\alpha\sin\kappa \\
a_2 &= -\cos A\sin\kappa + \sin A\cos\alpha\cos\kappa \\
a_3 &= -\sin A\sin\alpha \\
b_1 &= -\sin A\cos\kappa + \cos A\cos\alpha\sin\kappa \\
b_2 &= \sin A\sin\kappa + \cos A\cos\alpha\cos\kappa \\
b_3 &= -\cos A\sin\alpha \\
c_1 &= \sin\alpha\sin\kappa \\
c_2 &= \sin\alpha\cos\kappa \\
c_3 &= \cos\alpha
\end{aligned}\right\} \quad (3-16)$$

在这里需要指出的是，对同一张像片在同一坐标系中，取不同转角系统的 3 个角元素作为独立参数时，尽管表达 9 个方向余弦的形式不同，但是方向余弦是彼此相等的。三维坐标转换需要知道 9 个方向余弦值，这 9 个方向余弦并不是独立的，它们由 3 个独立参数（角元素）构成。

任务六　共线方程

【任务目标】
（1）理解共线原理及共线条件。
（2）掌握共线方程及其应用。
（3）了解有理函数模型。

【任务描述】
航摄像片是地面景物的中心投影构像，地图在小范围内可认为是地面景物的正射投影，这是两种不同性质的投影。影像信息的摄影测量处理，就是要把中心投影的影像，变换为正射投影的地图信息，为此要讨论像点、相应地面点及投影中心的构像方程式。

【任务知识】

一、共线条件

（一）三点共线原理

图 3-30 表明，对地表进行摄影的瞬间，摄影像片符合中心投影规律，也就是说在成像过程中，像点 a、地面点 A 和投影中心 S 三者在同一条直线上，称之为三点共线原理。共线条件的目的是推导像方的像空间辅助坐标系与物方的地面摄影测量坐标系之间的关系。

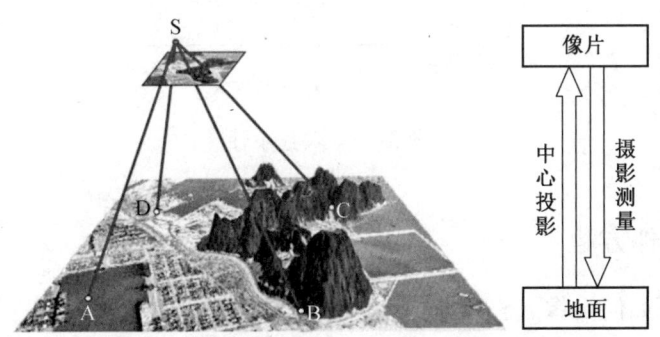

图 3-30　三点共线原理

（二）共线条件

根据前面学习，像空间辅助坐标系与地面摄影测量坐标系的 3 个坐标轴相互平行，只是坐标原点不同。它们之间联系的纽带就是像片的外方位元素的 3 个线元素，即投影中心

▶ 摄影测量学

S 的地面摄影测量坐标。由于像方的像空间辅助坐标描述的是像点坐标，物方坐标的地面摄影测量坐标描述的是地面模型点坐标，这两个坐标系，一个在空中而另一个在地面，那么两者之间的定量关系究竟如何呢？

如图 3-31 所示，像点 α 在像空间辅助坐标系 $S\text{-}XYZ$ 下的坐标为 (X, Y, Z)，地面点在地面摄影测量坐标系 $M\text{-}X_{tp}Y_{tp}Z_{tp}$ 下的坐标为 (X_A, Y_A, Z_A)。摄影瞬间，投影中心 S、像点 α 和地面点 A 在一条直线上。已知 S 点的地面摄影测量坐标为 (X_S, Y_S, Z_S)，由于两套坐标系的 3 个坐标轴相互平行，根据三角形相似原理，通过作辅助线 SQ，可以推知地面摄影测量坐标系中地面 A 点与投影中心 S 的坐标差的 3 个分量 X_A-X_S、Y_A-Y_S 和 Z_A-Z_S 分别与像空间辅助坐标系的三个分量 X、Y 和 Z 成比例，即

$$\frac{X}{X_A - X_S} = \frac{Y}{Y_A - Y_S} = \frac{Z}{Z_A - Z_S} = \frac{1}{\lambda} \tag{3-17}$$

式中的 λ 称为点投影系数，每个像点与地面点都有不同的点投影系数，则式（3-17）称为共线条件，是中心投影构像方程的数学基础，也是摄影测量学中的一个基本理论知识，如单像空间后方交会等。

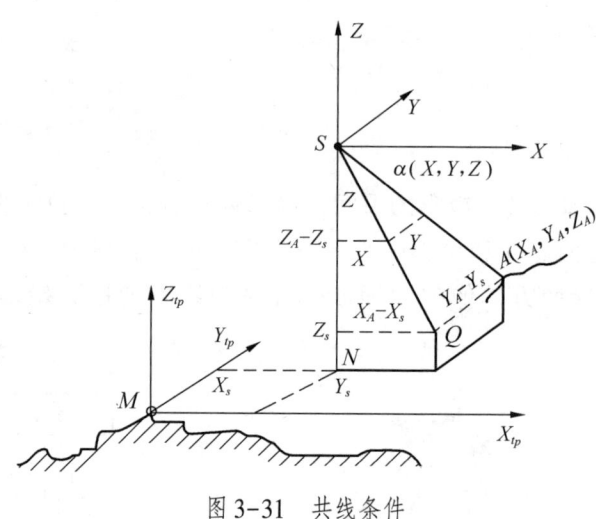

图 3-31 共线条件

二、共线条件方程

我们回顾一下如何由像点坐标获得地面摄影测量坐标的相关知识（图 3-32）。首先在像片的框标坐标系下量测出像点坐标，根据内方位元素的 (x_0, y_0) 参数，转换成以像主点为原点的像平面坐标。然后根据内方位元素的 f 项获得像空间坐标。再结合像片外方位元素的角元素转换为像空间辅助坐标，最后根据线元素转换为地面摄影测量坐标系，从而得到地面点坐标。

框标坐标系到像平面坐标系通过坐标平移实现；像平面坐标系到像空间坐标系通过增加 $-f$ 的 z 值实现；像空间坐标系到像空间辅助坐标系通过空间直角坐标变换实现；像空间

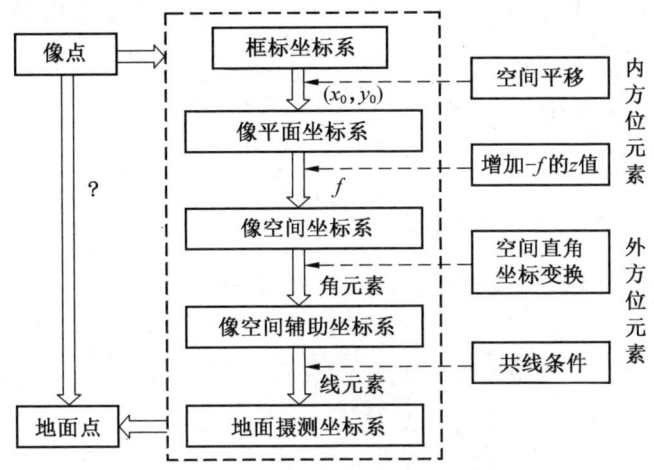

图 3-32 摄影测量常用坐标系与像片方位元素

辅助坐标系到地面摄影测量坐标系则通过共线条件实现转换。这样就可以实现从像点最初始框标坐标到最终对应地面点的地面摄影测量坐标的转换。但是这些过程和步骤都是分散的,需要分步骤进行。

如何直接由量测点的像平面坐标直接推导出地面摄影测量坐标,即利用共线条件方程,在已知像点的像平面坐标和像片内外方位元素的条件下,如何由像点坐标推知地面模型点坐标关系。

利用空间直角坐标系的旋转变换规律。如果已知一幅影像的三个姿态角 φ、ω、κ 就可以计算出 9 个方向余弦值 $a_1 \sim c_3$,从而计算出像空间坐标系与像空间辅助坐标系的转换矩阵 R,完成像空间坐标到像空间辅助坐标的定量转换。将三维坐标系旋转变换公式进一步展开为

$$x = -f\frac{a_1X + b_1Y + c_1Z}{a_3X + b_3Y + c_3Z}$$
$$y = -f\frac{a_2X + b_2Y + c_2Z}{a_3X + b_3Y + c_3Z}$$
(3-18)

等式的左边为像点坐标,等式右边为像点的像空间辅助坐标与方向余弦的关系式。

另外,由于摄影时刻像点 a、地面点 A 和摄影中心 S 三者在同一条直线上,符合共线条件,如果已知一幅影像外方位元素的三个线元素的摄测坐标 (X_S, Y_S, Z_S),那么根据三角形相似原理就可以根据式 (3-17) 获得像空间辅助坐标与地面摄影测量坐标之间的几何对应关系。将其进一步化简为

$$\begin{bmatrix} X \\ Y \\ Z \end{bmatrix} = \frac{1}{\lambda}\begin{bmatrix} X_A - X_S \\ Y_A - Y_S \\ Z_A - Z_S \end{bmatrix}$$
(3-19)

► 摄影测量学

将式（3-19）代入式（3-18）中，进一步化简就可以推出共线条件方程式，简称共线方程，即

$$x = f\frac{a_1(X_A - X_S) + b_1(Y_A - Y_S) + c_1(Z_A - Z_S)}{a_3(X_A - X_S) + b_3(Y_A - Y_S) + c_3(Z_A - Z_S)}$$
$$y = -f\frac{a_2(X_A - X_S) + b_2(Y_A - Y_S) + c_2(Z_A - Z_S)}{a_3(X_A - X_S) + b_3(Y_A - Y_S) + c_3(Z_A - Z_S)}$$
(3-20)

同时，考虑到像主点 x_0，y_0 将获得共线方程的一般形式，即

$$x - x_0 = -f\frac{a_1(X_A - X_S) + b_1(Y_A - Y_S) + c_1(Z_A - Z_S)}{a_3(X_A - X_S) + b_3(Y_A - Y_S) + c_3(Z_A - Z_S)}$$
$$y - y_0 = -f\frac{a_2(X_A - X_S) + b_2(Y_A - Y_S) + c_2(Z_A - Z_S)}{a_3(X_A - X_S) + b_3(Y_A - Y_S) + c_3(Z_A - Z_S)}$$
(3-21)

式中　　　x、y——像点的框标坐标；

x_0、y_0、f——影像的内方位元素；

X_S、Y_S、Z_S——摄站点或摄影中心的物方空间坐标；

X_A、Y_A、Z_A——地面点的物方空间坐标；

$a_1 \sim c_3$——影像3个外方位元素组成的9个方向余弦。

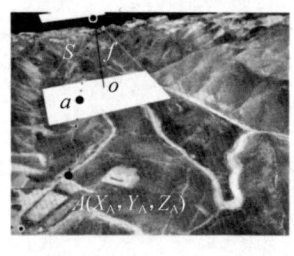

图3-33　共线条件方程

如图3-33所示，共线方程直接表达了摄影瞬间，摄站点、像平面与地面之间的几何对应关系。如果已知像片的内、外方位元素就能够确定像点 a 和对应地面点 A 之间的几何关系。

除此之外，共线方程还有另一种形式，即反演公式（3-22）。由共线条件得到地面点与像点坐标、像片的方位元素之间的对应关系式。需要注意，式中 (x, y) 表示以像主点为原点的像点坐标。如果是框标坐标，则应写成 $(x-x_0)$，$(y-y_0)$。

$$\begin{bmatrix} X_A \\ Y_A \\ Z_A \end{bmatrix} = \lambda \begin{bmatrix} a_1 & a_2 & a_3 \\ b_1 & b_2 & b_3 \\ c_1 & c_2 & c_3 \end{bmatrix} \begin{bmatrix} x \\ y \\ -f \end{bmatrix} + \begin{bmatrix} X_S \\ Y_S \\ Z_S \end{bmatrix}$$
(3-22)

不难发现，以上两种共线方程公式中都没有包含像空间辅助坐标 (X, Y, Z)。像空间辅助坐标系的作用就是联系像点的像方坐标与地面点的物方坐标的桥梁与纽带。

共线条件方程是摄影测量学的基础，其应用非常广泛，主要包括：像点坐标解求；单像空间后方交会和多像空间前方交会；摄影测量中的数字投影基础；航空影像模拟；光束法平差的基本数学模型；利用DEM制作数字正射影像图及利用DEM进行单张像片测图等。

三、有理函数模型

依据共线方程，如果已知相机检校参数，已知航摄像片在摄影时刻的位置和姿态，可

以很容易确定像点坐标与地面点坐标的对应关系。现在有很多卫星都具有立体观测能力，如 IKONOS、资源三号卫星等，那么这些卫星立体像对数据是如何实现求解像点与对应地面点之间的关系呢？

（一）有理函数模型法

由于卫星影像成像机理通常远比航空影像复杂得多，因此采用了一种叫有理函数模型的方法，简称 RFM（Rational Function Model），描述像点坐标与地面点坐标之间的关系。该方法不需要像片的内、外方位元素而回避了成像的几何过程，可以广泛地应用于现代多线阵影像的处理。

有理函数模型将像点坐标 (r, c) 表示为以相应地面点空间坐标 (X, Y, Z) 为自变量的多项式的比值。为了增强参数求解的稳定性，将像点坐标和地面坐标正则化为 $-1 \sim 1$。针对线阵影像的特点，建立的有理多项式模型为

$$\begin{cases} r_n = \dfrac{p_1(X_n, Y_n, Z_n)}{p_2(X_n, Y_n, Z_n)} \\ c_n = \dfrac{p_3(X_n, Y_n, Z_n)}{p_4(X_n, Y_n, Z_n)} \end{cases} \quad (3-23)$$

式中，n 表示像素的行号和列号。4 个分子分母都是地面点坐标的多项式，一般最大的幂次不超过 3，每一项各个坐标分量幂的总和也不超过 3。因此，每个多项式的形式为

$$p = \sum_{i=0}^{m_1} \sum_{j=0}^{m_2} \sum_{k=0}^{m_3} a_{ijk} X^i Y^j Z^k = a_0 + a_1 Z + a_2 Y + \\ a_3 X + a_4 ZY + a_5 ZX + a_6 YX + a_7 Z^2 + a_8 Y^2 + a_9 X^2 + a_{10} ZYX + a_{11} Z^2 Y + a_{12} Z^2 X + \\ a_{13} Y^2 Z + a_{14} Y^2 X + a_{15} ZX^2 + a_{16} YX^2 + a_{17} Z^3 + a_{18} Y^3 + a_{19} Z^3 \quad (3-24)$$

式中，$a_0 \sim a_{19}$ 为多项式系数。因此有理多项式可以写为

$$\begin{cases} r = \dfrac{(1\ Z\ Y\ X\ \cdots\ Y^3\ X^3)(a_0\ a_1\ \cdots\ a_{19})^T}{(1\ Z\ Y\ X\ \cdots\ Y^3\ X^3)(1\ b_1\ \cdots\ b_{19})^T} \\ c = \dfrac{(1\ Z\ Y\ X\ \cdots\ Y^3\ X^3)(c_0\ c_1\ \cdots\ c_{19})^T}{(1\ Z\ Y\ X\ \cdots\ Y^3\ X^3)(1\ d_1\ \cdots\ d_{19})^T} \end{cases} \quad (3-25)$$

在 RFM 中，由光学投影引起的畸变表示为一阶多项式，而地球曲率、大气折射、镜头畸变等的影像改正可由二阶多项式趋近，高阶部分的其他未知畸变可用三阶多项式模拟。

（二）有理多项式系数

有理函数模型中的多项式的系数又称为有理多项式的系数（Rational Polynomial Coefficient），或称 RPC，它是空间变换数学模型的重要数据文件。不同的卫星传感器的有理函数系数有所不同，IKONOS 卫星影像的 RPC 文件共包含 90 个参数，包括 80 个有理多项式系数，10 个规则化参数；而 Worldview-2 卫星影像则提供了 92 个参数的 RPC 文件。

有理多项式系数 RPC 文件通常由卫星数据获取部门提供，文件格式为 *.rpc 或 *

.rpb，通常用于进行遥感影像几何校正。

（三）有理函数模型的特点

共线方程是一种物理传感器模型，描述了传统框幅式相机在摄影瞬间像点坐标与对应地面点坐标的关系。相比共线方程，有理函数模型由于独立于摄影平台和传感器而适用于多种传感器。卫星遥感影像在成像过程中由于受到诸多复杂因素的影响，各像点产生了不同程度的几何变形。因此，RFM 法无须知道任何摄影时刻有关的参数，如像片的内、外方位元素，从而回避了成像的几何过程，成为一种新型的传感器校正模型。

众所周知，从三维模型到二维图像运用的是投影变换，那么从二维图像重建三维模型信息用什么方法呢？显然，RFM 提供了二维图像重建三维信息的通用转换标准。然而，RFM 存在一些不足：

（1）有理函数模型定位方法无法为影像的局部变形建立模型。

（2）模型中很多参数没有物理意义，无法对这些参数的作用和影响做出定性的解释。

（3）计算过程中可能会出现分母过小或零分母，降低模型的稳定性。

（4）有理多项式系数之间也有可能存在相关性，降低模型的稳定性。

（5）如果影像的范围过大或者有高频的影像变形，则定位精度也无法保证。

因此，本课程主要是以传统的共线方程作为理论基础。

【项目习题】

1. 中心投影与正射投影的区别是什么？
2. 航摄像片和地形图的区别有哪些？
3. 航摄像片中重要点、线有哪些？它们之间的关系是什么？
4. 什么是内方位元素？有哪几个？它的作用是什么？
5. 什么是外方位元素？有哪几个？它的作用是什么？
6. 摄影测量中常用坐标系有哪些？它们之间的关系是什么？
7. 写出共线方程，并阐述其中各个元素所代表的意义以及共线方程的作用。
8. 什么是航摄像片的像点位移？航摄像片投影差的规律有哪些？

项目四　立体观察和模拟摄影测量

单张像片只能确定地面点的方向，不能确定地面点的三维空间位置，而通过立体像对构建立体模型，可求解地面点的空间位置。用数学或模拟的方法，重建地面立体模型并进行立体量测，获取地面的三维信息，是摄影测量的主要任务。模拟摄影测量是借助于人眼和具有一定重叠程度的像片进行立体观测，能够直观地展现立体模型的构建过程。

任务一　人造立体视觉

【任务目标】
(1) 理解人眼的天然立体视觉。
(2) 掌握人造立体视觉产生的条件。
(3) 掌握三种人造立体视觉效应。

【任务描述】
用光学仪器或肉眼对具有一定重叠度的像对进行立体观察，获得地物和地形的光学立体模型，称为像片的立体观察，它的原理就是人对物体的双眼观察。模拟和解析摄影测量的仪器，其观察系统具备人眼自然观察的相应条件。

【任务知识】

一、人眼的立体视觉原理

(一) 人眼的本能

人眼是一个天然的光学系统，结构比较复杂，人眼结构的示意图如图 4-1 所示。它好像一架完善的自动调焦的摄影机，前面的晶状体相当于镜头，后面的视网膜相当于感光片。视网膜的中央有网膜窝，是视觉最灵敏的地方。网膜窝中心与晶状体后节点的连线叫作眼的视轴。当人们观察远近不同的物体时，眼球中的晶状体（如同摄影机的物镜）自动变焦，在网膜窝（如同底片）上得到清晰的像，眼睛瞳孔的作用类似光圈。眼睛的这种本能称为眼的调节。

(二) 人眼的立体视觉原理

当人们用单眼观察景物时，感觉到的仅仅是景物的中心构像，好像一张像片一样，不能正确判断景物的远近。当人们用双眼观察景物时，两眼会本能地使景物的像落于左、右两网膜窝中心，即视轴交会于所注视的景物上，才能分辨出物体的远近，得到景物的立体效应，这种现象称为人眼的天然立体视觉。

人的双眼观察为何能判断景物的远近呢？如图 4-2 所示，有一物点 A，距双眼的距离为 L，当双眼注视 A 点时，两眼的视准轴本能地交会于 A 点，此时两视轴相交的角度 r 称为交会角。在两眼交会的同时，晶状体自动调节焦距，得到最清晰的影像。交会与调节焦距这两项动作是本能进行的。人眼的这种本能称为凝视。

当双眼凝视 A 点时，在两眼的网膜窝中央就得到构像 a 和 a'；若 A 点附近有一点 B，较 A 点更近，距双眼的距离为 $L-dL$，同样得到构像 b 和 b'。由于 A、B 两点距眼睛的距离不等，致使网膜窝上 ab 与 $a'b'$ 弧长不相等，$\delta=ab-a'b'$ 称为生理视差，生理视差也反映为观察 A、B 两点交会角的差别，双眼交会 A 点时的交会角为 r，双眼交会 B 点时的交会角为 $r+dr$，$r+dr>r$，因此人的双眼观察就能区别物体的远与近。生理视差是产生天然立体感觉的根本原因，正是从这一原理出发而获取人造立体视觉。

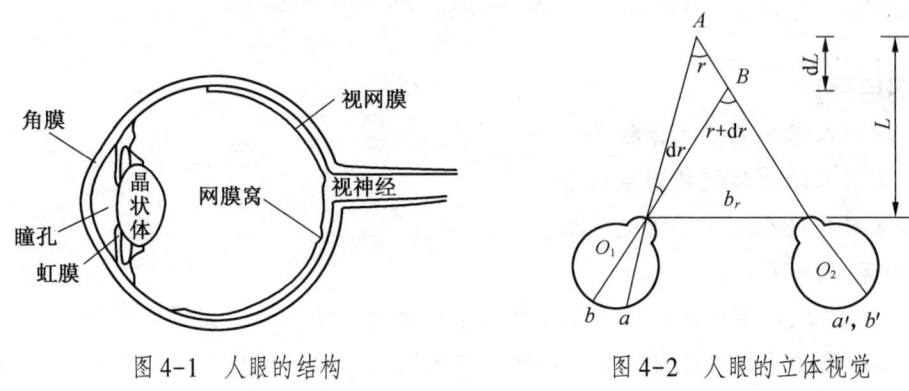

图 4-1　人眼的结构　　　　图 4-2　人眼的立体视觉

从图 4-2 可以看出交会角与距离有如下关系：

$$\tan\frac{r}{2}=\frac{b_r}{2L} \qquad L=\frac{b_r}{r} \tag{4-1}$$

式中　b_r——眼基线，随人而异，其平均长度为 65 mm。

将式（4-1）微分，可得交会角变化与距离及生理视差的关系式：

$$dL=-\frac{b_r\cdot dr}{r^2}=-\frac{L^2}{b_r}\cdot dr=-\frac{L^2}{b_r}\cdot\frac{\delta}{f_r} \tag{4-2}$$

式中　f_r——眼焦距，约为 17 mm；

　　　δ——生理视差。

单眼观察两点的分辨率为 45″，双眼观察两点的分辨率为 20″，双眼观察比单眼观察提高 $\sqrt{2}$ 倍。

通过式（4-2）可以看出，要提高分辨远近距离的能力，一个是扩大眼基线 b_r，另一个是利用放大倍率为 V 的光学系统进行观察，则分辨率可以提高 V 倍。

二、人造立体视觉产生的条件

(一) 人造立体视觉

如图 4-3 所示,当我们用双眼观察空间远近不同的景物 A、B 时,两眼产生生理视差,获得立体视觉,可以判断景物的远近。如果此时我们在双眼前各放一块玻璃片,如图 4-3 中 P 和 P′,则 A 和 B 两点分别得到影像 a、b 与 a′、b′。若玻璃上有感光材料,影像就分别记录在 P 和 P′ 片上。当移开实物后,两眼分别观看各自玻璃片上的构像,仍能看到与实物一样的空间景物 A 和 B,这就是空间景物在人眼网膜窝上产生生理视差的人眼立体视觉效应。其过程为:空间景物在感光材料上构像,再用人眼观察构像的像片而产生生理视差,重建空间景物立体视觉。这样的立体感觉称为人造立体视觉,所看到的立体模型称为视模型。

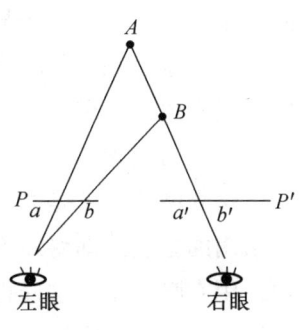

图 4-3 人造立体视觉

当人的左右眼各看一张相应像片的时候(即左眼看左片,右眼看右片)就可感到与实物一样的地面景物存在,在眼中同样产生生理视差,能分辨出物体的远近,这种观察立体像对得到地面景物立体影像的立体感觉称为人造立体视觉。

根据人造立体视觉原理,在摄影测量中规定摄影时保持像片的重叠度在 60% 以上,是为了使同一地面景物在相邻两张像片上都有影像,它完全类同于上述两玻璃片上记录的景物影像。利用相邻像片组成的像对,进行双眼观察(左眼看左片,右眼看右片),同样可以获得所摄地面的立体模型,这样就奠定了立体摄影测量的基础。

(二) 人造立体视觉产生的条件

人造立体视觉必须符合自然界立体观察的四个条件:

(1) 两张像片必须是在两个不同位置对同一景物摄取的立体像对。

(2) 每只眼睛必须只能观察像对的一张像片,即双眼观察像对时必须保持两眼只能对一张像片观察,这一条件称为分像条件。

(3) 两像片上相同景物(同名像点)的连线与眼睛基线大致平行。

(4) 像片的比例尺相近(差别<15%),否则需用 ZOOM 系统等进行调节。

以上四个条件,第一条是应在摄影中得到满足(像片重叠),第二条是在观察时要强迫两眼分别只看一张像片,得到立体视觉,这与人们日常观察景物时眼睛的交会本能习惯不符,违背了人眼的凝视本能,因此直接观测需要有一个训练过程。第三条是人眼观察中生理方面的要求,不满足第三条,则左右影像上下错开,错开太大不能形成立体。为了便于观察,人们常常采用某种措施来帮助完成人造立体视觉应具备的条件,以改善眼的视觉能力。

三、人造立体视觉效应

人造立体观察，不但可以提高立体测图的精度，还可以测出物体的空间位置，是摄影测量中重要的方法和手段。进行像对立体观察时，在满足人造立体视觉四个条件的情况下，如果像片相对眼睛安放的位置不同，可以得到不同的立体效果，即可能产生正立体效应、反立体效应和零立体效应。

1. 正立体效应

正立体效应就是立体观测得到的与实际地物相似的立体效果，是大多数情况下立体观测采用的方法。即将左方拍摄得到的像片放在左边，用左眼观察；右方拍摄的像片放在右边，用右眼观察，这样得到的立体效应就是正立体效应（图4-4a）。正立体效应产生的生理视差与人眼看实物产生的生理视差符号相同，因此所看到模型的远近与实物的远近是相同的。目前一般情况下多采用直观的正立体效应。

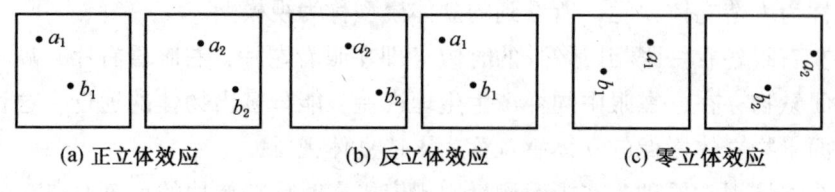

图 4-4 人造立体视觉效应

2. 反立体效应

反立体效应与正立体效应放置像片的方式相反，即左方摄站拍摄的像片放在右边，用右眼观测，而右方摄站拍摄的像片放到左边，用左眼观测，这样得到的立体效应就是反立体效应（图4-4b）。反立体效应产生的生理视差与人眼直接观察实物产生的生理视差符号相反，这样就导致了实地高山变成了深坑，实地深坑挺拔出来变成山峰。正反立体效应交替进行观察，可以检查和提高立体测量的精度。

3. 零立体效应

零立体效应是基于人眼测量左右视差的精度高于上下视差，将上下视差转换成左右视差，以提高观察的精度。具体操作方法是：将正立体情况下的两张像片，在各自的平面内按同一方向旋转 90°，使像片的纵横坐标互换方向（图4-4c）。由于人眼观察左右视差的精度高于上下视差，零立体效应可提高观测的精度。

任务二 立 体 像 对

【任务目标】

（1）掌握立体像对及立体像对的点、线、面关系。

（2）了解立体量测的基本概念及原理。

项目四　立体观察和模拟摄影测量

【任务描述】

双像立体测图，是利用一个立体像对（即在相邻两摄站点对同一地面景物摄取有一定影像重叠的两张像片）重建地面立体几何模型，并对该几何模型进行量测，直接给出符合规定比例尺的地形图或建立数字地面模型。立体摄影测量都是在对像对进行立体观察和立体量测的条件下进行的作业。

【任务知识】

一、立体像对

（一）基本概念

摄影测量中无论是立体观测还是立体量测的对象都不是单独的一张像片，而是具有一定航向重叠度（一般60%左右，无人机像对可达到80%以上）的立体像对，也就是同一航带的两张相邻的航片。立体像对是由不同摄站获取的具有一定影像重叠度的两张像片，由于立体像对具有重叠影像，因此在立体观察系统中就可构成立体模型，进行立体观察、解译和测绘。

立体像对可分为航摄立体像对、地面立体像对和卫星立体像对。航摄立体像对由飞机上的航摄仪沿航线定时启动快门拍摄而成；地面立体像对是由地面对同一地物从摄影基线两端拍摄而成；卫星立体像对一般是在地球高纬度地区，在地球资源技术卫星轨道大部分重叠的情况下获得的，对于中、低纬度地区，也可由人工形成卫星立体像对。图4-5所示为航摄立体像对。在航摄过程中要求相邻两张像片的航向重叠度在60%以上，数码相机和无人机拍摄的像片重叠度会要求更高，任意两张相邻像片都可以组成一个立体像对。

图4-5　航摄立体像对

立体像对是同一航带相邻两摄站拍摄的影像，影像的航向重叠度和旁向重叠度都有具体要求，光学的立体像对有18 cm和13 cm两种边长，现在一般都是用数码相机拍摄航摄像对。立体像对首先要判断拍摄时的左右位置，也就是确定左右片，判断依据主要是像对中重叠地物的位置，这是立体观测的第一步。

（二）立体像对的点、线、面

立体摄影测量也称双像测图，是由两个相邻摄站所摄取的具有一定重叠度的一对像片对为量测单元。一对具有一定重叠度的立体像对，在摄影瞬间存在着特殊的点、线、面关系（图4-6）。

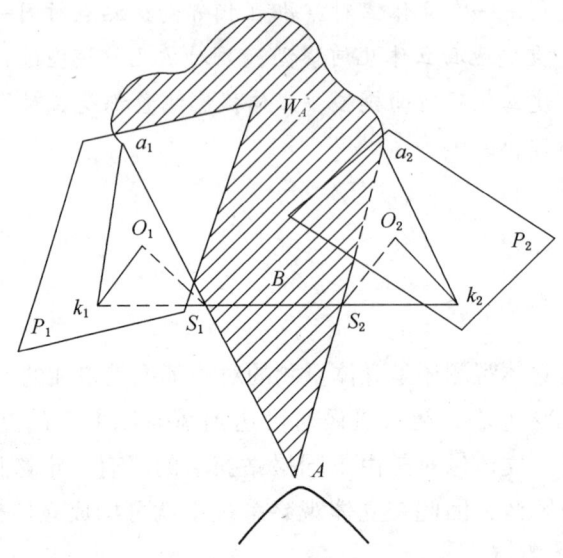

图4-6 立体像对的点、线和面

S_1、S_2 分别为左像片 P_1 和右像片 P_2 的摄影中心。两摄影中心的连线 B 称为摄影基线，O_1、O_2 分别为左右像片的像主点。a_1、a_2 为地面上任一点 A 在左右像片上的构像，称为同名像点。射线 AS_1a_1 和 AS_2a_2 称为同名光线。通过摄影基线 S_1S_2 与任一地面点 A 所作的平面 W_A 称为 A 点的核面（包含摄影基线与地面上任意一点组成的平面称为该地面点的核面）。若同名光线都在核面内，则同名光线必然对对相交。核面与像片面的交线称为核线。对于同一核面的左、右像片的核线，如 k_1a_1 和 k_2a_2 称为同名核线。显然，k_1、k_2 亦是摄影基线的延长线与左、右像片面的交点，称为核点。在倾斜像片上核线都会聚于核点。通过像主点的核面称为主核面。一般情况下，通过左、右像片主点的两个主核面不重合，分别称为左主核面和右主核面。通过像底点的核面称为垂核面。因为左、右像片的底点与摄影基线 B 位于同一核面内，左右垂核面一般重合，所以一个像对只有一个垂核面。

二、立体像对的观测

为了获得人造立体效果，通常借助立体镜或其他工具来帮助人眼顺利地达到分像条件，使两眼分别只观察一张像片。观察立体像对时，一种是直接观察两张像片构成立体视觉，是借用立体镜来达到分像，称为立体镜观测法。另一种是通过光学投影方法，将两张像片的投影影像重叠在一起。此时需通过其他的措施使两眼分别只能看到重叠影像，称为叠影式立体观察。下面分别介绍这两种立体观察的方式。

（一）立体镜观察法

立体镜的主要作用是保证一只眼睛只能清晰地察看一张影像，克服了裸眼观察立体时强制调焦与交会所引起的人眼疲劳，所以得到了广泛应用。立体镜分为两种：桥式立体镜和反光立体镜。

桥式立体镜（图4-7a）是在一个桥架上安装一对低倍率的简单透镜，其间距约为人眼的眼基线距离，高度等于透镜焦距。观察时，像片对放在透镜的焦面上，这时像片上的物点光线通过透镜后为一组平行光，使观察者感到物体在较远的距离，从而达到人眼的调焦与交会本能基本统一。

由于航摄像片像幅较大，为便于航摄像片对的立体观察，设计了一种反光立体镜（图4-7b）。这种立体镜在左、右光路中各加入一对反光镜起扩大眼基线间距的作用，便于放置较大像幅的航摄像片。看到的立体模型与实物没有差异，地面的起伏变高了，不过这种变形有利于高程的量测，不会影响量测结果。图4-7c提供了一个立体像对，大家可以用立体镜观察立体（也可以直接裸眼利用分像条件观察立体）。

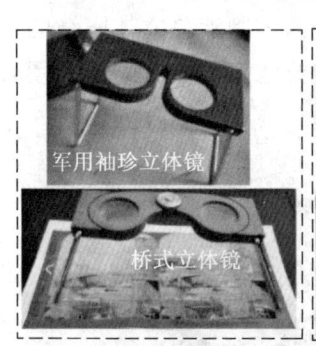 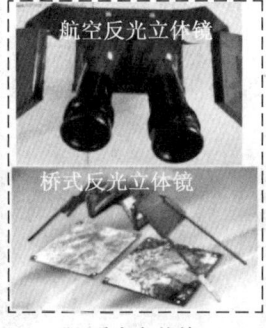 

(a) 桥式立体镜　　　　　(b) 反光立体镜　　　　　(c) 立体像对

图4-7　立体镜及立体像对

（二）重叠影式观察法

当一个立体像对的两张像片在恢复了摄影时刻相对位置关系后，用灯光照射到像片上，其光线通过像片投射至承影面上，两张像片的重叠影像相互重叠。那么，如何满足一只眼睛只看到一张像片的投影影像来观察立体影像呢？常用互补色法、光闸法、偏振光法以及液晶闪闭法强制进行"分像"。其中前3种方法广泛用于模拟的立体测图仪器中，而液晶闪闭法广泛用于数字摄影测量系统中。

1. 互补色法

光谱中两种色光混合在一起成为白色光，这两种色光称为互补色光。常用的互补色是品红色与蓝绿色（习惯简称为红色与绿色）。如果将左影像赋予绿色，右影像赋予红色，观察者戴上镜片为左绿右红的眼镜进行观察，由于红色镜片只透过红色光而绿色被吸收，所以通过红色镜片只能看到右边的红色影像，看不到左边的绿色影像。同理，绿色镜片只能透过绿色光，也只能看到左边的绿色影像。从而利用红绿立体眼镜达到一只眼睛只能看到一张影像的"分像"目的。

2. 光闸法

光闸法立体观察是通过在投影的光线中安装光闸实现的。两个光闸交替打开，即当一

▶ 摄影测量学

个打开另一个则关闭。人眼观察时，要戴上与投影器中光闸同步的光闸眼镜，这样人眼就只能一只眼睛看到一张影像。由于影像在人眼中的构像能保持 0.15 s 的视觉暂留，这样光闸启闭的频率只要每秒大于 10 次，人眼中的景物就会连续从而构成人造立体视觉。

3. 偏振光法

偏振光法是指在两张影像的投影光路中放置两个偏振平面相互垂直的偏振器，从而达到"分像"观察立体的效果。偏振光可用于彩色影像的立体观察，获得彩色的立体模型。人们在电影院看过的 3D 立体电影，所佩戴的一般就是偏振光立体眼镜。

4. 液晶闪闭法

液晶闪闭法立体眼镜主要用于数字摄影测量系统，由液晶立体眼镜和红外发生器组成（图 4-8）。使用时，红外发生器的一端与通用的图形显示卡相连，图像显示软件按照一定的频率交替地显示左右图像，红外发生器则同步地发射红外线，控制液晶立体眼镜的左右镜片交替地闪闭，从而达到左右眼睛各看一张像片的目的。需要注意的是，立体测图时不要遮挡红外发射器，一定要保证红外发射器与眼镜的通信畅通。

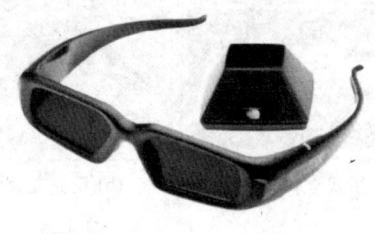

图 4-8 液晶闪闭法立体镜

三、立体量测

立体量测可借助立体观察装置与测量的测标和量测计量工具来完成。

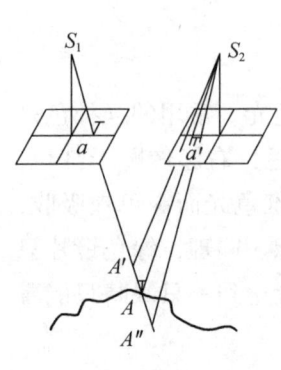

图 4-9 立体坐标量测

我们在两张已安置好的像对（定向已完成）上，眼镜可清晰地观察到立体，在两张像片上放置两个相同的标志作为测标，如图 4-9 所示，两测标可在像片上作 x，y 方向的共同移动和相对移动。借助两测标在 x，y 方向的共同移动，使得其中的左测标对准左像片上某一像点 a；然后保持左测标不动，使右测标在 x，y 方向做相对移动。达到对准右像片上的同名像点 a'。这样，在立体观察下，能看出一个空间的测标切于立体模型 A 点上。此时，记下左、右像点的坐标 (x_1, y_1)、(x_2, y_2)，得到像点坐标量测值。其中，同名点的 x 坐标之差 $p = x_2 - x_1$ 称为左右视差，y 坐标之差 $q = y_2 - y_1$ 称为上下视差。左右视差只影响模型的比例尺，而上下视差则会导致主体视觉误差，观测中应予以消除或限制。

这时，若左右移动右测标，可观察到空间测标相对于立体模型表面作升降运动，或沉入立体模型内部，或浮于模型的上方，这种状况表示立体模型构建不成功。因此，立体坐标量测就是要使左右测标同时对准左右同名像点，并使测标切准模型点的表面。这就是摄影测量中的像点坐标立体量测的原理。

四、立体坐标量测仪

用解析的方法处理摄影测量像片时，首先要量测出像点的坐标（x'、y'）。量测这些数据的专用仪器称为立体坐标量测仪。新型的立体坐标量测仪都具有小型计算机与接口设备，使量测的数据直接进入计算机中进行数据处理。

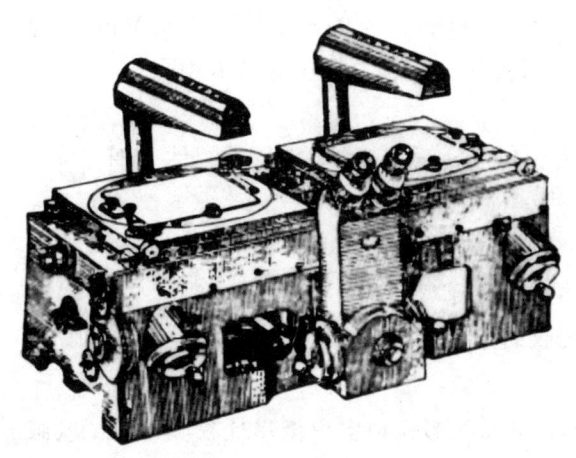

图 4-10 HCT-1 立体坐标量测仪

图 4-10 是 HCT-1 型立体坐标量测仪，主要由基座、总滑床、Y 车架、观测系统和照明系统等部件组成。

其盒形基座是仪器的基础部件，置于桌上。底部有两个可调螺旋，用于置平仪器。总滑床用镶珠轴承与基座 X 导轨相连，左右像片盘位于总滑床上。转动 X 手轮，左右像片盘和总滑床一同作 X 方向移动；转动 Y 手轮，左右像片盘观测系统的物镜作 Y 方向移动。通过转动 X 手轮和 Y 手轮，使左测标对准左像片上要量测的像点，其移动值分别在 X 读数鼓和 Y 读数鼓上读取。借助视差手轮 p、q，又可使右像片和右观测系统分别相对于左像片和左观测系统在 X、Y 方向上移动，使右像片的流标对准右像片上的同名点，达到立体切准模型的目的。从左右视差轮和上下视差轮的读数鼓上读取 p、q 的读数。

使用该仪器进行像点坐标量测之前，需要使仪器各读数归零，然后进行像片的归心和定向。归心是使像片坐标系的原点与仪器坐标系的已知位置重合，定向是使坐标仪坐标轴系与像平面直角坐标轴系平行。移动相应的 X、Y、p、q 手轮，使测标立体切准待量测的点，并记下读数 X、Y、p、q。这种动作要反复进行，直到满足要求为止。最后用下式计

▶摄影测量学

算像点坐标,即

左像片像点坐标:

$$\begin{cases} x_1 = x - x_0 \\ y_1 = y - y_0 \end{cases}$$

右像片像点坐标:

$$\begin{cases} x_2 = x_1 - (p - p_0) \\ y_2 = y_1 - (q - q_0) \end{cases}$$

其中,X_0、Y_0、p_0、q_0 为立体坐标量测仪,X、Y、p、q 为手轮零位置的读数。

HCT-1 型立体坐标量测仪的量测精度为 20 μm。量测精度可达 3 μm 的立体坐标量测仪称为精密立体坐标量测仪,这类仪器带有自动记录装置,如国产精密立体坐标量测仪、德国蔡司厂的 Stecometer、德国 Opton 厂的 PSK 型、瑞士 Wild 厂的 STK 型、意大利 OMI 公司的 TA-3P 型。它们的结构各有特点,但功能基本相同。

任务三 模拟立体测图

【任务目标】
(1) 掌握模拟立体测图的原理及作业过程。
(2) 了解模拟测图仪的分类。

【任务描述】
模拟立体测图是根据双像投影模拟空中摄影过程,用人工双眼寻找光学像片上的同名像点,通过投影器的机械装置恢复像片的内方位元素,利用投影器的运动来模拟相对定向,使同名光线对对相交,建立立体模型。

【任务知识】

一、模拟立体测图

(一) 模拟立体测图原理

模拟摄影测图是在室内利用光学的或机械的方法模拟摄影过程,恢复摄影时像片的空间方位、姿态和相互关系,建立实地的缩小模型,即摄影过程的几何反转,再在该模型的表面进行测量。该方法主要依赖于摄影测量内业测量设备,研究的重点主要放在仪器的研制上。

(二) 模拟立体测图的作业过程

在模拟立体测图仪上要恢复像片对摄影光束的空间方位及像片的空间方位,通过内定向、相对定向和绝对定向、立体测图完成。

(1) 像片的内定向:恢复像片的内方位元素,建立和摄影光束相似的投影光束。在模拟测图仪上测图时,首先将两像片分别放在测图仪的投影器内,且使两像片主点分别与两像片托盘的主点重合，并安置摄影时的主距，恢复摄影时的内方位元素。

（2）相对定向：恢复像对两像片摄影时的相对方位，建立和地面相似的立体模型。在模拟立体测图仪上进行的，它不是用计算的方法解求相对定向元素值的大小，而是通过移动测图仪上投影器的有关螺旋，使得同名光线对对相交，这种相对定向方法的特点是只要所有同名光线对对相交形成一个几何模型，就必然恢复了两像片的相对位置。

（3）绝对定向：将立体模型纳入摄影测量坐标系中，并归化为所需要的模型比例尺。完成像片对的相对定向后，就建立了一个与实地相似但空间方位和比例大小都是任意的立体模型。为了在立体模型上获取正射投影的地形图，还需要将该模型纳入地面摄影测量坐标系并将模型大小归化为测图比例尺。

（4）立体测图：用量测工具量测立体模型，测制地形图。像对经相对定向和绝对定向，建立了一个按比例尺缩小的与地面完全相似的立体模型，此时可在立体观察下，由仪器的量测系统对模型进行测绘，取得地形原图。在量测中，始终要把握立体浮游测标应紧贴待测的立体模型表面这一要领。

测绘地物和地貌之前，应仔细研究作业规范与技术设计书。全面观察整个立体，了解地形地貌，并考虑如何更好地反映地面的地貌和地物特征，将图底固定在绘图桌面上，然后先测地物，再绘地貌。图4-11描述的是模拟摄影测量的几何过程。

图4-11 模拟摄影测量

二、模拟立体测图仪

（一）模拟测图仪简介

模拟测图仪曾经是测图的重要设备，在长期的测绘作业生产中占有重要的地位，仪器种类繁多。由于电子技术的发展，这类仪器已被解析测图仪和数字摄影测量系统替代。

1. 模拟测图仪的分类

1）按投影方式分类

（1）光学投影类。从像点、投影中心至模型点的投影光线全部由实际的光线构成。如多倍投影测图仪（简称多倍仪）、Stereoplanigraph-C5型立体测图仪等。

（2）机械投影类。从像点、投影中心至模型点的投影光线用一根精密的金属机械导杆来模拟代替，上述三个几何光学点则用机械导杆上的万向转节代替。这类仪器很多，如瑞士威尔特厂的B8S、AG1、A10，德国欧波同厂的D型、E型、F型，以及德国蔡司厂的To-pocartB等。

► 摄影测量学

(3) 光学机械投影类。从像点至投影中心由实际光线构成，而从投影中心至模型点则用机械导杆来代替，这类仪器很少，而且没有发展。

2) 按交会方式分类

(1) 直接交会。将立体像对的左、右像片分别安放在两投影器内，在恢复内方位元素并进行像对的相对定向和模型的绝对定向以后，同名光线对对相交得到模型点的空间位置，每个模型点都是从投影基线两端点进行空间前方交会的结果，多倍投影仪、B8S 都属于这类交会方式。

(2) 间接交会。在保持右方（或左方）投影光束空间方位不变的情况下，将右方投影器从原位置向投影基线侧方移动一段距离，同时将测标一分为二，右测标随右方投影光束也移动相应一段距离，观测系统则分别对两个测标和影像进行观测，基于立体视觉的原理，左右测标将合成为一个空间测标而与立体模型表面相切，从而完成立体测图。这种间接交会方式，是一种"三角形加平行四边形"的几何关系，也称为蔡司平行四边形原理。大多数模拟测图仪采用间接交互方式。

2. 模拟测图仪的主要结构

模拟测图仪的总体结构一般可分为投影系统、观测系统、绘图系统与外围设备四大部分。投影系统由投影镜像（或安片框、导杆）与照明设备组成，用于建立地面立体模型；观测系统由观察系统与测量系统组成，包括对建立的立体模型进行观察与测量的光学系统和机械部件；绘图系统是根据立体测量结果进行绘图的部件，最简单的绘图系统是用一个小测量台放在绘图桌上绘图；外围设备是为了扩大测图仪的功能，并提高工作效率。

（二）主要模拟测图仪简介

模拟测图仪在 20 世纪相当长的时期，是摄影测量的主要设备仪器，随着计算机技术的发展，模拟测图仪已经被数字摄影测量仪取代，但是模拟测图仪在摄影测量的发展中有着举足轻重的作用，下面介绍几种主要的模拟测图仪。

1. 多倍投影测图仪

德国制造的多倍投影测图仪是光学投影类直接交会的模拟测图仪，它装备有 3 个、6 个、9 个甚至更多的投影器，可以模拟空中摄影时摄影机的姿态，以建立航带模型，进行模拟法空中三角测量，加密测图所需要的控制点。自从利用计算机进行解析法空中三角测量以后，多倍投影测图仪主要用于测图，一般只用两个或三个投影器建立单模型或双模型测图。多倍投影测图仪按投影器物镜像场角的不同，可分为常角（$2\beta=60°$）、宽角（$2\beta=95°$）和特宽角（$2\beta=122°$）三种。为了使用起来轻便，投影器主距和用于投影的像片都是根据相应像场角的航空摄影机和航摄像片按一定比例缩小的。

多倍投影测图仪主要由座架、投影器和测绘台组成，在全套仪器中附有缩小仪、跨水准仪、互补色眼镜和电源控制箱等，如图 4-12 所示。

项目四　立体观察和模拟摄影测量

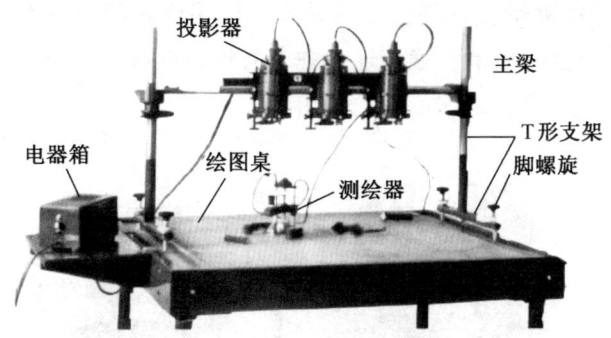

图 4-12　多倍投影测图仪

2. B8S 型立体测图仪

瑞士威尔特厂生产的 B8S 型立体测图仪属于机械类空间型模拟测图仪（图 4-13）。整个仪器安装在稳固的木桌上，木桌中间嵌入一块大理石的绘图桌面，另外有线性缩放仪等。

图 4-13　B8S 型立体测图仪

B8S 型立体测图仪的同名投影光线用空间导杆来体现，采用机械投影类的直接交会方式。其投影系统由承片框与导杆组成，承片最大像幅为 23 cm×23 cm，上面有灯泡照明。观测系统是由双筒式光学系统与测绘台组成。测绘部分是一个测绘台，放在大理石桌面上，由测绘人员手工移动操作。绘图系统由外接图板与线性缩放仪组成，其中线性缩放仪与测绘台相连。

B8S 型立体测图仪由于使用原始尺寸的摄影资料测图，因此精度比多倍投影测图仪提高很多，可用于测绘大、中比例尺地形图，成图比例尺可比摄影比例尺放大 3~5 倍。

3. A10 型立体测图仪

瑞士威尔特厂生产的 A10 型立体测图仪，比 B8S 型精度更高，可用于测绘大、中比例尺地形图，成图比例尺能比摄影比例尺放大 5 倍（图 4-14）。A10 型立体测图仪是采用机械投影类的间接交会模拟测图仪，适用于主距为 85~305 mm 的所有摄影资料。测图像幅

▶摄影测量学

为 23 cm×23 cm，除可测航摄像片外，还可处理地面摄影资料。它有专门的绘图桌，还可与电子绘图桌、EK-22 坐标记录装置相连，并备有地球曲率与大气折光改正装置。

图 4-14　A10 型立体测图仪

【项目习题】

1. 什么是天然立体视觉？什么是人造立体视觉？
2. 人造立体视觉必须符合自然立体观察的哪些条件？
3. 立体观测的方法有哪些？
4. 立体像对有哪些特殊的点、线和面？
5. 什么是模拟立体测图？它具有什么特点？

项目五　双像解析摄影测量

双像解析摄影测量是通过研究立体像对内两张像片之间以及立体像对与被摄物体之间的数学关系，用解析计算的方法来获取地物空间三维坐标信息。学习利用立体像对获取地面位置信息的理论方法，掌握利用像片的空间后方交会-前方交会法、相对定向-绝对定向法、光束法三种理论解析方法，每种方法的解析过程及优缺点。

任务一　像片的空间后方交会-前方交会

【任务目标】
(1) 理解双像解析摄影测量的概念。
(2) 掌握单像空间后方交会的原理。
(3) 掌握多像空间前方交会原理。
(4) 理解像片空间后方交会-前方交会的过程。

【任务描述】
用解析法处理立体像对，可利用单张像片的空间后方交会与双像前方交会求解地面点的三维坐标。先用空间后方交会分别求解出相邻两张像片的外方位元素，再根据待定点的一对像点坐标，利用空间前方交会公式计算地面点坐标，前后方交会相结合构建一个完整的数学模型。

【任务知识】

一、双像解析摄影测量的概念

由两相邻摄影站摄取的，具有一定航向重叠度的一对像片，称为立体像对（或简称像对）。由于利用单张像片不能唯一确定被摄物体的空间位置，在单张像片的内、外方位元素已知的条件下，它也只能确定被摄物体点的摄影方向线。要确定被摄物体点的空间位置，必须利用立体像对，构成立体模型来确定被摄物体的空间位置。按照立体像对与被摄物体的几何关系，以数学计算方式，通过计算机求解被摄物体的三维空间坐标，称为双像解析摄影测量。

为什么一定要进行双像解析呢？这是因为单张像片解析一般只能确定投影中心、像点和地面点的方向，也就是过这三点的直线方向，而无法确定地面点的具体位置。要确定一个地面点的位置必须要有两条相交的空间直线，那么就需要相邻的两张像片，提供两条相

▶ 摄影测量学

交于地面点的直线，确定地面点的位置。

在同一航带，相邻两摄站点拍摄的具有一定重叠度的像片对，在摄影瞬间具有如图 5-1 所示的几何关系。图中 S_1 和 S_2 称为摄站点，地面点 A 向不同摄站的投射光线 AS_1 和 AS_2 称为同名光线，同名光线分别与两像片平面的交点 a_1 和 a_2 称为同名像点，即地面点 A 分别在两张像片上的构像。

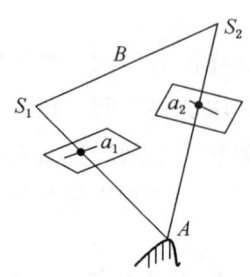

图 5-1 相邻摄站摄影瞬间示意图

根据立体像对的内在几何特性和像点构成的几何关系，用数学计算方式求解物点的三维空间坐标的方法有以下三种。

（1）用单张像片的空间后方交会与立体像对的前方交会方式求解物点的三维空间坐标。这种方法分为两步，即先根据已知控制点坐标，采用后方交会的方法分别求解像对的12个外方位元素，然后根据求得的两像片的外方位元素，按照前方交会公式计算像对内其他所有点的三维坐标，从而建立数学模型。

（2）用相对定向和绝对定向方法求解地面点的三维空间坐标。这种方法是根据同名光线对对相交的原理，用模型基线取代摄影基线，建立一个缩小的与地面相似的几何模型，然后再对这个模型进行平移、旋转和缩放的绝对定向。将立体模型的模型点坐标纳入规定的坐标系中，并规划为规定的比例尺，以确定立体像对内所有地面点的三维坐标。

（3）采用光束法求解地面点三维坐标。这种方法是把待求的地面点和已知点坐标，按照共线条件方程，用连接点条件和控制点条件同时列出误差方程式，统一进行平差计算，以求得地面点的三维坐标。这种方法理论上较为严密，但计算量很大，是前两种方法的一个综合。

二、单像空间后方交会

如果已知每张像片的 6 个外方位元素，就能确定被摄物体与航摄像片的关系。因此，如何获取像片的外方位元素，一直是摄影测量工作者所探讨的问题。目前获取像片外方位元素的方法有：单像空间后方交会方法，利用全球定位系统（GPS）、惯性导航系统（INS）、雷达和星相摄影机直接获取像片的外方位元素。

单像空间后方交会方法的基本思想是：以单张像片为基础，利用像片覆盖范围内一定数量控制点的已知地面坐标和其在像片上相应的像点坐标，根据共线条件方程，求解该像片摄影瞬间的外方位元素。

（一）空间后方交会的基本关系式

空间后方交会的数学模型是共线条件方程式：

$$\left. \begin{array}{l} x = -f\dfrac{a_1(X_A - X_S) + b_1(Y_A - Y_S) + c_1(Z_A - Z_S)}{a_3(X_A - X_S) + b_3(Y_A - Y_S) + c_3(Z_A - Z_S)} \\ y = -f\dfrac{a_2(X_A - X_S) + b_2(Y_A - Y_S) + c_2(Z_A - Z_S)}{a_3(X_A - X_S) + b_3(Y_A - Y_S) + c_3(Z_A - Z_S)} \end{array} \right\} \quad (5-1)$$

式中　　x, y——控制点的像平面直角坐标；

　　　　X_A, Y_A, Z_A——控制点的物方坐标；

　　　　$X_S、Y_S、Z_S、\varphi、\omega、\kappa$——像片的外方位元素，为待定参数。

根据式（5-1），可按最小二乘法解析解算像片方位元素。

由于共线条件方程式（5-1）中观测值与未知参数之间是非线性函数关系，为了便于平差计算，需将非线性函数表达式按泰勒级数展开成线性形式，常把这一数学处理过程称为"线性化"。非线性函数的线性化处理在解析摄影测量中经常用到。

将共线条件方程式（5-1）线性化得

$$\left. \begin{array}{l} x = (x) + \dfrac{\partial x}{\partial X_S}\Delta X_S + \dfrac{\partial x}{\partial X_S}\Delta Y_S + \dfrac{\partial x}{\partial Z_S}\Delta Z_S + \dfrac{\partial x}{\partial \varphi}\Delta\varphi + \dfrac{\partial x}{\partial \omega}\Delta\omega + \dfrac{\partial x}{\partial \kappa}\Delta\kappa \\ y = (y) + \dfrac{\partial y}{\partial X_S}\Delta X_S + \dfrac{\partial y}{\partial Y_S}\Delta Y_S + \dfrac{\partial y}{\partial Z_S}\Delta Z_S + \dfrac{\partial y}{\partial \varphi}\Delta\varphi + \dfrac{\partial y}{\partial \omega}\Delta\omega + \dfrac{\partial y}{\partial \kappa}\Delta\kappa \end{array} \right\} \quad (5-2)$$

式中 (x)、(y) 是用各像片方位元素的近似值代入式（5-1）求出的像点坐标近似值。待定参数 ΔX_S、ΔY_S、ΔZ_S、$\Delta\varphi$、$\Delta\omega$、$\Delta\kappa$ 的系数为函数的一阶偏导数。其推演方法如下：

为书写方便，令共线条件方程中的分子、分母用下式表达：

$$\begin{cases} \overline{X} = a_1(X - X_S) + b_1(Y - Y_S) + c_1(Z - Z_S) \\ \overline{Y} = a_2(X - X_S) + b_2(Y - Y_S) + c_2(Z - Z_S) \\ \overline{Z} = a_3(X - X_S) + b_3(Y - Y_S) + c_3(Z - Z_S) \end{cases}$$

则

$$a_{11} = \frac{\partial x}{\partial X_S} = \frac{\partial\left(-f\dfrac{\overline{X}}{\overline{Z}}\right)}{\partial X_S} = -\frac{f}{\overline{Z}^2}\left(\frac{\partial \overline{X}}{\partial X_S}\overline{Z} - \frac{\partial \overline{Z}}{\partial X_S}\overline{X}\right)$$

$$= \frac{1}{\overline{Z}}[a_1 f + a_3 x]$$

同理可得

$$\left.\begin{aligned}a_{11}&=\frac{\partial x}{\partial X_S}=\frac{1}{\overline{Z}}[\,a_1f+a_3x\,]\\a_{12}&=\frac{\partial x}{\partial Y_S}=\frac{1}{\overline{Z}}[\,b_1f+b_3x\,]\\a_{13}&=\frac{\partial x}{\partial Z_S}=\frac{1}{\overline{Z}}[\,c_1f+c_3x\,]\\a_{21}&=\frac{\partial y}{\partial X_S}=\frac{1}{\overline{Z}}[\,a_2f+a_3y\,]\\a_{22}&=\frac{\partial y}{\partial Y_S}=\frac{1}{\overline{Z}}[\,b_2f+b_3y\,]\\a_{23}&=\frac{\partial y}{\partial Z_S}=\frac{1}{\overline{Z}}[\,c_2f+c_3y\,]\end{aligned}\right\} \quad (5-3)$$

另有

$$\left.\begin{aligned}a_{14}&=\frac{\partial x}{\partial \varphi}=-\frac{f}{\overline{Z}^2}\left(\frac{\partial \overline{X}}{\partial \varphi}\overline{Z}-\frac{\partial \overline{Z}}{\partial \varphi}\overline{X}\right)\\a_{15}&=\frac{\partial x}{\partial \omega}=-\frac{f}{\overline{Z}^2}\left(\frac{\partial \overline{X}}{\partial \omega}\overline{Z}-\frac{\partial \overline{Z}}{\partial \omega}\overline{X}\right)\\a_{16}&=\frac{\partial x}{\partial \kappa}=-\frac{f}{\overline{Z}^2}\left(\frac{\partial \overline{X}}{\partial \kappa}\overline{Z}-\frac{\partial \overline{Z}}{\partial \kappa}\overline{X}\right)\\a_{24}&=\frac{\partial y}{\partial \varphi}=-\frac{f}{\overline{Z}^2}\left(\frac{\partial \overline{Y}}{\partial \varphi}\overline{Z}-\frac{\partial \overline{Z}}{\partial \varphi}\overline{Y}\right)\\a_{25}&=\frac{\partial y}{\partial \omega}=-\frac{f}{\overline{Z}^2}\left(\frac{\partial \overline{Y}}{\partial \omega}\overline{Z}-\frac{\partial \overline{Z}}{\partial \omega}\overline{Y}\right)\\a_{26}&=\frac{\partial y}{\partial \kappa}=-\frac{f}{\overline{Z}^2}\left(\frac{\partial \overline{Y}}{\partial \kappa}\overline{Z}-\frac{\partial \overline{Z}}{\partial \kappa}\overline{Y}\right)\end{aligned}\right\} \quad (5-4a)$$

由于

$$\begin{aligned}\begin{bmatrix}\overline{X}\\\overline{Y}\\\overline{Z}\end{bmatrix}&=\begin{bmatrix}a_1&b_1&c_1\\a_2&b_2&c_2\\a_3&b_3&c_3\end{bmatrix}\begin{bmatrix}X-X_S\\Y-Y_S\\Z-Z_S\end{bmatrix}=\boldsymbol{R}^{\mathrm{T}}\begin{bmatrix}X-X_S\\Y-Y_S\\Z-Z_S\end{bmatrix}=\boldsymbol{R}_\kappa^{\mathrm{T}}\boldsymbol{R}_\omega^{\mathrm{T}}\boldsymbol{R}_\varphi^{\mathrm{T}}\begin{bmatrix}X-X_S\\Y-Y_S\\Z-Z_S\end{bmatrix}\\&=\boldsymbol{R}_\kappa^{-1}\boldsymbol{R}_\omega^{-1}\boldsymbol{R}_\varphi^{-1}\begin{bmatrix}X-X_S\\Y-Y_S\\Z-Z_S\end{bmatrix}\end{aligned}$$

所以

$$\frac{\partial \begin{bmatrix} \overline{X} \\ \overline{Y} \\ \overline{Z} \end{bmatrix}}{\partial \varphi} = \boldsymbol{R}_\kappa^{-1} \boldsymbol{R}_\omega^{-1} \frac{\partial \boldsymbol{R}_\varphi^{-1}}{\partial \varphi} \begin{bmatrix} X - X_S \\ Y - Y_S \\ Z - Z_S \end{bmatrix} = \boldsymbol{R}_\kappa^{-1} \boldsymbol{R}_\omega^{-1} \boldsymbol{R}_\varphi^{-1} \boldsymbol{R}_\varphi \frac{\partial \boldsymbol{R}_\varphi^{-1}}{\partial \varphi} \begin{bmatrix} X - X_S \\ Y - Y_S \\ Z - Z_S \end{bmatrix} = \boldsymbol{R}^{-1} \boldsymbol{R}_\varphi \frac{\partial \boldsymbol{R}_\varphi^{-1}}{\partial \varphi} \begin{bmatrix} X - X_S \\ Y - Y_S \\ Z - Z_S \end{bmatrix}$$

又因

$$\boldsymbol{R}_\varphi^{-1} = \boldsymbol{R}_\varphi^{\mathrm{T}} = \begin{bmatrix} \cos\varphi & 0 & \sin\varphi \\ 0 & 1 & 0 \\ -\sin\varphi & 0 & \cos\varphi \end{bmatrix}$$

则

$$\boldsymbol{R}_\varphi \frac{\partial \boldsymbol{R}_\varphi^{-1}}{\partial \varphi} = \begin{bmatrix} \cos\varphi & 0 & -\sin\varphi \\ 0 & 1 & 0 \\ \sin\varphi & 0 & \cos\varphi \end{bmatrix} \begin{bmatrix} -\sin\varphi & 0 & \cos\varphi \\ 0 & 0 & 0 \\ -\cos\varphi & 0 & -\sin\varphi \end{bmatrix} = \begin{bmatrix} 0 & 0 & 1 \\ 0 & 0 & 0 \\ -1 & 0 & 0 \end{bmatrix}$$

代入上式，得

$$\frac{\partial \begin{bmatrix} \overline{X} \\ \overline{Y} \\ \overline{Z} \end{bmatrix}}{\partial \varphi} = \boldsymbol{R}^{-1} \begin{bmatrix} 0 & 0 & 1 \\ 0 & 0 & 0 \\ -1 & 0 & 0 \end{bmatrix} \begin{bmatrix} X - X_S \\ Y - Y_S \\ Z - Z_S \end{bmatrix}$$

$$= \begin{bmatrix} a_1 & b_1 & c_1 \\ a_2 & b_2 & c_2 \\ a_3 & b_3 & c_3 \end{bmatrix} \begin{bmatrix} 0 & 0 & 1 \\ 0 & 0 & 0 \\ -1 & 0 & 0 \end{bmatrix} \begin{bmatrix} a_1 & a_2 & a_3 \\ b_1 & b_2 & b_3 \\ c_1 & c_2 & c_3 \end{bmatrix} \begin{bmatrix} \overline{X} \\ \overline{Y} \\ \overline{Z} \end{bmatrix}$$

$$= \begin{bmatrix} 0 & -b_3 & b_2 \\ b_3 & 0 & -b_1 \\ -b_2 & b_1 & 0 \end{bmatrix} \begin{bmatrix} \overline{X} \\ \overline{Y} \\ \overline{Z} \end{bmatrix} = \begin{bmatrix} b_2 \overline{Z} - b_3 \overline{Y} \\ b_3 \overline{X} - b_1 \overline{Z} \\ b_1 \overline{Y} - b_2 \overline{X} \end{bmatrix}$$

同理可得

$$\frac{\partial \begin{bmatrix} \overline{X} \\ \overline{Y} \\ \overline{Z} \end{bmatrix}}{\partial \omega} = \boldsymbol{R}_\kappa^{-1} \frac{\partial \boldsymbol{R}_\omega^{-1}}{\partial \omega} \boldsymbol{R}_\varphi^{-1} \begin{bmatrix} X - X_S \\ Y - Y_S \\ Z - Z_S \end{bmatrix} = \boldsymbol{R}_\kappa^{-1} \frac{\partial \boldsymbol{R}_\omega^{-1}}{\partial \omega} R_\omega R_\kappa R_\kappa^{-1} \boldsymbol{R}_\omega^{-1} \boldsymbol{R}_\varphi^{-1} \begin{bmatrix} X - X_S \\ Y - Y_S \\ Z - Z_S \end{bmatrix}$$

$$= \boldsymbol{R}_\kappa^{-1} \begin{bmatrix} 0 & 0 & 0 \\ 0 & 0 & 1 \\ 0 & -1 & 0 \end{bmatrix} \boldsymbol{R}_\kappa \boldsymbol{R}^{-1} \begin{bmatrix} X - X_S \\ Y - Y_S \\ Z - Z_S \end{bmatrix}$$

$$= \begin{bmatrix} \overline{Z}\sin\kappa \\ \overline{Z}\cos\kappa \\ -\overline{X}\sin\kappa - Y\cos\kappa \end{bmatrix}$$

$$\frac{\partial \begin{bmatrix} \overline{X} \\ \overline{Y} \\ \overline{Z} \end{bmatrix}}{\partial \kappa} = \frac{\partial R_\kappa^{-1}}{\partial \kappa} \cdot \boldsymbol{R}_\omega^{-1} \boldsymbol{R}_\varphi^{-1} \begin{bmatrix} X - X_S \\ Y - Y_S \\ Z - Z_S \end{bmatrix} = \frac{\partial \boldsymbol{R}_\kappa^{-1}}{\partial \kappa} R_\kappa R_\kappa^{-1} \boldsymbol{R}_\omega^{-1} \boldsymbol{R}_\varphi^{-1} \begin{bmatrix} X - X_S \\ Y - Y_S \\ Z - Z_S \end{bmatrix}$$

$$= \begin{bmatrix} 0 & 1 & 0 \\ -1 & 0 & 0 \\ 0 & 0 & 0 \end{bmatrix} \boldsymbol{R}^{-1} \begin{bmatrix} X - X_S \\ Y - Y_S \\ Z - Z_S \end{bmatrix}$$

$$= \begin{bmatrix} \overline{Y} \\ -\overline{X} \\ 0 \end{bmatrix}$$

将上述偏导数代入式（5-4a），经整理可得

$$\left.\begin{aligned} a_{14} &= \frac{\partial x}{\partial \varphi} = y\sin\omega - \left\{\frac{x}{y}[x\cos\kappa - y\sin\kappa] + f\cos\kappa\right\}\cos\omega \\ a_{15} &= \frac{\partial x}{\partial \omega} = -f\sin\kappa - \frac{x}{y}[x\sin\kappa + y\cos\kappa] \\ a_{16} &= \frac{\partial x}{\partial \kappa} = y \\ a_{24} &= \frac{\partial y}{\partial \varphi} = -x\sin\omega - \left\{\frac{y}{f}[x\cos\kappa - y\sin\kappa] - f\sin\kappa\right\}\cos\omega \\ a_{25} &= \frac{\partial y}{\partial \omega} = -f\cos\kappa - \frac{y}{f}[x\sin\kappa + y\cos\kappa] \\ a_{16} &= \frac{\partial y}{\partial \kappa} = -x \end{aligned}\right\} \quad (5\text{-}4\text{b})$$

（二）空间后方交会计算中的误差方程和法方程

将式（5-3）、式（5-4b）代入式（5-2），并加入像点坐标（x，y）的改正数（v_x，v_y），即可得到利用共线条件方程求解像片外方位元素的误差方程式：

$$\left.\begin{array}{l}v_x = a_{11}\Delta X_S + a_{12}\Delta Y_S + a_{13}\Delta Z_S + a_{14}\Delta\varphi + a_{15}\Delta\omega + a_{16}\Delta\kappa + (x) - x \\ v_y = a_{21}\Delta X_S + a_{22}\Delta Y_S + a_{23}\Delta Z_S + a_{24}\Delta\varphi + a_{25}\Delta\omega + a_{26}\Delta\kappa + (y) - y\end{array}\right\} \quad (5-5)$$

当顾及内方位元素时，利用共线条件方程式，可得解求像片内外方位元素的误差方程式为

$$\left.\begin{array}{l}v_x = a_{11}\Delta X_S + a_{12}\Delta Y_S + a_{13}\Delta Z_S + a_{14}\Delta\varphi + a_{15}\Delta\omega + a_{16}\Delta\kappa + a_{17}\Delta f + a_{18}\Delta x_0 + a_{19}\Delta y_0 + (x) - x' \\ v_y = a_{21}\Delta X_S + a_{22}\Delta Y_S + a_{23}\Delta Z_S + a_{24}\Delta\varphi + a_{25}\Delta\omega + a_{26}\Delta\kappa + a_{27}\Delta f + a_{28}\Delta x_0 + a_{29}\Delta y_0 + (y) - y'\end{array}\right\} \quad (5-6)$$

其中，

$$\left.\begin{array}{l}a_{17} = \dfrac{\partial x}{\partial f} = \dfrac{x' - x_0}{f}, \ a_{27} = \dfrac{\partial y}{\partial f} = \dfrac{y' - y_0}{f} \\ \\ a_{18} = \dfrac{\partial x}{\partial x_0} = 1, \ a_{28} = \dfrac{\partial y}{\partial x_0} = 0 \\ \\ a_{19} = \dfrac{\partial x}{\partial y_0} = 0, \ a_{29} = \dfrac{\partial y}{\partial y_0} = 1\end{array}\right\} \quad (5-7)$$

利用线性化误差方程式（5-5）及其相应的系数计算公式，求解像片的6个外方位元素，至少需列出6个误差方程。由于每一对像方和物方共轭点可列出2个方程，因此，至少需要单张像片上三个平高控制点，利用控制点的像方坐标及其对应物方坐标，根据式（5-5）列出方程，求解该像片的6个方位元素。

实际应用时，为了提高解算精度，需有多余观测。通常在像片重叠范围内的四个角上布设4个或更多的地面控制点，进行最小二乘法平差解算。

若有 n 个控制点，可按式（5-5）列出 $2n$ 个误差方程，用矩阵形式表示为

$$\underset{2n\times1}{V} = \underset{2n\times6}{B}\ \underset{6\times1}{X} - \underset{2n\times1}{I} \quad (5-8)$$

式中，

$$V = \begin{bmatrix} V_{1x} & V_{1y} & \cdots & V_{nx} & V_{ny} \end{bmatrix}^T$$
$$B = \begin{bmatrix} A_1 & A_2 & \cdots & A_n \end{bmatrix}^T$$
$$X = \begin{bmatrix} \Delta X_S & \Delta Y_S & \Delta Z_S & \Delta\varphi & \Delta\omega & \Delta\kappa \end{bmatrix}^T$$
$$I = \begin{bmatrix} L_{1x} & L_{2y} & \cdots & L_{nx} & L_{ny} \end{bmatrix}^T$$

其中，

$$A_i = \begin{bmatrix} a_{11} & a_{12} & a_{13} & a_{14} & a_{15} & a_{16} \\ a_{21} & a_{22} & a_{23} & a_{24} & a_{25} & a_{26} \end{bmatrix}_i \quad (i = 1, 2, \cdots, n)$$

$$\begin{cases} L_{ix} = x_i - (x)_i \\ L_{iy} = y_i - (y)_i \end{cases}$$

根据间接平差法，可得法方程式：

$$B^T P B X - B^T P l = O$$

式中，P 为观测值的权阵。对所有像点坐标的观测值，一般认为是等精度量测，所以

P 为单位阵,由此得到法方程式解的表达式为

$$X = (B^{\mathrm{T}}B)^{-1}(B^{\mathrm{T}}l) \tag{5-9}$$

从而可求出外方位元素的改正数 ΔX_S、ΔY_S、ΔZ_S、$\Delta \varphi$、$\Delta \omega$、$\Delta \kappa$。

由于式(5-5)中的各系数取自泰勒级数展开式的一次项,而且未知数的初始值往往是比较粗略的;因此,计算需要迭代进行,即用未知数近似值与上次迭代计算的改正数之和作为新的近似值,再重复计算过程,求出新的改正数。这样反复趋近,直到改正数小于某一限值为止,最后得到6个外方位元素的平差值:

$$\left.\begin{array}{l} X_S = X_S^0 + \Delta X_S^{(1)} + \Delta X_S^{(2)} + \cdots \\ Y_S = Y_S^0 + \Delta Y_S^{(1)} + \Delta Y_S^{(2)} + \cdots \\ Z_S = Z_S^0 + \Delta Z_S^{(1)} + \Delta Z_S^{(2)} + \cdots \\ \varphi = \varphi^0 + \Delta \varphi^{(1)} + \Delta \varphi^{(2)} + \cdots \\ \omega = \omega^0 + \Delta \omega^{(1)} + \Delta \omega^{(2)} + \cdots \\ \kappa = \kappa^0 + \Delta \kappa^{(1)} + \Delta \kappa^{(2)} + \cdots \end{array}\right\} \tag{5-10}$$

(三) 空间后方交会的计算过程

空间后方交会的具体解算过程如下:

(1) 获取已知数据。从摄影资料中查取像片比例尺 $1/m$、平均航高 H、内方位元素 (x_0, y_0, f);从外业测量成果中获取控制点的地面摄测坐标 (X_{tp}, Y_{tp}, Z_{tp})。

(2) 量测控制点的像点坐标 (x', y'),进行内定向和必要的系统误差改正,得到像点坐标 (x, y)。

(3) 确定未知数的初始值。在竖直航空摄影且地面控制点大体均匀对称分布的情况下,可按如下方法确定初始值:

$$Z_S^0 = H = m \cdot f$$

$$X_S^0 = \frac{1}{n} \sum_{i=1}^{n} X_{\mathrm{tpi}}$$

$$Y_S^0 = \frac{1}{n} \sum_{i=1}^{n} Y_{\mathrm{tpi}}$$

$$\varphi^0 = \omega^0 = \kappa^0 = 0$$

式中　m——摄影比例尺分母;
　　　n——控制点个数。

(4) 计算旋转矩阵 $\boldsymbol{R}$。利用角元素的初始值计算方向余弦值,组成 $\boldsymbol{R}$ 阵。

(5) 逐点计算像点坐标的近似值。利用步骤(3)中未知数的初始值按共线方程式(5-1)计算控制点的像点坐标近似值 (x)、(y)。

(6) 按式(5-8)组建误差方程。

(7) 计算法方程式的系数阵 $\boldsymbol{B}^{\mathrm{T}}\boldsymbol{B}$ 和常数阵 $\boldsymbol{B}^{\mathrm{T}}\boldsymbol{l}$。

(8) 根据法方程式 (5-9) 求解 6 个外方位元素改正数。

(9) 检查计算是否收敛。将求得的外方位元素角元素的改正数与规定的限差（如 0.1′）比较，当 3 个角元素的改正数值均小于 0.1′时，终止迭代；否则用第（8）步解求的外方位元素的改正数与其初始值相加，得到外方位元素的新的近似值，重复步骤（4）~（8）计算，直到满足要求为止。

(10) 根据式 (5-10) 求解外方位元素的平差值。

（四）空间后方交会的精度

利用法方程式中未知数的系数阵的逆阵 $Q_{ii} = (\boldsymbol{B}^{\mathrm{T}}\boldsymbol{B})^{-1}$ 按下式解算外方位元素的中误差：

$$m_i = m_0 \sqrt{Q_{ii}} \tag{5-11}$$

其中，单位权中误差的计算公式为

$$m_0 = \pm \sqrt{\frac{\sum v_i^2}{2n-6}} \tag{5-12}$$

空间后方交会使用的控制点应当避免位于一个圆柱面上；否则，会出现解不唯一的情况。

三、多像空间前方交会

根据单像空间后方交会可求得该张像片的外方位元素。然而根据像片的方位元素以及像片上的单个像点只能确定地面点所在的空间方向，不能确定地面点的空间坐标。地面点空间坐标的确定必须借助立体像对。

如图 5-2 所示，在空中 S_1 和 S_2 两个摄站点对地面进行摄影，获取一个立体像对，地面上一点 A 在该像对的左右像片上的构象为 a_1 和 a_2。现在已知两张像片的内、外方位元

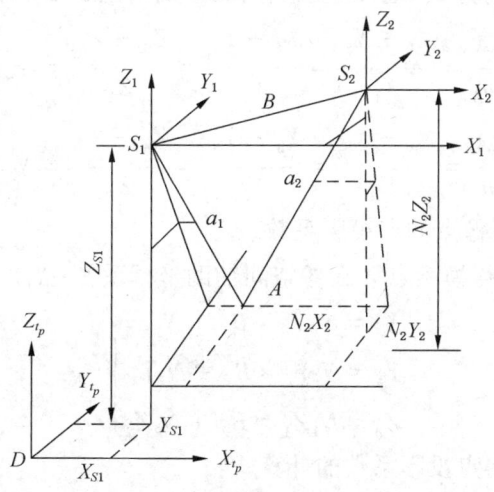

图 5-2 立体像对的前方交会

素，若将该像片按内外方位元素置于摄影时的位置，那么同名光线 S_1a_1 与 S_2a_2 必然交会于地面点 A。这种由立体像对中每张像片的内外方位元素和同名点对的像点坐标来确定相应地面点的地面坐标的方法，称为多像空间前方交会。

（一）利用点投影系数的空间前方交会方法

如图 5-2 所示，设像空间辅助坐标系 S_i-$X_iY_iZ_i$（$i=1$，2）与地面摄测坐标系 D-$X_{tp}Y_{tp}Z_{tp}$ 的坐标轴彼此平行。

设像点 a_1 的像空间直角坐标系坐标为 $(x_1, y_1, -f)$，像点 a_2 的像空间直角坐标系坐标为 $(x_2, y_2, -f)$。可得像点 a_1、a_2 分别在像空间辅助坐标系 S_1-XYZ 和 S_2-XYZ 中的坐标为

$$\begin{bmatrix} X_1 \\ Y_1 \\ Z_1 \end{bmatrix} = R_1 \begin{bmatrix} x_1 \\ y_1 \\ -f \end{bmatrix} \quad \begin{bmatrix} X_2 \\ Y_2 \\ Z_2 \end{bmatrix} = R_2 \begin{bmatrix} x_2 \\ y_2 \\ -f \end{bmatrix} \tag{5-13}$$

式中，R_1、R_2 是根据左右像片已知的外方位元素的角元素，计算的左、右像片的旋转矩阵。

设地面点 A 在地面摄测坐标系 D-$X_{tp}Y_{tp}Z_{tp}$ 中的坐标为 (X_A, Y_A, Z_A)，根据后方交会可获得左右摄站 S_1、S_2 在地面摄测坐标系 D-$X_{tp}Y_{tp}Z_{tp}$ 中的坐标分别为 $(X_{S_1}, Y_{S_1}, Z_{S_1})$，$(X_{S_2}, Y_{S_2}, Z_{S_2})$，它们和摄影基线 B 的三个坐标分量 B_X、B_Y、B_Z 有如下关系：

$$\left. \begin{aligned} B_X &= X_{S_2} - X_{S_1} \\ B_Y &= Y_{S_2} - Y_{S_1} \\ B_Z &= Z_{S_2} - Z_{S_1} \end{aligned} \right\} \tag{5-14}$$

因坐标系选择时，左片、右片的像空间辅助坐标系及地面摄测坐标系的坐标轴相互平行，且摄影时，摄站点、像点、地面点三点共线，则由图 5-2 和相似三角形的关系可得

$$\left. \begin{aligned} \frac{S_1A}{S_1a_1} &= \frac{X_A - X_{S_1}}{X_1} = \frac{Y_A - Y_{S_1}}{Y_1} = \frac{Z_A - Z_{S_1}}{Z_1} = N_1 \\ \frac{S_2A}{S_2a_2} &= \frac{X_A - X_{S_2}}{X_2} = \frac{Y_A - Y_{S_2}}{Y_2} = \frac{Z_A - Z_{S_2}}{Z_2} = N_2 \end{aligned} \right\} \tag{5-15}$$

式中 N_1、N_2——左、右像点的点投影系数。

根据式（5-15），可得模型点 A 在像空间辅助坐标系 S_1-$X_1Y_1Z_1$ 中的坐标为

$$\left. \begin{aligned} X_A &= N_1X_1 = B_X + N_2X_2 \\ Y_A &= N_1Y_1 = B_Y + N_2Y_2 \\ Z_A &= N_1Z_1 = B_Z + N_2Z_2 \end{aligned} \right\} \tag{5-16}$$

由式（5-16）可求得点投影系数的计算式：

$$\left.\begin{array}{l}N_1 = \dfrac{B_X Z_2 - B_Z X_2}{X_1 Z_2 - X_2 Z_1} \\ N_2 = \dfrac{B_X Z_1 - B_Z X_1}{X_1 Z_2 - X_2 Z_1}\end{array}\right\} \quad (5\text{-}17)$$

根据式（5-16）和式（5-17）可计算出地面点 A 在地面摄测坐标系中的坐标：

$$\left.\begin{array}{l}X_A = X_{S_1} + N_1 X_1 = X_{S_2} + N_2 X_2 \\ Y_A = Y_{S_1} + N_1 Y_1 = Y_{S_2} + N_2 Y_2 = \dfrac{1}{2}\left[(Y_{S_1} + N_1 Y_1) + (Y_{S_2} + N_2 Y_2)\right] \\ Z_A = Z_{S_1} + N_1 Z_1 = Z_{S_2} + N_2 Z_2\end{array}\right\} \quad (5\text{-}18)$$

式（5-17）和式（5-18）即立体像对点投影系数法空间前方交会的基本公式。其中，Y 坐标取平均值是考虑到残余上下视差的影响，这样可减小其影响。

（二）利用共线条件方程的前方交会严密解法

共线条件方程式建立了摄影中心、像点与对应物点之间的空间构像关系。根据共线方程，利用立体像对中一对同名点的像点坐标，列出下列前方交会误差方程式：

$$\left.\begin{array}{l}v_{x_1} = a_{11}\Delta X + a_{12}\Delta Y + a_{13}\Delta Z + x_1^0 - x_1 \\ v_{y_1} = a_{21}\Delta X + a_{22}\Delta Y + a_{23}\Delta Z + y_1^0 - y_1 \\ v_{x_2} = a_{11}\Delta X + a_{12}\Delta Y + a_{13}\Delta Z + x_2^0 - x_2 \\ v_{y_2} = a_{21}\Delta X + a_{22}\Delta Y + a_{23}\Delta Z + y_2^0 - y_2\end{array}\right\} \quad (5\text{-}19)$$

进行间接平差，可求得地面点的物方坐标。这是一种严密的、不受像片数约束的空间前方交会方法。

四、双像解析的空间后方交会-前方交会方法

当通过摄影，获得目标物的一个立体像对时，可选择采用双像解析计算的空间后方交会-前方交会方法计算地面点的空间坐标。其步骤如下：

1. 野外像片控制测量

一个立体像对如图 5-3 所示，在重叠部分的四个角上，找出四个明显地物点，作为四个控制点。在野外判读出四个明显地物点的地面位置，做出地面标志，并在像片上准确刺出点位，背面加注说明；然后在野外用普通控制测量的方法测量出四个控制点的地面测量坐标并转化为地面摄测坐标（X_{tp}, Y_{tp}, Z_{tp}）。

2. 量测像点坐标

利用立体坐标量测仪、摄影测量工作站或图像处理软件，测出四个控制点以及所有待求点在左右像片上的像点坐标，并作内定向。

3. 空间后方交会计算像片的方位元素

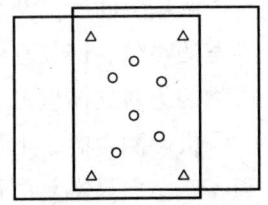

△—控制点；○—待定点

图 5-3 立体像对

► 摄 影 测 量 学

根据空间后方交会的计算过程，对两张像片各自进行空间后方交会，计算出左右像片各自的6个外方位元素 X_{S_1}、Y_{S_1}、Z_{S_1}、φ_1、ω_1、κ_1 和 X_{S_2}、Y_{S_2}、Z_{S_2}、φ_2、ω_2、κ_2。

4. 空间前方交会计算未知点的地面坐标

（1）利用后方交会解算的左右像片的外方位元素角元素，分别建立旋转矩阵 R_1 和 R_2。

（2）根据左右像片的外方位元素线元素，按式（5-14）计算摄影基线的分量 B_X、B_Y、B_Z。

（3）按式（5-13）逐点计算像点的像空间辅助坐标，按式（5-17）计算左右像点的点投影系数，按式（5-18）计算待定点的地面摄测坐标，直至完成所有点地面坐标的计算。

任务二　解析相对定向-绝对定向

【任务目标】

（1）掌握解析相对定向的原理及方法。
（2）掌握解析绝对定向的原理及方法。
（3）理解解析相对定向和绝对定向的过程。

【任务描述】

解析相对定向和绝对定向方法不直接求出两张像片相对于地面摄影测量坐标系和外方位元素，而是先进行相对定向，确定两张像片相对于以左摄站为原点的像空间辅助坐标系的方位元素——相对定向元素，然后用前方交会方法计算出模型点坐标，建立与地面相似的立体模型。最后进行绝对定向，将立体模型作三维的平移、旋转和缩放，使模型点坐标变换为地面摄影测量坐标。

【任务知识】

一、解析法相对定向

利用空间后方交会求解的像片外方位元素，是描述像片在摄影瞬间的空间绝对位置和姿态的参数。恢复立体像对中两张像片的外方位元素即能恢复其绝对位置和姿态，重建被摄物的绝对立体模型。

摄影测量中，上述过程还可以通过另一条途径来完成。首先暂不考虑像片的绝对位置和姿态，而只恢复两张像片之间的相对位置和姿态，这样建立的立体模型称为相对立体模型，其比例尺和方位均是任意的；然后在此基础上，将建立的相对立体模型进行平移、旋转、缩放，达到需要的绝对位置，从而建立与被摄物相似的绝对立体模型。这种方法称为相对定向-绝对定向法。

描述立体像对中相邻两张像片的相对位置和姿态的参数称为相对定向元素。

利用立体像对摄影时存在同名光线对应相交的几何关系，通过量测的像点坐标，以解析解算的方法（此时不需要野外控制点），解求两像片的相对定向元素的过程，称为解析法相对定向。相对定向的目的是建立一个与被摄物相似的相对立体模型，以确定模型点的三维坐标。

（一）立体像对的共面条件方程

从两个不同摄站摄取同一地面的一个立体像对，当保持两摄站的相对位置不变（即恢复两张像片的相对方位后），同名光线一定对对相交于同一地面点，如图5-4所示。图中，a_1，a_2表示模型点A在左右两幅影像上的构像，S_1a_1和S_2a_2表示一对同名光线，其矢量用$\overline{s_1a_1}$、$\overline{s_2a_2}$表示，摄影基线矢量用B表示。

当同名光线对对相交时，同名光线S_1a_1、S_2a_2和摄影基线B三线共面，即三个矢量共面。根据矢量代数——三矢量共面，它们的混合积为零，有

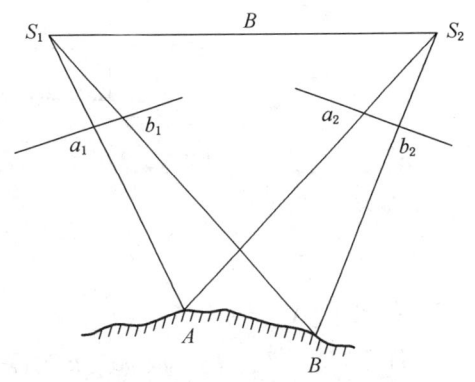

图5-4 同名光线对对相交

$$\overline{B} \cdot (\overline{S_1a_1} \times \overline{S_2a_2}) = 0 \quad (5\text{-}20)$$

改用坐标的形式表示，即为一个三阶行列式等于零：

$$F = \begin{vmatrix} B_X & B_Y & B_Z \\ X_1 & Y_1 & Z_1 \\ X_2 & Y_2 & Z_2 \end{vmatrix} = 0 \quad (5\text{-}21)$$

式中，(X_1, Y_1, Z_1)为左像点在以左摄影中心S_1为原点的像空间辅助坐标系S_1-XYZ中的坐标；(X_2, Y_2, Z_2)为右像点在以右摄影中心S_2为原点的像空间辅助坐标系S_2-XYZ中的坐标。S_1-XYZ与S_2-XYZ原点不同，坐标轴彼此平行。B_X、B_Y、B_Z分别为摄影基线B在像空间辅助坐标系X、Y、Z三个方向上的分量。

式（5-21）即为立体像对的共面条件方程，其值为零的条件是完成相对定向的标准。所以，相对定向的实质是恢复同名光线对对相交，建立相对立体模型。

当像空间辅助坐标系的选择不同时，相对定向可分为连续像对相对定向和单独像对相对定向。

（二）连续像对相对定向

连续像对相对定向是在相对定向过程中，以左像片为基准，求出右像片相对于左像片的相对定向元素。

如图5-5所示，选择左片的像空间直角坐标系为本像对的像空间辅助坐标系S_1-$X_1Y_1Z_1$，此时，左、右像片在S_1-$X_1Y_1Z_1$中的12个外方位元素如下：

左像片：$X_{S_1}=0$，$Y_{S_1}=0$，$Z_{S_1}=0$，$\varphi_1=0$，$\omega_1=0$，$\kappa_1=0$；

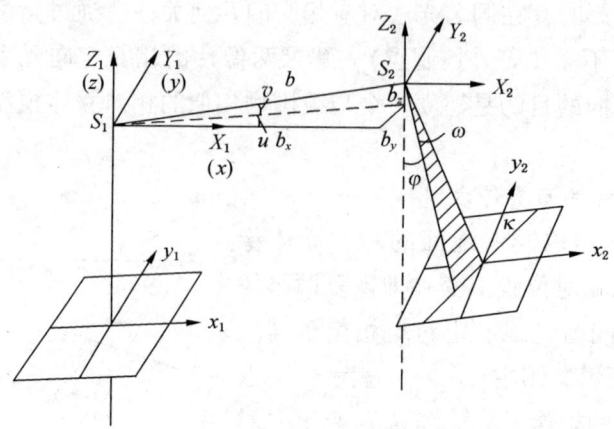

图 5-5 连续像对相对定向元素

右像片：$X_{S_2}=b_x$，$Y_{S_2}=b_y$，$Z_{S_2}=b_z$，$\varphi_2=\varphi$，$\omega_2=\omega$，$\kappa_2=\kappa$。

那么，b_x、b_y、b_z、φ、ω、κ 为两张像片的外方位元素的相对差。其中，由于 b_x 只影响相对定向后建立的立体模型的大小，即只影响模型比例尺的大小，不影响相对方位和立体模型的建立，在相对定向中常设定为已知值。这样，相对定向需要求解的相对定向元素只有5个即 b_y、b_z、φ、ω、κ，称为连续像对相对定向元素。解算连续像对相对定向元素的方法称为连续像对相对定向法。其实质为：在连续相对定向过程中，像片对中左片的方位始终保持不变，而右片相对于左片做5个相对定向元素的运动。

为了与角元素的单位统一，常将 b_y、b_z 用角度表示，根据图 5-5，有

$$\left.\begin{array}{l}b_y=b_x\tan\mu\approx b_x\mu\\b_z=\dfrac{b_x}{\cos\mu}\tan v\approx b_x v\end{array}\right\} \tag{5-22}$$

则5个连续像对相对定向元素为 u、v、φ、ω、κ，可借助共面条件方程式（5-21）进行解求。

将式（5-22）代入式（5-21）可得

$$F=b_x\begin{vmatrix}1 & \mu & v\\ X_1 & Y_1 & Z_1\\ X_2 & Y_2 & Z_2\end{vmatrix}=0 \tag{5-23}$$

其中

$$\begin{bmatrix}X_1\\Y_1\\Z_1\end{bmatrix}=R_1\begin{bmatrix}x_1\\y_1\\-f\end{bmatrix}\quad \begin{bmatrix}X_2\\Y_2\\Z_2\end{bmatrix}=R_2\begin{bmatrix}x_2\\y_2\\-f\end{bmatrix}$$

$R_1=I$（单位阵），R_2 为右片角元素。

将式（5-23）线性化，可得

项目五 双像解析摄影测量

$$F = F_0 + \frac{\partial F}{\partial \mu}d\mu + \frac{\partial F}{\partial v}dv + \frac{\partial F}{\partial \varphi}d\varphi + \frac{\partial F}{\partial \omega}d\omega + \frac{\partial F}{\partial \kappa}d\kappa = 0 \qquad (5-24)$$

式中，F_0 用相对定向元素的近似值按式（5-23）求得，$d\mu$、dv、$d\varphi$、$d\omega$、$d\kappa$ 为相对定向元素的改正数，为未知量。

对竖直摄影而言，5 个相对定向元素的角值均较小，为了方便推导式（5-24）中的各项偏导数，坐标变换关系式中的旋转矩阵 R 用小值一次项表示有

$$\begin{bmatrix} X_2 \\ Y_2 \\ Z_2 \end{bmatrix} = R_2 \begin{bmatrix} x_2 \\ y_2 \\ -f \end{bmatrix} = \begin{bmatrix} 1 & -\kappa & -\varphi \\ \kappa & 1 & -\omega \\ \varphi & \omega & 1 \end{bmatrix} \begin{bmatrix} x_2 \\ y_2 \\ -f \end{bmatrix}$$

上式分别对 φ、ω、κ 求偏导数，可得

$$\frac{\partial}{\partial \varphi}\begin{bmatrix} X_2 \\ Y_2 \\ Z_2 \end{bmatrix} = \begin{bmatrix} 0 & 0 & -1 \\ 0 & 0 & 0 \\ 1 & 0 & 0 \end{bmatrix}\begin{bmatrix} x_2 \\ y_2 \\ -f \end{bmatrix} = \begin{bmatrix} f \\ 0 \\ x_2 \end{bmatrix}$$

$$\frac{\partial}{\partial \omega}\begin{bmatrix} X_2 \\ Y_2 \\ Z_2 \end{bmatrix} = \begin{bmatrix} 0 & 0 & 0 \\ 0 & 0 & -1 \\ 0 & 1 & 0 \end{bmatrix}\begin{bmatrix} x_2 \\ y_2 \\ -f \end{bmatrix} = \begin{bmatrix} 0 \\ f \\ y_2 \end{bmatrix}$$

$$\frac{\partial}{\partial \kappa}\begin{bmatrix} X_2 \\ Y_2 \\ Z_2 \end{bmatrix} = \begin{bmatrix} 0 & -1 & 0 \\ 1 & 0 & 0 \\ 0 & 0 & 0 \end{bmatrix}\begin{bmatrix} x_2 \\ y_2 \\ -f \end{bmatrix} = \begin{bmatrix} -y_2 \\ x_2 \\ 0 \end{bmatrix}$$

由上式可求得式（5-24）中的 5 个未知系数的偏导数为

$$\frac{\partial F}{\partial \varphi} = b_x \begin{vmatrix} 1 & \mu & v \\ X_1 & Y_1 & Z_1 \\ \frac{\partial X_2}{\partial \varphi} & \frac{\partial Y_2}{\partial \varphi} & \frac{\partial Z_2}{\partial \varphi} \end{vmatrix} = b_x \begin{vmatrix} 1 & \mu & v \\ X_1 & Y_1 & Z_1 \\ f & 0 & x_2 \end{vmatrix}$$

$$\frac{\partial F}{\partial \omega} = b_x \begin{vmatrix} 1 & \mu & v \\ X_1 & Y_1 & Z_1 \\ \frac{\partial X_2}{\partial \omega} & \frac{\partial Y_2}{\partial \omega} & \frac{\partial Z_2}{\partial \omega} \end{vmatrix} = b_x \begin{vmatrix} 1 & \mu & v \\ X_1 & Y_1 & Z_1 \\ 0 & f & y_2 \end{vmatrix}$$

$$\frac{\partial F}{\partial \kappa} = b_x \begin{vmatrix} 1 & \mu & v \\ X_1 & Y_1 & Z_1 \\ \frac{\partial X_2}{\partial \kappa} & \frac{\partial Y_2}{\partial \kappa} & \frac{\partial Z_2}{\partial \kappa} \end{vmatrix} = b_x \begin{vmatrix} 1 & \mu & v \\ X_1 & Y_1 & Z_1 \\ -y_2 & x_2 & 0 \end{vmatrix}$$

$$\frac{\partial F}{\partial \mu} = b_x \begin{vmatrix} Z_1 & X_1 \\ Z_2 & X_2 \end{vmatrix}$$

$$\frac{\partial F}{\partial v} = b_x \begin{vmatrix} X_1 & Y_1 \\ X_2 & Y_2 \end{vmatrix}$$

将上述 5 个偏导数代入式（5-24），展开后等式两边分别除以 b_x，并略去二次以上小项。整理可得

$$(X_2Z_1 - X_1Z_2)\mathrm{d}\mu + (X_1Y_2 - X_2Y_1)\mathrm{d}v + x_2Y_1\mathrm{d}\varphi + (Y_1y_2 + Z_1f)\mathrm{d}\omega - x_2Z_1\mathrm{d}\kappa + \frac{F_0}{b_x} = 0 \quad (5-25)$$

在仅考虑到小值一次项的情况下，上式中的 x_2、y_2 可用像空间辅助坐标值 X_2、Y_2 取代，并且近似地认为

$$\left. \begin{array}{l} Y_1 = Y_2 \\ Z_1 = Z_2 \\ Z_1X_2 - X_1Z_2 = -\dfrac{b_x}{N_2}Z_1 \\ X_1Y_2 - X_2Y_1 = \dfrac{b_x}{N_2}Y_1 \end{array} \right\} \quad (5-26)$$

式中　N_1、N_2——左右像点的点投影系数。

将式（5-26）代入式（5-25），并用 $-N_2/Z_1$ 乘以全式，且令 $Q = F_0 N_2 / b_x Z_1$ 层，得

$$Q = \frac{F_0 N_2}{b_x Z_1} = -\frac{X_2 Y_2}{Z_2} N_2 \mathrm{d}\varphi - \left(Z_2 + \frac{Y_2^2}{Z_2}\right) N_2 \mathrm{d}\omega + X_2 N_2 \mathrm{d}\kappa + b_x \mathrm{d}\mu - \frac{Y_2}{Z_2} b_x \mathrm{d}v \quad (5-27)$$

$$Q = \frac{\begin{vmatrix} b_x & b_y & b_z \\ X_1 & Y_1 & Z_1 \\ X_2 & Y_2 & Z_2 \end{vmatrix}}{X_1 Z_2 - Z_1 X_2} = \frac{b_x Z_2 - b_z X_2}{X_1 Z_2 - Z_1 X_2} Y_1 - \frac{b_x Z_2 - b_z X_1}{X_1 Z_2 - Z_1 X_2} Y_2 - b_y = N_1 Y_1 - N_2 Y_2 - b_y \quad (5-28)$$

式中　N_1——左像点 a_1 的点投影系数；

　　　N_2——右像点 a_2 的点投影系数。

由式（5-28）可以看出，Q 值的几何意义为连续相对定向时模型点在 Y 方向上的上下视差；若 $Q=0$，表示同名光线对对相交，相对定向完成；若 $Q \neq 0$ 时，表示模型存在上下视差，相对定向没有完成。

式（5-27）和式（5-28）便是解析法连续像对相对定向的解算公式。

在立体像对中，每量测一对同名点的像点坐标 (x_1, y_1)、(x_2, y_2)，就可以列出一个方程式。由于式（5-27）有 5 个未知数 $\mathrm{d}\mu$、$\mathrm{d}v$、$\mathrm{d}\varphi$、$\mathrm{d}\omega$、$\mathrm{d}\kappa$，所以，至少需要量测 5 对同名点的像点坐标，列 5 个方程，计算 5 个连续相对定向元素。当有多余观测时，将 Q 视为观测值，由式（5-27）建立连续像对相对定向的误差方程式为

$$V_Q = -\frac{X_2 Y_2}{Z_2} N_2 \mathrm{d}\varphi - \left(Z_2 + \frac{Y_2^2}{Z_2}\right) N_2 \mathrm{d}\omega + X_2 N_2 \mathrm{d}\kappa + b_x \mathrm{d}\mu - \frac{Y_2}{Z_2} b_x \mathrm{d}v - Q \quad (5-29)$$

当观测了 6 对以上同名点时，就可按最小二乘法求解。

设误差方程式（5-29）的系数用符号表示为

$$a = -\frac{X_2 Y_2}{Z_2} N_2 \quad b = -\left(Z_2 + \frac{Y_2^2}{Z_2}\right) N_2 \quad c = X_2 N_2 \quad d = b_x \quad e = -\frac{Y_2}{Z_2} b_x$$

则 n 对同名点的连续相对定向误差方程式的矩阵形式为

$$\underset{n,1}{V} = \underset{n,5}{A} \underset{5,1}{X} - \underset{n,1}{L} \quad \underset{n,n}{P} = \underset{n,n}{I} \tag{5-30}$$

其中

$$\underset{n,1}{V} = [V_1 \quad V_2 \cdots V_n]^T$$

$$\underset{n,5}{A} = \begin{bmatrix} a_1 & b_1 & c_1 & d_1 & e_1 \\ \vdots & \vdots & \vdots & \vdots & \vdots \\ a_n & b_n & c_n & d_n & e_n \end{bmatrix}$$

$$\underset{n,1}{L} = [Q_1 \quad Q_2 \cdots Q_n]^T$$

相应的法方程为

$$\underset{5,n}{A^T} \underset{n,5}{A} \underset{5,1}{X} = \underset{5,n}{A^T} \underset{n,1}{L} \tag{5-31}$$

法方程的解为

$$\underset{5,1}{X} = (A^T A)^{-1} (A^T L) \tag{5-32}$$

上述相对定向元素的求解过程是一个逐步趋近的迭代过程。实际中，通常认为当所有相对定向元素的改正数小于限值 0.3×10^{-4} 弧度时，迭代结束。最后求得的各相对定向元素的平差值如下：

$$\left.\begin{aligned} \varphi &= \varphi^0 + d\varphi_1 + d\varphi_2 + \cdots \\ \omega &= \omega^0 + d\omega_1 + d\omega_2 + \cdots \\ \kappa &= \kappa^0 + d\kappa_1 + d\kappa_2 + \cdots \\ \mu &= \mu^0 + d\mu_1 + d\mu_2 + \cdots \\ v &= v^0 + dv_1 + dv_2 + \cdots \end{aligned}\right\} \tag{5-33}$$

式中，φ^0、ω^0、κ^0、μ^0、v^0 为相对定向元素的近似值，根据式（5-22），计算出 b_y、b_z。

利用法方程式中未知数的系数阵的逆阵 $Q_{ii} = (A^T A)^{-1}$ 按下式解算得相对定向元素的中误差，完成相对定向的精度评定：

$$m_i = m_0 \sqrt{Q_{ii}} \tag{5-34}$$

其中，单位权中误差的计算公式

$$m_0 = \pm \sqrt{\frac{\sum V_i^2}{n-5}} \tag{5-35}$$

（三）连续像对相对定向的严密公式

在上面的讨论过程中，把 Q 视为观测值，而实际的观测值应该是左右影像上的像点坐标。在推导中使用了近似式（5-26），并略去了相对定向元素的二次以上的小项，所以式（5-29）只是连续相对定向的近似作业公式。

连续相对定向的严密处理应将 (x_1, y_1)、(x_2, y_2) 像点坐标观测值加入改正数，并且对未知数 φ、ω、κ 的系数进行严密求偏导，有

$$\frac{\partial F}{\partial \varphi} = \begin{vmatrix} b_x & b_y & b_z \\ X_1 & Y_1 & Z_1 \\ -Z_2 & 0 & X_2 \end{vmatrix}$$

$$\frac{\partial F}{\partial \omega} = \begin{vmatrix} b_x & b_y & b_z \\ X_1 & Y_1 & Z_1 \\ -Y_2\sin\varphi & X_2\sin\varphi - Z_2\cos\varphi & Y_2\cos\varphi \end{vmatrix}$$

$$\frac{\partial F}{\partial \kappa} = \begin{vmatrix} b_x & b_y & b_z \\ X_1 & Y_1 & Z_1 \\ -Y_2\cos\varphi\cos\omega - Z_2\sin\omega & X_2\cos\varphi\cos\omega + Z_2\sin\varphi\cos\omega & X_2\sin\omega - Y_2\sin\varphi\cos\omega \end{vmatrix}$$

从而得到连续像对相对定向的严密误差方程式为

$$\frac{\begin{vmatrix} b_x & b_y & b_z \\ a_1 & b_1 & c_1 \\ X_2 & Y_2 & Z_2 \end{vmatrix}}{\begin{vmatrix} X_1 & Z_1 \\ X_2 & Z_2 \end{vmatrix}} v_{x_1} + \frac{\begin{vmatrix} b_x & b_y & b_z \\ a_2 & b_2 & c_2 \\ X_2 & Y_2 & Z_2 \end{vmatrix}}{\begin{vmatrix} X_1 & Z_1 \\ X_2 & Z_2 \end{vmatrix}} v_{y_1} + \frac{\begin{vmatrix} b_x & b_y & b_z \\ X_1 & Y_1 & Z_1 \\ a'_1 & b'_1 & c'_1 \end{vmatrix}}{\begin{vmatrix} X_1 & Z_1 \\ X_2 & Z_2 \end{vmatrix}} v_{x_2} + \frac{\begin{vmatrix} b_x & b_y & b_z \\ X_1 & Y_1 & Z_1 \\ a'_2 & b'_2 & c'_2 \end{vmatrix}}{\begin{vmatrix} X_1 & Z_1 \\ X_2 & Z_2 \end{vmatrix}} v_{y_2} =$$

$$\mathrm{d}b_y - \frac{\begin{vmatrix} X_1 & Y_1 \\ X_2 & Y_2 \end{vmatrix}}{\begin{vmatrix} X_1 & Z_1 \\ X_2 & Z_2 \end{vmatrix}} \mathrm{d}b_z - \frac{\begin{vmatrix} b_x & b_y & b_z \\ X_1 & Y_1 & Z_1 \\ -Z_2 & 0 & X_2 \end{vmatrix}}{\begin{vmatrix} X_1 & Z_1 \\ X_2 & Z_2 \end{vmatrix}} \mathrm{d}\varphi - \frac{\begin{vmatrix} b_x & b_y & b_z \\ X_1 & Y_1 & Z_1 \\ -Y_2\sin\varphi & X_2\sin\varphi - Z_2\cos\omega & Y_2\cos\varphi \end{vmatrix}}{\begin{vmatrix} X_1 & Z_1 \\ X_2 & Z_2 \end{vmatrix}} \mathrm{d}\omega -$$

$$\frac{\begin{vmatrix} b_x & b_y & b_z \\ X_1 & Y_1 & Z_1 \\ -Y_2\cos\varphi\cos\omega - Z_2\sin\omega & X_2\cos\varphi\cos\omega + Z_2\sin\varphi\cos\omega & X_2\sin\omega - Y_2\sin\varphi\cos\omega \end{vmatrix}}{\begin{vmatrix} X_1 & Z_1 \\ X_2 & Z_2 \end{vmatrix}} \mathrm{d}\kappa - Q$$

(5-36)

式中，a_i、b_i、c_i 和 a_i'、b_i'、c_i' 分别取自左右像片的旋转矩阵。式（5-36）构成附参数的条件平差的条件方程式，用矩阵形式表示为

$$AV = BX - L, \quad P \tag{5-37}$$

相应的法方程式为

$$B^{\mathrm{T}}(AP^{-1}A^{\mathrm{T}})^{-1}BX = B^{\mathrm{T}}(AP^{-1}A^{\mathrm{T}})^{-1}L$$
$$X = [B^{\mathrm{T}}(AP^{-1}A^{\mathrm{T}})^{-1}B]^{-1}B^{\mathrm{T}}(AP^{-1}A^{\mathrm{T}})^{-1}L \tag{5-38}$$

式（5-36）和式（5-37）即连续像对相对定向的严密公式。对于航偏角大的长航带，在相对定向时，有可能使后续像对的相对定向中的 κ 角偏大，此时应该采用严密公式进行平差处理。

（四）单独像对相对定向

单独像对相对定向的原理和连续像对相对定向的原理相同，所不同的是所选用的像空间辅助坐标系不同。单独像对相对定向的像空间辅助坐标系是以左摄影中心 S_1 为原点，摄影基线 B 为 X 轴，其正向与航线方向一致，以左像片主光轴与摄影基线组成的左主核面为 XZ 平面，构成右手系 S_1-$X_1Y_1Z_1$，如图5-6所示。此时，左、右像片的外方位元素如下：

左像片：$X_{S_1}=0$，$Y_{S_1}=0$，$Z_{S_1}=0$，φ_1，$\omega_1=0$，κ_1；

右像片：$X_{S_2}=b_x=b$，$Y_{S_2}=b_y=0$，$Z_{S_2}=b_z=0$，φ_2，ω_2，κ_2。

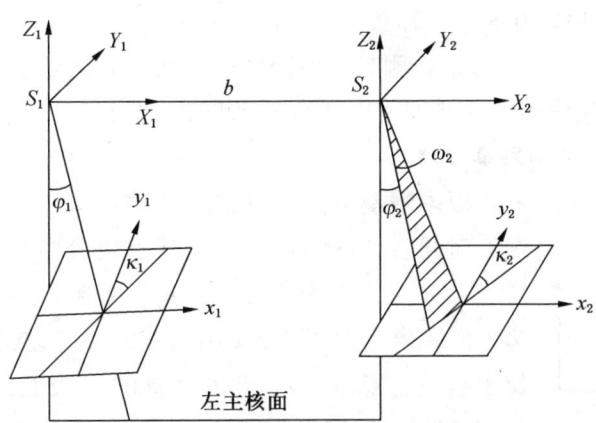

图5-6 单独像对相对定向元素

同样，$b=b_x$ 只影响模型比例尺的大小，不影响立体模型的建立，相对定向中视为已知值。所以，单独像对相对定向元素仍然是5个：φ_1、κ_1、φ_2、ω_2、κ_2。

如图5-7所示，在单独像对相对定向的像空间辅助坐标系中，共面条件方程式的表达式为

$$F\begin{vmatrix} b & 0 & 0 \\ X_1 & Y_1 & Z_1 \\ X_2 & Y_2 & Z_2 \end{vmatrix} = b\begin{vmatrix} Y_1 & Z_1 \\ Y_2 & Z_2 \end{vmatrix} = 0 \tag{5-39}$$

式中 X_1，Y_1，Z_1——左像点 a_1 在像空间辅助坐标系 S_1-$X_1Y_1Z_1$ 中的坐标；

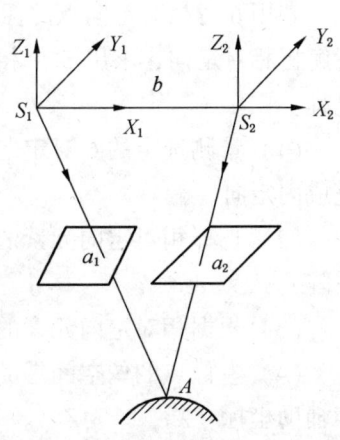

图5-7 单独像对相对定向共面方程

X_2, Y_2, Z_2——右像点 a_2 在像空间辅助坐标系 $S_2\text{-}X_2Y_2Z_2$ 中的坐标。

按照与连续像对相对定向相同的推导方法,同理可得单独像对相对定向的误差方程式为

$$V_Q = -\frac{X_1 Y_2}{Z_1}\mathrm{d}\varphi_1 - X_1\mathrm{d}\kappa_1 + \frac{X_2 Y_1}{Z_1}\mathrm{d}\varphi_2 + \left(Z_1 + \frac{Y_1 Y_2}{Z_1}\right)\mathrm{d}\omega_2 + X_2\mathrm{d}\kappa_2 - q \quad (5\text{-}40)$$

式中

$$q = -f\frac{\begin{vmatrix} Y_1 & Z_1 \\ Y_2 & Z_2 \end{vmatrix}}{Z_1 Z_2} = -f\frac{Y_1}{Z_1} + f\frac{Y_2}{Z_2} = y_{t_1} - y_{t_2} \quad (5\text{-}41)$$

y_{t_1}、y_{t_2} 是相当于像空间辅助坐标系中一对理想水平像对上同名像点的上下视差。当一个立体像对完成单独像对相对定向时,$q=0$;当一个立体像对未完成单独像对相对定向时,同名光线不相交,$q\neq 0$。

在立体像对中,每量测一对同名点的像点坐标 (x_1, y_1) (x_2, y_2),就可以列出一个方程式。由于式 (5-40) 有 5 个未知数 $\mathrm{d}\varphi_1$、$\mathrm{d}\kappa_1$、$\mathrm{d}\varphi_2$、$\mathrm{d}\omega_2$、$\mathrm{d}\kappa_2$,所以,至少需要量测 5 对同名点的像点坐标。当有多余观测时,可按最小二乘平差法求解 5 个单独像对相对定向元素。同样,求解过程需反复趋近,直到满足精度要求为止。

(五) 相对定向元素的解算过程

摄影测量中,相对定向常选用 6 对同名点列立误差方程。这 6 对同名点称为定向点,其点位分布如图 5-8 所示,其中,1、2 点应是左右像片像主点 o_1、o_2 附近的明显地物点,各点距边界的距离应大于 1.5 cm;1、3、5 三点和 2、4、6 三点尽量位于与像主点 o_1、o_2 连线垂直的直线上,且线段 1—3、线段 2—4、线段 1—5、线段 2—6 的长度应尽量等于线段 $o_1 o_2$ 的长度。

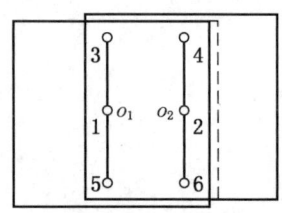

图 5-8 定向点的标准点位

利用 6 对相对定向点的像点坐标,可选择连续像对相对定向或单独像对相对定向法进行解析相对定向,求出 5 个相对定向元素。下面以连续像对相对定向为例,介绍其计算过程:

(1) 量测选定的 6 对定向点在左、右像片上的像点坐标 (x_1, y_1) 和 (x_2, y_2),并完成内定向。

(2) 选择相对定向元素的初始值:$\mu^0 = v^0 = \varphi^0 = \omega^0 = k^0$;左片的旋转矩阵为 $\boldsymbol{R}_1 = \boldsymbol{I}$(单位阵)。

(3) 根据相对定向元素的初始值,计算右片的旋转矩阵 $\boldsymbol{R}_2$。

(4) 左像点的像空间辅助坐标 $(X_1, Y_1, Z_1) = (x_1, y_1, -f)$,计算右像点的像空间辅助坐标 (X_2, Y_2, Z_2)。

(5) 根据给定的相对定向元素的初始值,按式 (5-22) 计算 b_y、b_z,按式 (5-17)

计算各点的点投影系数 N_1、N_2。

（6）按式（5-29）和式（5-28）建立每个定向点的误差方程式。

（7）按式（5-31）和式（5-32）建立法方程和解求法方程式，求得定向元素的改正数。

（8）将求得的定向元素的改正数加上相对定向元素的初始值，求得相对定向元素的新值。

（9）检查相对定向元素的改正数是否大于限差（常取 $0.3×10^{-4}$），若大于限差，将上步求得的相对定向元素值作为新的近似值。重复步骤（3）~（9）的计算，直到所有相对定向元素的改正数都小于限差为止。

（10）按式（5-33）解算相对定向元素的平差值。

（11）按式（5-34）对相对定向结果进行精读评定。

（六）模型点坐标的计算

在正确求出相对定向元素后，根据点投影系数前方交会法，计算出模型点的模型坐标，建立被摄物的相对立体模型。

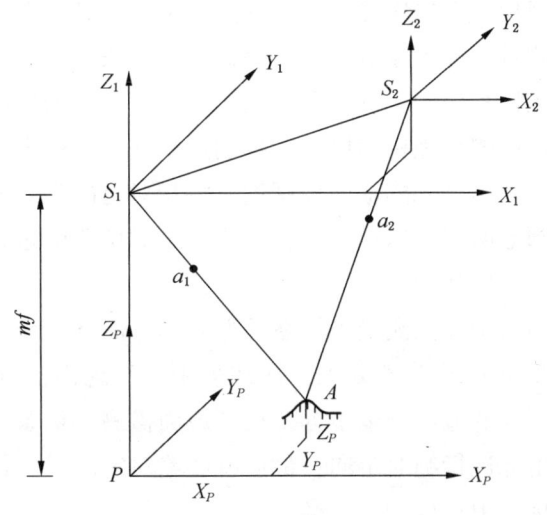

图 5-9 模型点摄影测量坐标系

为了绝对定向的解算，需先将相对定向建立的相对立体模型平移至摄测坐标系中，并归化比例尺。如图 5-9 所示，建立摄测坐标系 $P-X_pY_pZ_p$，选择摄测坐标系的坐标轴与像空间辅助坐标系的坐标轴相互平行，原点为 Z_1 轴与地面的交点 P，S_1 到 P 的距离为航高 $H=mf$。这里，m 为像片比例尺分母，f 为摄影机的主距，左摄影中心 S_1 点的摄测坐标为（0，0，mf）。模型点 A 在摄测坐标系中的坐标的计算过程如下：

（1）根据式（5-33）求解出的相对定向元素，计算左右像点的像空间辅助坐标（X_1、Y_1、Z_1）和（X_2、Y_2、Z_2）；按式（5-17）计算左右像点的点投影系数 N_1、N_2。

（2）根据前方交会公式（5-18），并考虑模型比例尺分母 m，得到模型点 A 在摄测坐

标系中的摄测坐标 (X_p, Y_p, Z_p) 如下：

$$\left.\begin{aligned} X_P &= mN_1X_1 \\ Y_P &= \frac{1}{2}m(N_1Y_1 + N_2Y_2 + b_y) \\ Z_P &= mf + mN_1Z_1 \end{aligned}\right\} \tag{5-42}$$

上式中，Y_p 取平均值是为了消除相对定向中存在的残余上下视差影响。同时，由于相对定向中，基线分量是按照 $b_x = (x_1 - x_2) = B_x/m$ 计算的，模型点的坐标约为实际坐标大小的 $1/m$。所以，将式（5-18）中的摄测坐标分别乘以摄影比例尺分母 m，将模型点坐标的比例尺归化到地面上。

在解算出所有待定点的摄测坐标后，就建立了被摄物在摄测坐标系中的相对立体模型。

二、解析法绝对定向

相对定向仅仅恢复了摄影时像片之间的相对位置，所建立的立体模型是一个以摄测坐标系为基准的相对立体模型，而摄影测量的目的是要求出模型点在地面测量坐标系中的坐标。摄测坐标系和地面测量坐标系原点不同，坐标系不一致，比例尺也不相同。要确定相对立体模型在地面测量坐标系中的正确位置，还需要将模型点的摄测坐标转化到地面测量坐标中，这需要借助于地面测量坐标为已知的控制点来进行，这个过程称为绝对定向。

解析法绝对定向就是利用已知的地面控制点，将相对定向建立的相对立体模型通过平移、旋转和缩放，变换到地面测量坐标系中，达到其绝对位置的过程。这在数学上是一个不同原点的三维空间相似变换问题。

对于航空摄影测量，由于地面测量坐标系是左手系，而摄测坐标系是右手系，为了使两个坐标系的 X 轴之间的夹角不至于太大，往往采用一个地面摄测坐标系（右手系）作为过渡。即先将地面控制点的地面测量坐标变换到地面摄测坐标系中，称为正变换；然后根据控制点的地面摄测坐标进行绝对定向；最后将经绝对定向后的任一模型点的地面摄测坐标变换到地面测量坐标系中，称为反变换。

（一）绝对定向的基本关系式

假设任一模型点的摄测坐标为 (X_p, Y_p, Z_p)，该点的地面摄测坐标为 $(X_{t_p}, Y_{t_p}, Z_{t_p})$，这两个坐标系间存在空间相似变换关系：

$$\begin{bmatrix} X_{t_p} \\ Y_{t_p} \\ Z_{t_p} \end{bmatrix} = \lambda \begin{bmatrix} a_1 & a_2 & a_3 \\ b_1 & b_2 & b_3 \\ c_1 & c_2 & c_3 \end{bmatrix} \begin{bmatrix} X_P \\ Y_P \\ Z_P \end{bmatrix} + \begin{bmatrix} \Delta X \\ \Delta Y \\ \Delta Z \end{bmatrix} \tag{5-43}$$

式中　　　　　　　λ——比例尺缩放系数；

a_i，b_i，c_i——根据坐标轴系三个旋转角 Φ、Ω、K 计算出的方向余弦；

ΔX、ΔY、ΔZ——坐标原点的平移量。

所以空间相似变换有7个变换参数：1个比例尺缩放系数λ，3个坐标旋转量Φ、Ω、K，3个坐标平移量ΔX、ΔY、ΔZ。这7个参数描述了摄影瞬间，相对立体模型在物方空间的绝对位置和姿态，称为绝对定向元素。若已知这7个绝对定向元素，就可以进行两个空间直角坐标系之间的变换。由于这种变换前后图形的几何形状相似，所以把这种变换称为相似变换。

式（5-43）即解析法绝对定向的基本关系式，需要借助控制点信息完成。

利用地面控制点求解绝对定向元素时，控制点的地面摄测坐标$(X_{t_p}, Y_{t_p}, Z_{t_p})$是已知值，其摄测坐标$(X_p, Y_p, Z_p)$是相对定向的结果。所以式5-43中，7个绝对定向元素是未知数，摄测坐标(X_p, Y_p, Z_p)是观测值。在有多余观测时，可应用最小二乘法求解。

1. 绝对定向的严密公式

首先，将式（5-43）转变为适用于间接平差处理的模型：

$$\begin{bmatrix} X_P \\ Y_P \\ Z_P \end{bmatrix} = \frac{1}{\lambda} \begin{bmatrix} a_1 & b_1 & c_1 \\ a_2 & b_2 & c_2 \\ a_3 & b_3 & c_3 \end{bmatrix} \begin{bmatrix} X_{t_p} - \Delta X \\ Y_{t_p} - \Delta Y \\ Z_{t_p} - \Delta Z \end{bmatrix} \quad (5\text{-}44)$$

对式（5-44）线性化得绝对定向的误差方程：

$$\left. \begin{aligned} V_{X_p} &= \frac{\partial X_P}{\partial \lambda}d\lambda + \frac{\partial X_P}{\partial \Phi}d\Phi + \frac{\partial X_P}{\partial \Omega}d\Omega + \frac{\partial X_P}{\partial K}dK + \frac{\partial X_P}{\partial \Delta X}d\Delta X + \frac{\partial X_P}{\partial \Delta Y}d\Delta Y + \frac{\partial X_P}{\partial \Delta Z}d\Delta Z - l_X \\ V_{Y_p} &= \frac{\partial Y_P}{\partial \lambda}d\lambda + \frac{\partial Y_P}{\partial \Phi}d\Phi + \frac{\partial Y_P}{\partial \Omega}d\Omega + \frac{\partial Y_P}{\partial K}dK + \frac{\partial Y_P}{\partial \Delta X}d\Delta X + \frac{\partial Y_P}{\partial \Delta Y}d\Delta Y + \frac{\partial Y_P}{\partial \Delta Z}d\Delta Z - l_Y \\ V_{Z_p} &= \frac{\partial Z_P}{\partial \lambda}d\lambda + \frac{\partial Z_P}{\partial \Phi}d\Phi + \frac{\partial Z_P}{\partial \Omega}d\Omega + \frac{\partial Z_P}{\partial K}dK + \frac{\partial Z_P}{\partial \Delta X}d\Delta X + \frac{\partial Z_P}{\partial \Delta Y}d\Delta Y + \frac{\partial Z_P}{\partial \Delta Z}d\Delta Z - l_Z \end{aligned} \right\} \quad (5\text{-}45)$$

式中，常数项为

$$\left. \begin{aligned} l_X &= X_P - \frac{1}{\lambda}[a_1(X_{t_p} - \Delta X) + b_1(Y_{t_p} - \Delta Y) + c_1(Z_{t_p} - \Delta Z)] = X_P - X_P^0 \\ l_Y &= Y_P - \frac{1}{\lambda}[a_2(X_{t_p} - \Delta X) + b_2(Y_{t_p} - \Delta Y) + c_2(Z_{t_p} - \Delta Z)] = Y_P - Y_P^0 \\ l_Z &= Z_P - \frac{1}{\lambda}[a_3(X_{t_p} - \Delta X) + b_3(Y_{t_p} - \Delta Y) + c_3(Z_{t_p} - \Delta Z)] = Z_P - Z_P^0 \end{aligned} \right\} \quad (5\text{-}46)$$

X_P^0, Y_P^0, Z_P^0为用绝对定向元素$[\lambda、\Phi、\Omega、K、\Delta X、\Delta Y、\Delta Z]^T$的近似值，代入式（5-44）求得的近似值。

根据式（5-44）可得绝对定向的严密误差方程式，以矩阵形式表示为

$$\underset{3n,1}{V} = \underset{3n,7}{A}\underset{7,1}{X} - \underset{3n,1}{L} \quad \underset{3n,3n}{P} = \underset{3n,3n}{I} \quad (5\text{-}47)$$

其中，

$$V = \begin{bmatrix} V_{x_p} & V_{Y_p} & V_{Z_p} \end{bmatrix}^T$$

$$X = \begin{bmatrix} d\Delta X & d\Delta Y & d\Delta Z & d\lambda & d\Phi & d\Omega & dK \end{bmatrix}^T$$

$$A = \frac{1}{\lambda} \begin{bmatrix} -a_1 & -b_1 & -c_1 & -\dfrac{X_P}{\lambda} & -c_1(X_{t_p} - \Delta X) + a_1(Z_{t_p} - \Delta Z) & \lambda Z_P \sin K & \lambda Y_P \\ -a_2 & -b_2 & -c_2 & -\dfrac{Y_P}{\lambda} & -c_2(X_{t_p} - \Delta X) + a_2(Z_{t_p} - \Delta Z) & \lambda Z_P \cos K & -\lambda X_P \\ -a_3 & -b_3 & -c_3 & -\dfrac{Z_P}{\lambda} & -c_3(X_{t_p} - \Delta X) + a_3(Z_{t_p} - \Delta Z) & G & 0 \end{bmatrix}$$

系数阵 A 中，$G = \sin\Phi\sin\Omega(X_{t_p} - \Delta X) - \cos\Omega(Y_{t_p} - \Delta Y) - \cos\Phi\sin\Omega(Z_{t_p} - \Delta Z)$。

式中常数项 L 由式（5-46）算得。

相应的法方程式的解为

$$X = (A^T A)^{-1}(A^T L)$$

2. 绝对定向的近似作业公式

竖直航空摄影中，可以考虑小角度的情况，即 λ 的近似值取 1，Φ、Ω、K 的近似值取 0，代入式（5-47），可得近似公式为

$$\begin{bmatrix} X_P \\ Y_P \\ Z_P \end{bmatrix} = \frac{1}{\lambda} \begin{bmatrix} 1 & K & \Phi \\ -K & 1 & \Omega \\ -\Phi & -\Omega & 1 \end{bmatrix} \begin{bmatrix} X_{t_p} - \Delta X \\ Y_{t_p} - \Delta Y \\ Z_{t_p} - \Delta Z \end{bmatrix} \tag{5-48}$$

则可建立绝对定向的近似误差方程式为

$$\underset{3n,1}{V} = \underset{3n,7}{A}\ \underset{7,1}{X} - \underset{3n,1}{l} \quad \underset{3n,3n}{P} = \underset{3n,3n}{I} \tag{5-49}$$

其中

$$V = \begin{bmatrix} V_{X_P} & V_{Y_P} & V_{Z_P} \end{bmatrix}^T$$
$$X = \begin{bmatrix} d\Delta X & d\Delta Y & d\Delta Z & d\lambda & d\Phi & d\Omega & dK \end{bmatrix}^T$$
$$A = \begin{bmatrix} -1 & -K & -\Phi & -X_P & (Z_{t_p} - \Delta Z) & 0 & (Y_{t_p} - \Delta Y) \\ K & -1 & -\Omega & -Y_P & 0 & (Z_{t_p} - \Delta Z) & -(X_{t_p} - \Delta X) \\ \Phi & \Omega & -1 & -Z_P & -(X_{t_p} - \Delta X) & -(Y_{t_p} - \Delta Y) & 0 \end{bmatrix}$$

式中常数项由式（5-46）算得。

相应的法方程式的解为

$$X = (A^T A)^{-1}(A^T L) \tag{5-50}$$

（二）坐标重心化

首先，取单元模型中全部控制点的摄测坐标和地面摄测坐标，分别计算其重心的坐标：

$$\left. \begin{array}{l} X_{Pg} = \dfrac{\sum\limits_{i=1}^{n} X_{Pi}}{n}, \quad Y_{Pg} = \dfrac{\sum\limits_{1}^{n} Y_{Pi}}{n}, \quad Z_{Pg} = \dfrac{\sum\limits_{i=1}^{n} Z_{Pi}}{n} \\[2mm] X_{tp_g} = \dfrac{\sum\limits_{i=1}^{n} X_{tp_i}}{n}, \quad Y_{tp_g} = \dfrac{\sum\limits_{i=1}^{n} Y_{tp_i}}{n}, \quad Z_{tp_g} = \dfrac{\sum\limits_{i=1}^{n} Z_{tp_i}}{n} \end{array} \right\} \tag{5-51}$$

式中　n——参与计算重心坐标的控制点的个数。

求坐标重心时要注意：两个坐标系中采用的点的个数要相等，同时点名要一致。

重心化的摄测坐标为

$$\left.\begin{array}{l}\overline{X}_P = X_P - X_{Pg} \\ \overline{Y}_P = Y_P - Y_{Pg} \\ \overline{Z}_P = Z_P - Z_{Pg}\end{array}\right\} \tag{5-52}$$

重心化的地面摄测坐标为

$$\left.\begin{array}{l}\overline{X}_{t_p} = X_{t_p} - X_{tp_g} \\ \overline{Y}_{t_p} = Y_{t_p} - Y_{tp_g} \\ \overline{Z}_{t_p} = Z_{t_p} - Z_{tp_g}\end{array}\right\} \tag{5-53}$$

对绝对定向误差方程式（5-49），若直接用重心化坐标表示可得如下形式：

$$\mathop{V}\limits_{3n,1} = \mathop{A}\limits_{3n,7}\mathop{X}\limits_{7,1} - \mathop{L}\limits_{3n,1} \quad \mathop{P}\limits_{3n,3n} = \mathop{I}\limits_{3n,3n} \tag{5-54}$$

其中

$$\boldsymbol{V} = \begin{bmatrix} V_{X_p} & V_{Y_p} & V_{Z_p} \end{bmatrix}^T$$

$$\boldsymbol{X} = \begin{bmatrix} d\Delta X & d\Delta Y & d\Delta Z & d\lambda & d\varphi & d\Omega & dK \end{bmatrix}^T$$

$$\boldsymbol{A} = \begin{bmatrix} -1 & -K & -\varPhi & -\overline{X}_P & (\overline{Z}_{t_p} - \Delta Z) & 0 & (\overline{Y}_{t_p} - \Delta Y) \\ K & -1 & -\Omega & -\overline{Y}_P & 0 & (\overline{Z}_{t_p} - \Delta Z) & -(\overline{X}_{t_p} - \Delta X) \\ \varPhi & \Omega & -1 & -\overline{Z}_P & -(\overline{X}_{t_p} - \Delta X) & -(\overline{Y}_{t_p} - \Delta Y) & 0 \end{bmatrix}$$

常数项同样用重心化坐标按式（5-46）计算。

坐标重心化是区域网平差中经常采用的一种数据预处理方法，它有两个目的：一是减少模型点坐标在计算过程中的有效位数，以保证计算的精度；二是采用重心化坐标后，可使法方程式的系数简化，个别项的数值变成零，部分未知数可以分开求解，从而提高计算速度。

（三）绝对定向元素的解算

根据式（5-54），一个平高控制点可以列出 3 个误差方程，一个高程控制点可以列出 1 个误差方程，所以，在摄影测量中，利用至少两个平高控制点和一个高程控制点，按式（5-54）至少列出 7 个误差方程，才能解算 7 个绝对定向元素，而且要求三个控制点不能在一条直线上。生产中，常在模型的四个角均匀布设 4 个平高控制点，因此有多余观测，可按最小二乘法平差解求 7 个绝对定向元素。

设有 n 个平高控制点，按照式（5-54）可列出 $3n$ 个误差方程，其矩阵表达式为

$$\mathop{V}\limits_{3n,1} = \mathop{A}\limits_{3n,7}\mathop{X}\limits_{7,1} - \mathop{L}\limits_{3n,1} \quad \mathop{P}\limits_{3n,3n} = \mathop{I}\limits_{3n,3n} \tag{5-55}$$

相应的法方程式的解为

►摄影测量学

$$X = (A^TA)^{-1}(A^TL) \tag{5-56}$$

式中，$X[\,d\Delta X \quad d\Delta Y \quad d\Delta Z \quad d\lambda \quad d\Phi \quad d\Omega \quad dK\,]^T$

$$A^TA = \begin{bmatrix} n_X & 0 & 0 & \sum \overline{X} & -\sum \overline{Z} & 0 & -\sum \overline{Y} \\ & n_Y & 0 & \sum \overline{Y} & 0 & -\sum \overline{Z} & \sum \overline{X} \\ & & n_Z & \sum \overline{Z} & \sum \overline{X} & \sum \overline{Y} & 0 \\ & & & \sum(\overline{X}^2+\overline{Y}^2+\overline{Z}^2) & 0 & 0 & 0 \\ & & & & \sum(\overline{X}^2+\overline{Z}^2) & \sum \overline{XY} & \sum \overline{YZ} \\ & & & & & \sum(\overline{Y}^2+\overline{Z}^2) & -\sum \overline{XZ} \\ & & & & & & \sum(\overline{X}^2+\overline{Y}^2) \end{bmatrix}$$

$$A^TL = \begin{bmatrix} \sum l_X \\ \sum l_Y \\ \sum l_Z \\ \sum(\overline{X}l_X+\overline{Y}l_Y+\overline{Z}l_Z) \\ \sum(\overline{X}l_Z-\overline{Z}l_X) \\ \sum(\overline{Y}l_Z-\overline{Z}l_Y) \\ \sum(\overline{X}l_Y-\overline{Y}l_X) \end{bmatrix}$$

由于采用了重心化坐标，上式中的 $\sum \overline{X} = \sum \overline{Y} = \sum \overline{Z} = 0$，于是相应的法方程式的解为

$$X = (A^TA)^{-1}(A^TL) \tag{5-57}$$

其中，法方程的系数阵和常数阵变化为

$$A^TA = \begin{bmatrix} n_X & 0 & 0 & 0 & 0 & 0 & 0 \\ 0 & n_Y & 0 & 0 & 0 & 0 & 0 \\ 0 & 0 & n_Z & 0 & 0 & 0 & 0 \\ 0 & 0 & 0 & \sum(\overline{X}^2+\overline{Y}^2+\overline{Z}^2) & 0 & 0 & 0 \\ 0 & 0 & 0 & 0 & \sum(\overline{X}^2+\overline{Z}^2) & \sum \overline{XY} & \sum \overline{YZ} \\ 0 & 0 & 0 & 0 & \sum \overline{XY} & \sum(\overline{Y}^2+\overline{Z}^2) & -\sum \overline{XZ} \\ 0 & 0 & 0 & 0 & \sum \overline{YZ} & -\sum \overline{XZ} & \sum(\overline{X}^2+\overline{Y}^2) \end{bmatrix}$$

$$A^\mathrm{T}L = \begin{bmatrix} 0 \\ 0 \\ 0 \\ \sum(\overline{X}l_X + \overline{Y}l_Y + \overline{Z}l_Z) \\ \sum(\overline{X}l_Z - \overline{Z}l_X) \\ \sum(\overline{Y}l_Z - \overline{Z}l_Y) \\ \sum(\overline{X}l_Y - \overline{Y}l_X) \end{bmatrix}$$

绝对定向解算一般均采用重心化坐标。重心化坐标的优点是可以避免待定未知数（dΔX，dΔY，dΔZ）的计算，因为重心化后它们的值等于零。

绝对定向元素的解算过程也是一个迭代过程：将第一次迭代解算出绝对定向元素的改正数值加到其初始值上得到绝对定向元素的新的近似值；将该近似值作为第二次迭代的初始值，重新建立误差方程，再次求解改正数。如此循环，直到改正数小于规定的限差为止。得到的绝对定向元素的平差值为

$$\begin{cases} \Delta X = \Delta X^0 + \mathrm{d}\Delta X^{(1)} + \mathrm{d}\Delta X^{(2)} + \cdots \\ \Delta Y = \Delta Y^0 + \mathrm{d}\Delta Y^{(1)} + \mathrm{d}\Delta Y^{(2)} + \cdots \\ \Delta Z = \Delta Z^0 + \mathrm{d}\Delta Z^{(1)} + \mathrm{d}\Delta Z^{(2)} + \cdots \\ \lambda = \lambda^0 + \mathrm{d}\lambda^{(1)} + \mathrm{d}\lambda^{(2)} + \cdots \\ \Phi = \Phi^0 + \mathrm{d}\Phi^{(1)} + \mathrm{d}\Phi^{(2)} + \cdots \\ \Omega = \Omega^0 + \mathrm{d}\Omega^{(1)} + \mathrm{d}\Omega^{(2)} + \cdots \\ K = K^0 + \mathrm{d}K^{(1)} + \mathrm{d}K^{(2)} + \cdots \end{cases} \quad (5\text{-}58)$$

解算出绝对定向元素后，根据地面摄测坐标的重心坐标和待定点的重心化摄测坐标，可解求待定点的地面摄测坐标为

$$\begin{bmatrix} X_{t_p} \\ Y_{t_p} \\ Z_{t_p} \end{bmatrix} = \lambda \begin{bmatrix} 1 & -K & -\Phi \\ K & 1 & -\Omega \\ \Phi & \Omega & 1 \end{bmatrix} \begin{bmatrix} \overline{X}_P \\ \overline{Y}_P \\ \overline{Z}_P \end{bmatrix} + \begin{bmatrix} \Delta X \\ \Delta Y \\ \Delta Z \end{bmatrix} + \begin{bmatrix} X_{tp_g} \\ Y_{tp_g} \\ Z_{tp_g} \end{bmatrix} \quad (5\text{-}59)$$

（四）绝对定向的计算过程

（1）选择绝对定向元素的初始值：$\Delta X^0 = \Delta Y^0 = \Delta Z^0 = 0$，$\lambda^0 = 1$，$\Phi^0 = \Omega^0 = K^0 = 0$。

（2）利用控制点按式（5-51）计算地面摄测坐标系的重心坐标和摄测坐标系的重心坐标。

（3）根据式（5-52）计算控制点和待定点的重心化摄测坐标；根据式（5-53）计算控制点的重心化地面摄测坐标。

（4）按式（5-54）和式（5-46）建立误差方程式。

(5) 按式（5-57）求解绝对定向元素的改正数。

(6) 按式（5-58）计算绝对定向元素的新值。

(7) 判断 dΦ、dΩ、dK 是否小于给定的限值。若大于限值，则重复步骤（4）~（6）；若小于给定的限值，则按式（5-58）计算绝对定向元素的平差值。

(8) 按式（5-59）计算待定点的地面摄测坐标。

(9) 对绝对定向的结果进行精读评定。

若需要进行高精度的绝对定向，则选择绝对定向的严密公式（5-47），进行间接平差。

任务三　光束法双像摄影测量

【任务目标】

(1) 理解光束法双像摄影测量的原理。

(2) 掌握三种双像解析摄影测量的优缺点。

【任务描述】

光束法双像摄影测量是在立体像对内同时求解两张像片的外方位元素和地面点坐标。采用整体法（一步定向法），即将每张像片内所有的控制点、未知点都按共线条件式同时列出误差方程，在像对内联合进行解算，同时求解两像片的外方位元素及待定点的坐标。这种解法含左、右像片共 12 个外方位，并且每一个待定点引入 3 个空间坐标未知数。精度较高，但是计算量较大。

【任务知识】

一、光束法双像摄影测量

光束法双像摄影测量是根据每张像片内所有的控制点和待定点，按共线条件方程式列误差方程，并在像对内进行整体平差，同时解求出两张像片的外方位元素和所有待定点的物方坐标的方法。该方法理论严密，是一种高精度的摄影测量方法。

已知共线条件方程为

$$\left.\begin{array}{l} x = -f\dfrac{a_1(X_A-X_S)+b_1(Y_A-Y_S)+c_1(Z_A-Z_S)}{a_3(X_A-X_S)+b_3(Y_A-Y_S)+c_3(Z_A-Z_S)} \\ y = -f\dfrac{a_2(X_A-X_S)+b_2(Y_A-Y_S)+c_2(Z_A-Z_S)}{a_3(X_A-X_S)+b_3(Y_A-Y_S)+c_3(Z_A-Z_S)} \end{array}\right\} \quad (5-60)$$

在线性化上式过程中，与单像空间后方交会公式（5-5）不同的是，未知数除了有外方位元素，还有待定点的物方坐标（常选为地面摄测坐标）。其误差方程的一般形式为

$$\left.\begin{array}{l} v_x = a_{11}\Delta X_S + a_{12}\Delta Y_S + a_{13}\Delta Z_S + a_{14}\Delta\varphi + a_{15}\Delta\omega + a_{16}\Delta\kappa - a_{11}\Delta X - a_{12}\Delta Y - a_{13}\Delta Z + (x) - x \\ v_y = a_{21}\Delta X_S + a_{22}\Delta Y_S + a_{23}\Delta Z_S + a_{24}\Delta\varphi + a_{25}\Delta\omega + a_{26}\Delta\kappa - a_{21}\Delta X - a_{22}\Delta Y - a_{23}\Delta Z + (y) - y \end{array}\right\} \quad (5-61)$$

式中，系数项 a_{ij}（$i=1, 2; j=1, 2, \cdots, 6$）按式（5-3）和式（5-4b）计算。

误差方程式 5-61 中含有两类不同性质的未知参数：一类是像片的外方位元素，一个像对有 12 个，用向量 t 表示；另一类是待定点的地面摄测坐标，n 个待定点有 $3n$ 个，用向量 X 表示。对任意一对同名点，无论是控制点还是待定点，在左右像片上都能根据其在像片上的像点坐标，按式（5-61）列出 4 个误差方程。设一个立体像对中含有 4 个平高控制点，n 个待定点，则需解求 $12+3n$ 个未知数，而误差方程式的个数为 $16+4n$。

将误差方程式（5-60）表示为矩阵形式：

$$\begin{bmatrix} V_1 \\ V_2 \end{bmatrix} = \begin{bmatrix} A_1 & O & B_1 \\ O & A_2 & B_2 \end{bmatrix} \begin{bmatrix} t_1 \\ t_2 \\ X \end{bmatrix} - \begin{bmatrix} L_1 \\ L_2 \end{bmatrix} \tag{5-62}$$

式中

$$\boldsymbol{V}_1 = \begin{bmatrix} v_{x1} & v_{y1} \end{bmatrix}^{\mathrm{T}}$$

$$\boldsymbol{V}_2 = \begin{bmatrix} v_{x2} & v_{y2} \end{bmatrix}^{\mathrm{T}}$$

$$\boldsymbol{A}_1 = \begin{bmatrix} a_{11} & a_{12} & a_{13} & a_{14} & a_{15} & a_{16} \\ a_{21} & a_{22} & a_{23} & a_{24} & a_{25} & a_{26} \end{bmatrix}_{左片}$$

$$\boldsymbol{A}_2 = \begin{bmatrix} a_{11} & a_{12} & a_{13} & a_{14} & a_{15} & a_{16} \\ a_{21} & a_{22} & a_{23} & a_{24} & a_{25} & a_{26} \end{bmatrix}_{右片}$$

$$\boldsymbol{B}_1 = \begin{bmatrix} -a_{11} & -a_{12} & -a_{13} \\ -a_{21} & -a_{22} & -a_{23} \end{bmatrix}_{左片}$$

$$\boldsymbol{B}_2 = \begin{bmatrix} -a_{11} & -a_{12} & -a_{13} \\ -a_{21} & -a_{22} & -a_{23} \end{bmatrix}_{右片}$$

$$\boldsymbol{t}_1 = \begin{bmatrix} \mathrm{d}X_{S_1} & \mathrm{d}Y_{S_1} & \mathrm{d}Z_{S_1} & \mathrm{d}\varphi_1 & \mathrm{d}\omega_1 & \mathrm{d}\kappa_1 \end{bmatrix}^{\mathrm{T}}_{左片}$$

$$\boldsymbol{t}_2 = \begin{bmatrix} \mathrm{d}X_{S_2} & \mathrm{d}Y_{S_2} & \mathrm{d}Z_{S_2} & \mathrm{d}\varphi_2 & \mathrm{d}\omega_2 & \mathrm{d}\kappa_2 \end{bmatrix}^{\mathrm{T}}_{右片}$$

$$\boldsymbol{X} = \begin{bmatrix} \mathrm{d}X & \mathrm{d}Y & \mathrm{d}Z \end{bmatrix}^{\mathrm{T}}$$

$$\boldsymbol{L}_1 = \begin{bmatrix} l_{x1} & l_{y1} \end{bmatrix}^{\mathrm{T}}$$

$$\boldsymbol{L}_2 = \begin{bmatrix} l_{x2} & l_{y2} \end{bmatrix}^{\mathrm{T}}$$

式（5-62）还可以表示成更紧凑的形式：

$$\boldsymbol{V} = \begin{bmatrix} A & \vdots & B \end{bmatrix} \begin{bmatrix} t \\ X \end{bmatrix} - L \tag{5-63}$$

对于控制点，式（5-63）中 $B=0$，$X=0$。

式（5-63）相应的法方程式为

$$\begin{bmatrix} A^{\mathrm{T}}A & A^{\mathrm{T}}B \\ B^{\mathrm{T}}A & B^{\mathrm{T}}B \end{bmatrix} \begin{bmatrix} t \\ X \end{bmatrix} = \begin{bmatrix} A^{\mathrm{T}}L \\ B^{\mathrm{T}}L \end{bmatrix}$$

或用新符号表示为

$$\begin{bmatrix} N_{11} & N_{12} \\ N_{21} & N_{22} \end{bmatrix} \begin{bmatrix} t \\ X \end{bmatrix} = \begin{bmatrix} u_1 \\ u_2 \end{bmatrix} \tag{5-64}$$

上述法方程式有两类未知数。为了计算方便，常先消去一类未知数。

1. 先消去待定点坐标改正数

若先消去待定点的坐标改正数 X，保留外方位元素改正数 t，得改化法方程式为

$$(N_{11} - N_{12}N_{22}^{-1}N_{12}^{T})t = (u_1 - N_{12}N_{22}^{-1}u_2) \tag{5-65}$$

对上式求解，可得到外方位元素改正数向量：

$$t = (N_{11} - N_{12}N_{22}^{-1}N_{12}^{T})^{-1}(u_1 - N_{12}N_{22}^{-1}u_2) \tag{5-66}$$

在求得两张像片的 12 个方位元素改正数后加到其近似值上，作为新的近似值。重复上述计算过程，反复趋近其正确值。

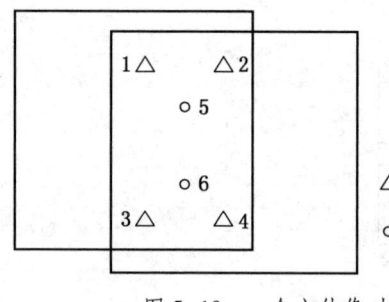

图 5-10　一个立体像对

2. 先消去外方位元素改正数

若先消去外方位元素改正数 t，保留待定点的坐标改正数 X，得另一组改化法方程式为

$$(N_{22} - N_{12}^{T}N_{11}^{-1}N_{12})X = (u_2 - N_{12}^{T}N_{11}^{-1}u_1) \tag{5-67}$$

则待定点的坐标改正数向量：

$$X = (N_{22} - N_{12}^{T}N_{11}^{-1}N_{12})^{-1}(u_2 - N_{12}^{T}N_{11}^{-1}u_1) \tag{5-68}$$

求得所有未知数的改正数后，加到其近似值上作为新的近似值。重复上述计算过程，反复趋近正确值。

如图 5-10 所示，像对中有四个控制点，两个待定点，则误差方程式如下：

$$\begin{bmatrix} V_{11} \\ V_{12} \\ V_{13} \\ V_{14} \\ V_{15} \\ V_{16} \\ V_{21} \\ V_{22} \\ V_{23} \\ V_{24} \\ V_{25} \\ V_{26} \end{bmatrix} = \begin{bmatrix} A_{11} & \vdots & \\ A_{12} & \vdots & \\ A_{13} & \vdots & \\ A_{14} & \vdots & \\ A_{15} & \vdots & B_{15} \\ A_{16} & \vdots & B_{16} \\ & A_{21} & \vdots \\ & A_{22} & \vdots \\ & A_{23} & \vdots \\ & A_{24} & \vdots \\ & A_{25} & \vdots & B_{25} \\ & A_{26} & \vdots & B_{26} \end{bmatrix} \begin{bmatrix} t_1 \\ t_2 \\ X_5 \\ X_6 \end{bmatrix} - \begin{bmatrix} l_{11} \\ l_{12} \\ l_{13} \\ l_{14} \\ l_{15} \\ l_{16} \\ l_{21} \\ l_{22} \\ l_{23} \\ l_{24} \\ l_{25} \\ l_{26} \end{bmatrix} \tag{5-69}$$

式（5-69）中脚注第一位代表像片编号，第二位代表点的编号。每个点列两个误差方程式，A、B 为式（5-62）中的系数，t_1、t_2 分别代表左右像片的 6 个外方位元素，X_5、X_6 为两个待定点的三个坐标改正数。

用光束法解算未知数时，需给出未知数的初始值，通常可用单像空间后方交会-前方交会法求出的外方位元素和待定点的物方坐标作为光束法解算时未知数的初始值。

二、双像解析摄影测量三种方法的比较

摄影测量中，解析处理立体像对常用的方法有三种：①利用像片的空间后方交会-前方交会法来解求目标物的空间坐标；②利用立体像对的相对定向-绝对定向法来解求目标物的空间坐标；③利用光束法双像摄影测量来解求目标物的空间坐标。

三种方法比较如下：

（1）后方交会-前方交会法是利用控制点的物方坐标与像方坐标，根据共线条件方程式，由单像空间后方交会求出左右像片的外方位元素，然后根据待定点的同名点坐标通过前方交会求出待定点的物方坐标。前方交会结果的精度依赖于空间后方交会的精度。

（2）相对定向-绝对定向法，是利用立体像对的内在几何关系——共面条件方程式，先求解立体像对的相对定向元素，按前方交会法计算出模型点的像空间辅助坐标，建立与地面相似的相对立体模型后，再利用至少两个平高控制点和一个高程控制点，解算单元模型的绝对定向元素，按空间相似变换关系式，将相对立体模型进行平移、旋转、缩放，最终纳入规定的地面坐标系，求解出地面目标的地面测量坐标。该方法计算公式比较多，且作业公式多近似，最后的点位精度取决于相对定向和绝对定向的精度；所以，用这种方法的解算结果不能严格表达一幅影像的外方位元素。若要获得高精度的成果，需采用严密相对定向作业公式和严密绝对定向作业公式。

（3）光束法双像摄影测量是基于每张像片内所有的控制点和待定点的像点坐标，按共线条件方程式列立误差方程，并在像对内进行整体平差，同时求解出两张像片的外方位元素和所有待定点的物方坐标的方法。该方法在三种方法中，理论最严密，理论精度最高，待定点的坐标是完全按最小二乘平差法解算出来的。

基于上述分析，第一种方法常在已知像片的外方位元素、需确定少量待定点坐标时采用；第二种方法多用于航带法空中三角测量；第三种方法应用于光束法空中三角测量。

【项目习题】

1. 双像解析摄影测量求解地面点三维坐标的方法有哪三种？
2. 什么是单像空间后方交会？观测值是什么？未知量是什么？需要多少个控制点才能完成？
3. 空间多像前方交会的目的是什么？观测值和未知量各是什么？
4. 试设计空间后方交会-前方交会解算地面点三维坐标的作业过程。
5. 什么是解析相对定向？它的目的是什么？相对定向完成的判定条件是什么？

6. 解析相对定向有哪两种方法？是在哪个坐标系中进行的？它们的数学模型、未知数、观测值各是什么？是否需要控制点？

7. 什么是解析绝对定向？它的数学模型是什么？需要多少个控制点？在绝对定向前进行坐标重心化的目的是什么？

8. 什么是光束法？光束法有几个未知数？

项目六 空中三角测量

应用航摄像片测绘地形图必须有一定数量的控制点。如果这些控制点利用传统的野外采集方法测量，其工作量特别大。摄影测量学的任务之一就是要最大限度地减少外业工作，由此提出了解析空中三角测量的概念。解析空中三角测量是利用连续摄取的具有一定重叠度的航摄像片，根据像片上量测的像点坐标及野外控制点的大地坐标，利用摄影测量方法建立同实地相应的航线模型或区域网模型，获取测图用的已知点，为测图提供绝对定向点，从而获取地面点的物方空间坐标。

任务一 解析空中三角测量

【任务目标】
(1) 掌握解析空中三角测量的概念及分类。
(2) 了解解析空中三角测量的意义。
(3) 了解像点坐标的系统误差及其改正方法。

【任务描述】
解析空中三角测量根据影像上量测的像点坐标及少量控制点的大地坐标，求出未知点的大地坐标和影像的外方位元素。像点坐标的系统误差主要是由摄影材料的变形、摄影物镜畸变、大气折光以及地球曲率诸因素引起的，这些误差在像对的立体测图时，对成图的精度影响不大，然而在处理大范围的空中三角测量加密点以及高精度的解析和数字摄影测量时必须加以考虑，特别是对摄影材料的变形改正和摄影物镜畸变差的改正。

【任务知识】

一、解析空中三角测量的概念

摄影测量作业需要一定数量的地面控制点。用双像解析摄影测量方法求解地面点的坐标，外业工作量大，工作效率不高。例如，在后方交会中一张像片至少要知道3个不在同一条直线上的地面控制点，才能求解像片的外方位元素；一个立体像对，需要3个地面控制点求解像对的7个绝对定向元素，才能把经过相对定向建立的任意模型纳入地面摄影测量坐标系中；能否在一个航带内的十几个像对中，或几条航带构成的一个区域内，只测定少量的外业控制点，在内业按一定的数学模型平差计算出该区域内待定点的坐标，作为控制点用于双像测图、像片纠正等？答案是肯定的，解析空中三角测量就是为了解决这个问

► 摄影测量学

题而提出的。

1. 解析空中三角测量的定义

解析空中三角测量就是在一条航带几十个像对覆盖的区域或由几条航带几百个像对构成的区域内，仅仅由外业实测少量的控制点，按一定的数学模型，平差解算出（加密）摄影测量作业过程中所需的全部控制点（称待定点或加密点）及每张像片的外方位元素。这些像片连接点称为加密点。该方法将空中摄站及像片放到整个网中，起到点的传递和构网的作用，也称解析空三加密。

2. 解析空中三角测量的目的

（1）为立体测绘地形图、制作影像平面图和正射影像图提供定向控制点（图上精度要求在 0.1 mm 以内）和内、外方位元素。

（2）取代大地测量方法，进行三、四等或等外三角测量的点位测定（要求精度为厘米级）。

（3）用于地籍测量，以测定大范围内界址点的国家统一坐标，称为地籍摄影测量，以建立坐标地籍（要求精度为厘米级）。

（4）单元模型中解析计算大量点的地面坐标，用于诸如数字高程模型采样或桩点法测图。

（5）解析法地面摄影测量，例如各类建筑物变形测量、工业测量以及用影像重建物方目标等。此时所要求的精度往往较高。

概括起来讲，解析空中三角测量的目的可以分为两个方面，一是用于地形测图的摄影测量加密，二是高精度摄影测量加密，以用于各种不同的应用目的。

3. 解析空中三角测量的意义

（1）不需直接触及被量测的目标或物体，凡是在影像上可以看到的目标，不受地面通视条件限制，均可以测定其位置和几何形状。

（2）可以快速地在大范围内同时进行点位测定，从而可以节省大量的野外测量工作量。

（3）在进行摄影测量平差计算时，加密区域内部精度均匀，且很少受区域大小的影响。

二、解析空中三角测量的分类

（一）根据平差中采用的数学模型分类

（1）航带法。通过相对定向和模型连接先建立自由航带，以点在该航带中的摄影测量坐标为观测值，通过确定非线性多项式中的变换参数，把自由网纳入所要求的地面坐标系中，并使公共点上不符值的平方和为最小。

（2）独立模型法。先通过相对定向建立起单元模型，以模型点坐标为观测值，通过单元模型在空间的相似变换，使之纳入规定的地面坐标系，并使模型连接点上残差的平方和最小。

（3）光束法。直接由每幅影像的光线束出发，以像点坐标为观测值，通过每个光束在三维空间的平移和旋转，使同名光线在物方最佳地交会在一起，并使之纳入规定的坐标系，从而加密出待求点的物方坐标和影像的方位元素。

（二）根据加密区域分类

1. 单航带法

单航带法是以一条航带为加密单元进行解算，采用连续像对相对定向的方法，借助相邻模型间的公共点统一模型比例尺，将该航带拼接为一条自由的航带模型，进而求得各模型点在统一的航线摄影基础测量坐标系中的坐标。然后根据已知地面控制点进行航带网的绝对定向和航带模型非线性变形改正，解算出各加密点的地面坐标。

2. 区域网法

区域网法是在单航带法的基础上发展起来的一种多航带区域摄影测量加密控制点的方法，是利用区域内已知地面控制点，按照最小二乘法进行整体平差，计算区域内所有加密点的过程。

根据区域网法整体平差时所采用平差单元的不同，可将区域网空中三角测量分为以下3种。

（1）航带法区域网平差：以航带作为整体平差的基本单元，计算各个加密点的地面坐标。

（2）独立模型区域网法平差：以单元模型作为平差单元，计算各个加密点的地面坐标。

（3）光线束法区域平差：以每张像片相似投影光束作为平差单元，计算各个加密点的地面坐标。

与单航带法相比，区域网法需要较少的地面控制点数，加密成果具有较高的精度和整体性。

三、像点坐标的量测和系统误差改正

（一）像点坐标的量测

在摄影测量中，一个立体像对的同名像点在各自的像平面坐标系的 x、y 坐标之差分别称为左右视差 p 及上下视差 q，即 $p=x_1-x_2$，$q=y_1-y_2$。用解析方法处理摄影测量像片时，首先要测出像点坐标 (x,y)，新型的立体坐标量测仪都具有小型计算机和接口设备，使量测的数据直接输入计算机中进行数据处理。不同结构的仪器有不同的测量成果，有的立体坐标量测仪可量测出 (x_1,y_1) 和 (x_2,y_2)，有的可量测出 (x_1,y_1) 和 (p,q)。

（二）系统误差改正

由中心投影构像的共线方程可知，在摄影瞬间，地面点、摄站点和像点应处在一条直线上，但是像片在摄影和处理过程中，由于摄影底片变形、摄影机物镜畸变差、大气折光、地球曲率等因素的影响，地面点在像片的像点位置发生了位移，偏离了三点共线。上述因素对每张像片的影响都有相同的规律性，像点位移属于一种系统误差。这种误差在像对的立体测图时对成图精度影响不大，一般可不考虑。但是在空中三角测量加密控制点时，误差的积累对加密点的成果精度有很大影响。因此，有必要事先改正原始数据中像点坐标的系统误差。像点坐标的系统误差主要包括航摄像片的底片变形、航摄仪物镜畸变差、大气折光差和地球曲率改正4个方面。

1. 航摄像片的底片变形

航摄像片在摄影、处理和保存过程中，由于受到不均匀外力、温度、湿度等外界因素变化的影响，会产生不同程度的变形。底片变形情况比较复杂，可分为均匀变形和非均匀变形，所引起的像点位移可通过量测框标坐标或量测框标距来进行改正。

（1）若量测了4个框标的坐标时，像点坐标可采用双线性变换公式改正：

$$\left.\begin{aligned} x' &= a_0 + a_1 x + a_2 y + a_3 xy \\ y' &= b_0 + b_1 x + b_2 y + b_3 xy \end{aligned}\right\} \tag{6-1}$$

式中　　x, y——像点坐标的量测值；

　　　　x', y'——像点坐标经改正后的值；

　　　　$a_i, b_i (i=1, 2, 3)$ 为待定的系数。

将4个框标的理论坐标值和量测值代入式（6-1）中，求得8个待定系数，然后再用式（6-1），求出经过摄影材料变形改正后的像点坐标。

（2）若量测了4个框标距时，像点坐标可采用以下变形公式改正：

$$\left.\begin{aligned} x' &= x \frac{L_x}{l_x} \\ y' &= y \frac{L_y}{l_y} \end{aligned}\right\} \tag{6-2}$$

式中　　l_x, l_y——框标距的量测值；

　　　　L_x, L_y——框标距的理论值；

　　　　x, y 和 x', y' 的含义同式（6-1）。

实际上，在影像的内定向过程中已部分地顾及了影像变形误差；所以，若像点坐标的量测包括了内定向步骤，也可不必另行作航摄像片的底片变形改正。

2. 航摄仪物镜畸变差

航摄仪物镜在加工、安装和调试过程中难免存在一定的残余像差，这一残余像差会引起物镜畸变。物镜畸变包括对称畸变和非对称畸变。对称畸变是指在以像主点为中心的辐射线上，辐射距相等的点，它们的畸变相等；非对称畸变是由物镜各组合透镜不同心所引起的，其畸变差仅是对称畸变差的1/3，故一般只对对称畸变进行改正。对称畸变差可用下列多项式改正：

$$\left.\begin{aligned} \Delta x &= -x'(k_0 + k_1 r^2 + k_2 r^4) \\ \Delta y &= -y'(k_0 + k_1 r^2 + k_2 r^4) \end{aligned}\right\} \tag{6-3}$$

式中　　$\Delta x, \Delta y$——像点坐标改正数；

x', y'——改正底片变形后的像点坐标；

k_0, k_1, k_2——物镜畸变差改正系数，由摄影机检定获得；

r——以像主点为极点的向径，$r = \sqrt{x'^2 + y'^2}$。

3. 大气折光差

大气密度随着高度的增大而减少，大气折射率也随着高度增大而减小；因此，摄影光线通过大气层时沿着一条折线前进。大气折光引起像点误差随像点的辐射距离增大而增大。大气折光引起像点在辐射方向上的改正：

$$\Delta r = -\left(f + \frac{r^2}{f}\right) \cdot r_f \tag{6-4}$$

其中：

$$r_f = \frac{n_0 - n_H}{n_0 + n_H} \cdot \frac{r}{f} \tag{6-5}$$

式中 r——以像主点为极点的向径，$r = \sqrt{x^2 + y^2}$；

f——摄影机主距；

r_f——折光差角；

n_0, n_H——地面上及高度为 H 处的大气折射率，可由气象资料或大气模型获得。

因此，大气折光差引起的像点坐标的改正值为：

$$\left.\begin{array}{l} dx = \dfrac{x'}{r}\Delta r \\ dy = \dfrac{y'}{r}\Delta r \end{array}\right\} \tag{6-6}$$

式中 x', y'——大气折光改正前的像点坐标。

4. 地球曲率改正

以上三种系统误差都破坏了物像间的中心投影关系，而地球曲率影响则属于投影变换不同引起的差异。大地水准面是一个椭球面，而地图制图中采用的地面坐标系是以平面为基准面的，这种差异会直接影响解析空中三角测量的成果精度，因此需要进行改正。

由地球曲率引起像点坐标在辐射方向的改正为

$$\delta = \frac{H}{2Rf^2}r^3 \tag{6-7}$$

式中 r——以像主点为极点的向径，$r = \sqrt{x'^2 + y'^2}$；

f——摄影机主距；

H——摄站点航高；

R——地球曲率半径。

像点坐标的改正分别为

$$\left.\begin{array}{l}\delta_x = \dfrac{x'}{r}\delta = \dfrac{x'Hr^2}{2f^2R} \\ \delta_y = \dfrac{y'}{r}\delta = \dfrac{y'Hr^2}{2f^2R}\end{array}\right\} \quad (6-8)$$

式中　x'，y'——地球曲率改正前的像点坐标。

最后，经摄影材料变形、摄影机物镜畸变差、大气折光差和地球曲率改正后的像点坐标为

$$\left.\begin{array}{l}x = x' + \Delta x + \mathrm{d}x + \delta_x \\ y = y' + \Delta y + \mathrm{d}y + \delta_y\end{array}\right\} \quad (6-9)$$

式中　x，y——经过各项误差改正后的像点坐标；

　　　x'，y'——经过摄影材料变形改正后的像点坐标；

　　　Δx，Δy——物镜畸变差引起的像点坐标改正值；

　　　$\mathrm{d}x$，$\mathrm{d}y$——大气折光引起的像点坐标改正值；

　　　δ_x，δ_y——地球曲率引起的像点坐标改正值。

任务二　区域网平差方法

【任务目标】

（1）掌握航带法解析空中三角测量的基本思想和处理流程。

（2）掌握独立模型法解析空中三角测量的基本思想和处理流程。

（3）掌握光束法解析空中三角测量的基本思想和处理流程。

【任务描述】

空中三角测量是摄影测量中的一项重要工作。其目的是根据航摄像片和所摄地面的几何关系，在野外尽量少布设控制点，而通过室内加密的形式，按一定的数字模型计算出待定点的坐标。按照平差中的数学模型，分为航带法解析空中三角测量、独立模型法解析空中三角测量、光束法解析空中三角测量。解析空中三角测量提供的平差结果是后续的一系列摄影测量处理与应用的基础。

【任务知识】

一、航带法解析空中三角测量

（一）基本思想

航带法区域网空中三角测量是在每条航线构成航带模型后，各航带依次根据本航带地面控制点和上一条相邻航带公共点进行概略定向，使全区域的各条航带统一在共同的坐标系中。然后以单个航带模型作为一个基本单元，利用地面控制点的摄影测量坐标与实际地面坐标相等以及相邻航带公共点坐标应相等为条件，将这些点经概略绝对定向后的坐标作为观测值，用平差方法在全区域同时整体解算各条航带模型的非线性变形纠正系数，从而求得各个加密点的地面坐标。

(二) 建网过程

1. 像对的相对定向

每个像对相对定向以左像片为基准,求右像片相对于左像片的相对定向元素,以航带中第一张像片的像空间坐标系作为像空间辅助坐标系,对第一个像对进行相对定向。之后保持左像片不动,即以第一个像对右片的相对定向角元素作为第二个像对左片的角元素,为已知值,再对第二个像对进行连续法相对定向,求出第三张像片相对于第二张像片的相对定向元素,如此下去,直到完成所有像对的相对定向为止。

相对定向后,整条航带的像空间辅助坐标系均转化为统一的像空间辅助坐标系。但由于各像对的基线是任意给定的,因此,各模型的坐标原点和比例尺不同,模型点在各自的像空间辅助坐标系中的坐标按下式计算:

$$\begin{bmatrix} X_1 \\ Y_1 \\ Z_1 \end{bmatrix} = \boldsymbol{R}_1 \begin{bmatrix} x_1 \\ y_1 \\ -f \end{bmatrix} \quad \begin{bmatrix} X_2 \\ Y_2 \\ Z_2 \end{bmatrix} = \boldsymbol{R}_2 \begin{bmatrix} x_2 \\ y_2 \\ -f \end{bmatrix}$$

$$N_1 = \frac{b_x Z_2 - b_z X_2}{X_1 Z_2 - X_2 Z_1} \quad N_2 = \frac{b_x Z_1 - b_z X_1}{X_1 Z_2 - X_2 Z_1} \tag{6-10}$$

模型点坐标为

$$\left. \begin{array}{l} X = N_1 X \\ Y = \dfrac{1}{2}(N_1 Y_1 + N_2 Y_2 + b_y) \\ Z = N_1 Z_1 \end{array} \right\} \tag{6-11}$$

Y 坐标取平均值是为了减少上下视差的影响,以上模型的计算都是以像对中左摄站点为坐标原点的坐标。

2. 模型连接及航带网的构成

将单个模型连接成为航带模型,将各模型不同的比例尺归化为统一的比例尺。通常,以相邻像对重叠范围内 3 个连接点的高程应相等为条件,从左向右依次将后一模型的比例尺归化到前一模型的比例尺中,建立统一的以第一个模型的比例尺为基准的航带模型。这样,就可将各像对的模型坐标纳入全航带统一的坐标系中。

在图 6-1 中,①、②表示模型的编号,模型①中的 2、4、6 点与模型②中的 1、3、5 点是同名点,如果前后两个模型的比例尺一致,则点 1 在模型②中的高程与点 2 在模型①中的高程有以下关系:

$$Z_1^② = Z_2^① - B_{Z_1} \tag{6-12}$$

如果前后两个模型的比例尺不一致,则

$$Z_1^② \ne Z_2^① - B_{Z_1} \tag{6-13}$$

其比例尺的规划系数为

$$k = \frac{Z_2^① - B_{Z_1}}{Z_1^②} \tag{6-14}$$

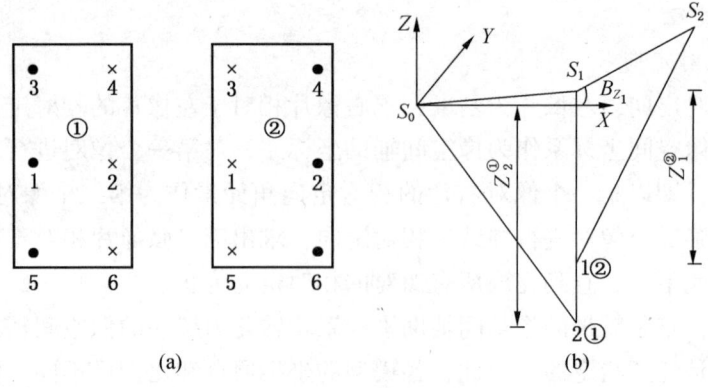

图 6-1 模型连接

式中，$Z_2^{①}$ 为模型①中点 2 的坐标；$Z_1^{②}$ 为模型②中点 1 的坐标；Bz_1 为在模型①中求得的相对定向元素。

为了提高模型连接的精度，模型比例尺归一化系数 k，取用由公共点 2、4、6 求得的各 k 值的平均值，即

$$k_{均} = \frac{1}{3}(k_2 + k_4 + k_6) \tag{6-15}$$

求得模型比例尺归一化系数后，在后一模型中，每一模型点在像空间辅助直角坐标系中的坐标及基线分量 B_X、B_Y、B_Z 均乘以归一化系数 k，就可获得与前一模型比例尺一致的坐标。由此可见，模型连接的实质就是求出相邻模型之间的比例尺归一化系数 k。这时需要注意的是各模型的比例尺虽然统一了，但是模型的像空间辅助坐标系并未统一，即各模型上模型点坐标的原点不一致。

求出各单个模型的摄影测量坐标后，将各个单模型连成一个整体的航带模型，将模型中所有的摄站点、模型点的坐标都纳入全航带统一的坐标系中。一般为第一幅影像所在的像空间辅助坐标系，以构成自由航带网。

因前一个模型的右摄站是后一个模型的左摄站，考虑模型比例归一化系数后，则第二个模型及以后各模型摄站点在全航带统一的坐标为

$$\left.\begin{array}{l}(X_p)_{S_2} = (X_p)_{S_1} + kmb_{X_2} \\ (Y_p)_{S_2} = (Y_p)_{S_1} + kmb_{Y_2} \\ (Z_p)_{S_2} = (Z_p)_{S_1} + kmb_{Z_2}\end{array}\right\} \tag{6-16}$$

第二个模型及以后各模型中模型点在全航带统一的坐标为

$$\left.\begin{array}{l}X_p = (X_p)_{S_1} + kmNX_1 \\ Y_p = \frac{1}{2}[(Y_p)_{S_1} + kmNY_1 + (Y_p)_{S_2} + kmN'Y_2] \\ Z_p = (Z_p)_{S_1} + kmNZ_1\end{array}\right\} \tag{6-17}$$

式中 bx_2,by_2,bz_2——立体模型的模型基线分量;

X_1,Y_1,Z_1——左像点的像空间辅助坐标;

Y_2——右像点的像空间辅助坐标;

N,N'——本像对左右像片的点投影系数;

m——摄影比例尺分母。

3. 航带模型的绝对定向

绝对定向是指把待定点的摄测坐标转换为地面摄测坐标。航带模型的绝对定向,即把航带模型视为一个整体,采用与单个模型定向完全相同的方法。其主要流程是:将控制点的地面坐标转化为地面摄影测量坐标;计算重心坐标和重心化坐标;建立绝对定向的误差方程,并进行法方程式的求解、绝对定向坐标的计算。

1) 控制点的地面坐标转化为地面摄影坐标

由于航带网的绝对定向是在摄影测量坐标和地面摄影测量坐标系之间进行,同时也保证了绝对定向元素求解时角元素为小角值,以满足使用线性化公式的迭代计算条件。而地面控制量测得的地面点坐标都是基于地面坐标系的,因此在绝对定向之前需要将控制点的地面测量坐标转换为地面摄影测量坐标,待绝对定向和航带网非线性改正之后,再将航带网的地面测量坐标返转到地面测量坐标系中。

由于地面摄影测量坐标系和地面测量坐标系的 Z 轴互相平行,因此地面测量坐标系与地面摄影测量坐标系之间的转换,是一个平面坐标系之间的转换(只涉及 XY 平面),实现这一转换的计算方法如下。

在航带网的两端分别选取点 1 和点 2 两个控制点,这两个控制点要同时具有地面测量坐标和地面摄影测量坐标。将测区内所有控制点的地面测量坐标和地面摄影测量坐标都转换为以点 1 为原点的坐标,即

$$\left.\begin{aligned} X_{tAi} &= X_{ti} - X_{t1} \\ Y_{tAi} &= Y_{ti} - Y_{t1} \\ Z_{tAi} &= Z_{ti} - Z_{t1} \\ X_{pAi} &= X_{Pi} - X_{P1} \\ Y_{pAi} &= Y_{Pi} - Y_{P1} \\ Z_{pAi} &= Z_{Pi} - Z_{P1} \end{aligned}\right\} \quad (6-18)$$

式中,X_{tAi},Y_{tAi},Z_{tAi} 为转换坐标原点后控制点的地面坐标,X_{pAi},Y_{pAi} 可根据 1,2 点的坐标,按前面所讲平面坐标的计算公式计算:

$$\begin{bmatrix} X_{pA} \\ Y_{pA} \end{bmatrix} = \begin{bmatrix} \lambda\cos\theta & -\lambda\sin\theta \\ \lambda\sin\theta & -\lambda\cos\theta \end{bmatrix} \begin{bmatrix} X_{tA} \\ Y_{tA} \end{bmatrix} = \begin{bmatrix} b & -a \\ a & b \end{bmatrix} \begin{bmatrix} X_{tA} \\ Y_{tA} \end{bmatrix} \quad (6-19)$$

式中,θ 为两平面坐标系轴系之间的夹角;λ 为缩放系数。

在式(6-19)中,θ 和 λ 为未知数,首先要根据点 1,点 2 两控制点在两坐标系的相

应坐标，求出参数 a，b 和 λ。由式（6-19）求解得到

$$\left.\begin{aligned} a &= \frac{Y_{pA}X_{tA} - X_{pA}Y_{tA}}{X_{tA}^2 + Y_{tA}^2} \\ b &= \frac{X_{pA}X_{tA} + Y_{pA}Y_{tA}}{X_{tA}^2 + Y_{tA}^2} \\ \lambda &= \sqrt{a^2 + b^2} = \sqrt{\frac{X_{pA}^2 + Y_{pA}^2}{X_{tA}^2 + Y_{tA}^2}} \end{aligned}\right\} \quad (6-20)$$

当求得 a，b，λ 之后，将全部的地面测量坐标按下式转化为地面摄影测量坐标：

$$\left.\begin{aligned} \begin{bmatrix} X_{pAi} \\ Y_{pAi} \end{bmatrix} &= \begin{bmatrix} b & -a \\ a & b \end{bmatrix} \begin{bmatrix} X_{tAi} \\ Y_{tAi} \end{bmatrix} \\ Z_{pAi} &= \lambda Z_{tAi} \end{aligned}\right\} \quad (6-21)$$

完成这项地面测量坐标向地面摄影测量坐标的转换，再进行重心化坐标处理，采用模型绝对定向条件方程式，计算自由航带网模型的绝对定向元素。

2）计算重心坐标和重心化坐标

采用重心化坐标可以简化绝对定向的法方程，使法方程的某些系数项为零，从而达到简化计算的目的。

地面摄影测量坐标系中地面控制点的重心化：

重心坐标：

$$X_{tpg} = \frac{\sum X_{tp}}{n} \quad Y_{tpg} = \frac{\sum Y_{tp}}{n} \quad Z_{tpg} = \frac{\sum Z_{tp}}{n}$$

重心化坐标：

$$\left.\begin{aligned} \overline{X}_{tpi} &= X_{tpi} - X_{tpg} \\ \overline{Y}_{tpi} &= Y_{tpi} - Y_{tpg} \\ \overline{Z}_{tpi} &= Z_{tpi} - Z_{tpg} \end{aligned}\right\} \quad (6-22)$$

航带模型像辅助空间坐标系中模型点坐标的重心化：

重心坐标：

$$\left.\begin{aligned} X_{pg} &= \frac{\sum X_p}{n} \quad Y_{pg} = \frac{\sum Y_p}{n} \quad Z_{pg} = \frac{\sum Z_p}{n} \\ \overline{X}_{pi} &= X_{pi} - X_{pg} \\ \overline{Y}_{pi} &= Y_{pi} - Y_{pg} \\ \overline{Z}_{pi} &= Z_{pi} - Z_{pg} \end{aligned}\right\} \quad (6-23)$$

求重心坐标时，地面控制点与模型点的数目和点号应对应相同。

3) 计算绝对定向元素

建立绝对定向的误差方程并进行法方程的求解，最后进行绝对定向元素的计算。航带网的绝对定向，采用模型绝对定向条件方程式计算，求解航带模型的绝对定向元素，进而可将航带内所有模型点的摄影测量坐标（X_p，Y_p，Z_p）变换为地面摄影测量坐标（X_{tp}，Y_{tp}，Z_{tp}），从而完成航带网的绝对定向。实际上绝对定向元素的计算工作，都是把具体公式按实施计算的顺序编写成程序语言由计算机完成。具体的计算机作业流程如图 6-2 所示。

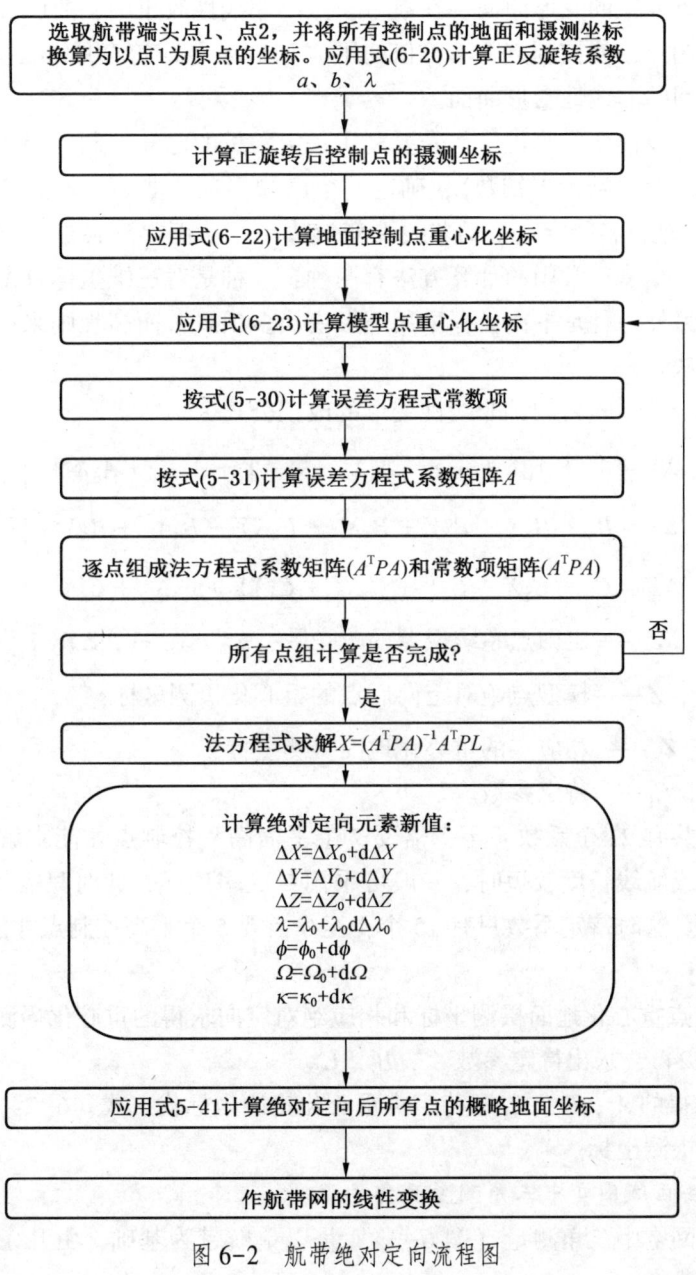

图 6-2　航带绝对定向流程图

由于绝对定向后的航带网地面点坐标，必须做非线性变形改正，因此绝对定向无须精确重复趋近，一般只做一次趋近即可，因此也把此绝对定向称为概略定向。

4. 航带模型的非线性改正

绝对定向后构成的航带模型仍存在着残余系统误差和偶然误差的影响，使航带网产生模型扭曲，所以绝对定向后所获得的模型坐标只是在地面摄测坐标中的概略值，还需进行航带网的非线性变形改正。

实际上航带网变形的原因很复杂，不能用一个简单的数学式精确表达出来，通常采用多项式曲面来逼近复杂的变形曲面。在航带模型的非线性改正中，曲面 $Z=F(XY)$ 通过航带网中已知的控制点，使控制点上不符值的平方和最小（即符合最小二乘法原理），此时的曲面就是航带网的非线性变形曲面。

对航带网的非线性变形改正，首先要利用一定数量的已知控制点坐标，求得多项式曲面的各项系数（此时系数为未知数），确定一个已知多项式曲面，然后利用已求得的系数（非线性改正数）进行各待定点上的非线性变形改正，从而得到各加密点的坐标。多项式非线性改正的方法很多，常用的计算方法有两种：一种是对三维坐标 (X，Y，Z) 分别采用独立多项式；另外一种是平面坐标采用正形变换多项式，而高程则采用一般多项式。这里介绍第一种方法。

以三次非完全多项式为例，非线性变形的改正公式为

$$\left.\begin{array}{l}\Delta X = A_0 + A_1\overline{X} + A_2\overline{Y} + A_3\overline{X}^2 + A_4\overline{XY} + A_5\overline{X}^3 + A_6\overline{X}^2\overline{Y} \\ \Delta Y = B_0 + B_1\overline{X} + B_2\overline{Y} + B_3\overline{X}^2 + B_4\overline{XY} + B_5\overline{X}^3 + B_6\overline{X}^2\overline{Y} \\ \Delta Z = C_0 + C_1\overline{X} + C_2\overline{Y} + C_3\overline{X}^2 + C_4\overline{XY} + C_5\overline{X}^3 + C_6\overline{X}^2\overline{Y}\end{array}\right\} \quad (6-24)$$

式中 ΔX，ΔY，ΔZ——定向点系统误差的改正数，$\Delta X = \overline{X}_{tp} - X$，$\Delta Y = \overline{Y}_{tp} - Y$，$\Delta Z = \overline{Z}_{tp} - Z$；

$\overline{X}$，$\overline{Y}$，$\overline{Z}$——模型点绝对定向后点的重心化摄测坐标；

$\overline{X}_{tp}$，$\overline{Y}_{tp}$，$\overline{Z}_{tp}$——相应点的重心化地面摄测坐标；

A_i，B_i，C_i——待定参数。

三次多项式共有 21 个系数，至少需要 7 个平面高程控制点才能求解。当在航带内的控制点数量较少或航线长度较短时，一般可采用二次多项式，此时只需把式 6-24 右端的三次项略去即可。这时待定系数只有 15 个，至少需要 5 个平高控制点才能求解。

具体做法是：

(1) 将控制点重心化地面摄测坐标和相应绝对定向求得的重心化摄测坐标之间的不符值，代入式（6-24），求出待定参数 A_i，B_i，C_i。

(2) 将所求得的 A_i，B_i，C_i 和待定点重心化摄测坐标代入式（6-24），即可求得待定点的重心化地面摄测坐标。

(三) 航带法区域网空中三角测量主要步骤

航带法区域网空中三角测量（图6-3）。是以单航带为基础，由几条航带构成一个区

域整体平差，求解各航带的非线性变形改正系数，进而求得整个测区内全部待定点的坐标，其主要步骤如下：

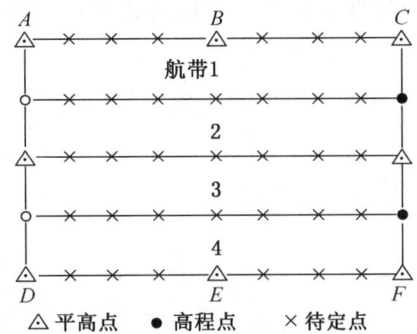

图 6-3　航带法区域网空中三角测量示意图

（1）按单航带模型法分别建立航带模型，以取得各航带模型点在本航带统一的像空间辅助坐标系中的坐标值。

（2）各航带模型的绝对定向。从第一条航带开始，根据本航带内已知的地面控制点和下一航带的公共点进行绝对定向，以达到将各条自由航带网纳入全区域统一坐标系中的目的，从而求出区域内各航带模型点在全区域统一的地面摄影测量坐标系中的概略坐标。

（3）计算重心坐标及重心化坐标。航带法区域网空中三角测量的结果是计算出各航带非线性改正的系数，而非线性改正要用到各航带的重心化坐标，因此各航带只需要各自的重心而不必取全区域统一的重心化坐标。

（4）以模型中控制点的加密坐标应与外业实测坐标相等，以及相邻航带间公共连接点的坐标应相等为条件，列出误差方程式，并用最小二乘准则平差计算，整体求解各航带的非线性改正系数。

（5）用平差计算得出的多项式系数，分别计算各模型点改正后的坐标值。此时，在控制点上仍会有残差，可根据此残差的不符值来衡量加密的精度。在相邻航带的公共点上，上下两条航线的两组坐标值也会有矛盾，当互差在允许限度内时，一般取均值为加密点坐标。

二、独立模型法区域网空中三角测量

为了避免误差累积，可以以单模型或双模型为平差单元计算。由一个个相互连接的单模型既可以构成一条航带网，也可以组成一个区域网，但构网过程中的误差却被限制在单个模型范围内，不会发生传递累积，这样就可以克服航带法区域网空中三角测量的不足，有利于提高加密精度。

1. 基本思想

如图 6-4 所示，独立模型法区域网空中三角测量是基于单独法相对定向建立单个立体模型，再由一个个单模型相互连接组成一个区域网。由于各模型的像空间辅助坐标系和比例尺均不一致，因此，在模型连接时，要用模型内的已知控制点和模型间的公共点进行空间相似变换。首先将各个单模型视为刚体，利用各单模型间的公共点连成一个区域。在连接的过程中，每个模型只作平移、旋转及缩放，所以利用空间相似变换式就能完成上述任务。在变换中应使模型公共点的坐标尽可能一致，控制点的计算坐标应与实测坐标相等，同时误差的平方和应为最小，在满足这些条件的情况下，根据最小二乘法准则对全区域网实施整体平差，求解每个模型的 7 个绝对定向参数，从而求出所有待定点的地面坐标。

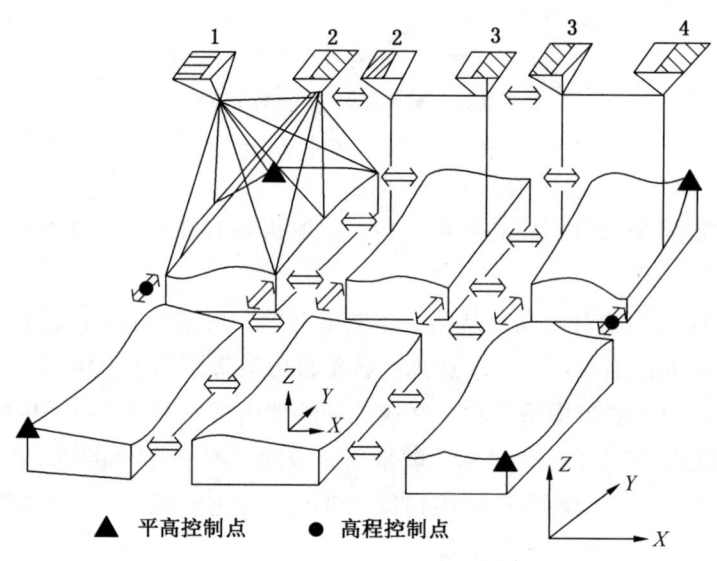

图 6-4 独立模型法区域网空中三角测量示意图

2. 数学模型

按单独法相对定向建立单元模型后，将各单元模型视为刚体，分别进行三维线性变换，即

$$\begin{bmatrix} X_{tp} \\ Y_{tp} \\ Z_{tp} \end{bmatrix} = \lambda \boldsymbol{R} \begin{bmatrix} \overline{X} \\ \overline{Y} \\ \overline{Z} \end{bmatrix} + \begin{bmatrix} X_g \\ Y_g \\ Z_g \end{bmatrix} \tag{6-25}$$

式中　　$\overline{X}$, $\overline{Y}$, $\overline{Z}$——单元模型中任一模型点（包括投影中心）的重心化摄测坐标；

　　　　X_{tp}, Y_{tp}, Z_{tp}——地面摄测坐标；

　　　　X_g, Y_g, Z_g——该模型重心在地面摄测坐标系中的坐标；

　　　　λ——单元模型的缩放系数；

　　　　$\boldsymbol{R}$——单元模型绝对定向的角元素构成的旋转矩阵。

对式（6-24）线性化，列出误差方程式：

$$-\begin{bmatrix} v_x \\ v_y \\ v_z \end{bmatrix}_{i,j} = \begin{bmatrix} 1 & 0 & 0 & \overline{X} & \overline{Z} & 0 & -\overline{Y} \\ 0 & 1 & 0 & \overline{Y} & 0 & -\overline{Z} & \overline{X} \\ 0 & 0 & 1 & \overline{Z} & -\overline{X} & \overline{Z} & 0 \end{bmatrix}_{i,j} \begin{bmatrix} \Delta X_g \\ \Delta Y_g \\ \Delta Z_g \\ \Delta \lambda \\ \Delta b \\ \Delta a \\ \Delta c \end{bmatrix} - \begin{bmatrix} \Delta X \\ \Delta Y \\ \Delta Z \end{bmatrix}_{i,j} - \begin{bmatrix} l_x \\ l_y \\ l_z \end{bmatrix}_{i,j} \quad (6-26)$$

其中：

$$\begin{bmatrix} l_x \\ l_y \\ l_z \end{bmatrix}_{i,j} = \begin{bmatrix} X_0 \\ Y_0 \\ Z_0 \end{bmatrix}_{i,j} - \lambda \boldsymbol{R} \begin{bmatrix} \overline{X} \\ \overline{Y} \\ \overline{Z} \end{bmatrix}_{i,j} - \begin{bmatrix} X_g \\ Y_g \\ Z_g \end{bmatrix}_j \quad (6-27)$$

式中 ΔX，ΔY，ΔZ——待定点的坐标改正数；

i——模型点点号；

j——模型编号；

X_0，Y_0，Z_0——模型公共点的坐标均值，在迭代趋近中，每次用新坐标值求得；

其他符号含义同前。

对于控制点，若认为控制点上无误差，式（6-27）中的 $(\Delta X \quad \Delta Y \quad \Delta Z)^T$ 值为零，常数项中 $(X_0, Y_0, Z_0)^T$ 用控制点坐标 $(X_{tp}, Y_{tp}, Z_{tp})^T$ 代入。对每一个公共连接点或控制点可列出上述一组误差方程式。

为便于计算，常把误差方程式中的未知数分为两组，即将每个模型的 7 个定向参数改正数及待定点地面坐标改正数各分为一组，记为

$$\boldsymbol{t} = (dX_g \quad dY_g \quad dY_g \quad d\lambda \quad d\varphi \quad d\omega \quad d\kappa)^T, \quad \boldsymbol{X} = (\Delta X \quad \Delta Y \quad \Delta Z)^T$$

将误差方程式写成矩阵形式

$$-\boldsymbol{V} = \boldsymbol{At} + \boldsymbol{BX} - \boldsymbol{L} \quad (6-28)$$

式中，$\boldsymbol{B}$ 为单位矩阵，记为

$$\boldsymbol{B} = -\boldsymbol{E} = -\begin{bmatrix} 1 & 0 & 0 \\ 0 & 1 & 0 \\ 0 & 0 & 1 \end{bmatrix}$$

相应的法方程式为

$$\begin{bmatrix} \boldsymbol{A}^T\boldsymbol{A} & \boldsymbol{A}^T\boldsymbol{B} \\ \boldsymbol{B}^T\boldsymbol{A} & \boldsymbol{B}^T\boldsymbol{B} \end{bmatrix} \begin{bmatrix} \boldsymbol{t} \\ \boldsymbol{X} \end{bmatrix} = \begin{bmatrix} \boldsymbol{A}^T\boldsymbol{L} \\ \boldsymbol{B}^T\boldsymbol{L} \end{bmatrix} \quad (6-29)$$

或

$$\begin{bmatrix} \boldsymbol{N}_{11} & \boldsymbol{N}_{12} \\ \boldsymbol{N}_{21}^T & \boldsymbol{N}_{22} \end{bmatrix} \begin{bmatrix} \boldsymbol{t} \\ \boldsymbol{X} \end{bmatrix} = \begin{bmatrix} \boldsymbol{n}_1 \\ \boldsymbol{n}_2 \end{bmatrix} \quad (6-30)$$

▶ 摄影测量学

通常待定点坐标未知数 X 的个数远远大于未知数 t 的个数，故在法方程求解时，往往是先消去含未知数较多的 X，得到仅含未知数 t 的改化法方程式为

$$(N_{11} - N_{12}N_{22}^{-1}N_{12}^{T})t = n_1 - N_{12}N_{22}^{-1}n_2 \tag{6-31}$$

$$t = (N_{11} - N_{12}N_{22}^{-1}N_{12}^{T})^{-1}(n_1 - N_{12}N_{22}^{-1}n_2) \tag{6-32}$$

利用式（6-31）求出每个模型的绝对定向参数后，再按式（6-25）求得待定点的地面摄测坐标。

3. 作业流程

独立模型法区域网空中三角测量的主要作业流程为：

（1）单独法相对定向建立单元模型，获取各单元模型的模型坐标，包括摄站点坐标。

（2）利用相邻模型之间的公共点和所在模型的控制点，对每个单元模型分别做三维线性变换，按各自的条件列出误差方程式及法方程式。

（3）建立全区域的改化法方程式，并按循环分块法来求解，求得每个模型点的 7 个绝对定向参数。

（4）按已经求得的 7 个绝对定向参数，计算每个单元模型中待定点的坐标，若为相邻模型的公共点，取其均值作为最后结果。

独立模型法区域网空中三角测量的计算工作量大，若对于 4 条航线，每条航线 10 个模型，每个模型 6 个点的普通区域，法方程中模型绝对定向未知数的个数 $t = 4 \times 10 \times 7 = 280$。为了提高计算速度，有时也采用平面与高程分开求解的方法。

三、光束法区域网空中三角测量

1. 基本思想及主要内容

光束法区域网空中三角测量是以每张像片所组成的一束光线作为平差的基本单元，以共线条件方程作为平差的基础方程。通过各个光束在空中的旋转和平移，使模型之间公共点的光线实现最佳交会，并使整个区域纳入已知的控制点地面坐标系中。所以要建立全区域统一的误差方程式，整体求解全区域内每张像片的 6 个外方位元素以及所有待求点的地面坐标，如图 6-5 所示。

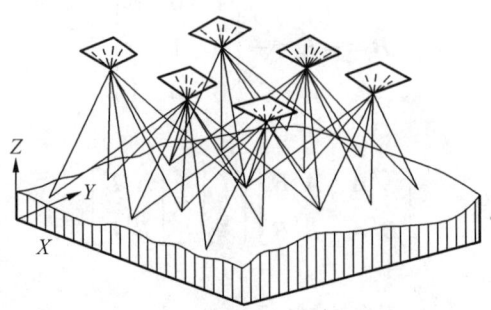

图 6-5 光束法区域网空中三角测量示意图

光束法区域网空中三角测量的主要内容包括：

（1）获取每张像片外方位元素及待定点坐标的近似值。

（2）从每张像片上控制点、待定点的像点坐标出发，按共线条件列出误差方程式。

（3）逐点建立改化法方程式，按循环分块的求解方法，先求出其中的一类未知数，通常先求每张像片的外方位元素。

（4）按空间前方交会求待定点的地面坐标，对于相邻像片的公共点，应取其平均值作为最后结果。

在某些特定情况下，第（3）步也可以先消去每幅影像外方位元素的未知数而建立只含坐标未知数的改化法方程式，直接求解待定点的地面坐标。

2. 误差方程式与法方程式的建立

同单张像片空间后方交会一样，光束法平差仍是以共线条件方程式作为基本的数学模型，像点坐标观测值是未知数的非线性函数，仍要进行线性化，与单张像片空间后方交会不同的是，对待定点的地面坐标 (X, Y, Z) 也要进行偏微分，所以，线性化过程中要提供每张像片外方位元素的近似值及待定坐标的近似值，然后逐渐趋近求出最佳解。在内方位元素已知的情况下，视像点坐标为观测值，其误差方程式可表示为

$$\left.\begin{aligned}v_x &= a_{11}\Delta X_S + a_{12}\Delta Y_S + a_{13}\Delta Z_S + a_{14}\Delta\varphi + a_{15}\Delta\omega + a_{16}\Delta\kappa - a_{11}\Delta X - a_{12}\Delta Y - a_{13}\Delta Z - l_x\\ v_y &= a_{21}\Delta X_S + a_{22}\Delta Y_S + a_{23}\Delta Z_S + a_{24}\Delta\varphi + a_{25}\Delta\omega + a_{26}\Delta\kappa - a_{21}\Delta X - a_{22}\Delta Y - a_{23}\Delta Z - l_y\end{aligned}\right\} \quad (6\text{-}33)$$

式中　　　　　　　　　　　　v_x, v_y——观测值 x, y 的改正数；

ΔX_s, ΔY_s, ΔZ_s, $\Delta\varphi$, $\Delta\omega$, $\Delta\kappa$——外方位元素的改正数；

a_{ij}——误差方程的系数项。

$l_x = x - (x)$，$l_y = y - (y)$，(x)，(y) 为把未知数的近似值代入共线条件式计算得到的像点坐标的近似值，当每一像点的 l_x，l_y 小于某一限差时，迭代计算结束。

式（6-33）写成矩阵形式为

$$\boldsymbol{V} = \begin{bmatrix} \boldsymbol{A} & \boldsymbol{B} \end{bmatrix} \begin{bmatrix} \boldsymbol{t} \\ \boldsymbol{X} \end{bmatrix} - \boldsymbol{L} \quad (6\text{-}34)$$

式中：

$$\boldsymbol{V} = \begin{pmatrix} v_x & v_y \end{pmatrix}^{\mathrm{T}}$$

$$\boldsymbol{A} = \begin{bmatrix} a_{11} & a_{12} & a_{13} & a_{14} & a_{15} & a_{16} \\ a_{21} & a_{22} & a_{23} & a_{24} & a_{25} & a_{26} \end{bmatrix}$$

$$\boldsymbol{B} = \begin{bmatrix} -a_{11} & -a_{12} & -a_{13} \\ -a_{21} & -a_{22} & -a_{23} \end{bmatrix}$$

$$\boldsymbol{t} = \begin{pmatrix} \Delta X_S & \Delta Y_S & \Delta Z_S & \Delta\varphi & \Delta\omega & \Delta\kappa \end{pmatrix}$$

$$\boldsymbol{X} = \begin{pmatrix} \Delta X & \Delta Y & \Delta Z \end{pmatrix}^{\mathrm{T}}$$

$$\boldsymbol{L} = \begin{pmatrix} l_x & l_x \end{pmatrix}^{\mathrm{T}}$$

对每个像点，可列出一组形如式（6-34）的误差方程式，其相应的法方程式为

$$\begin{bmatrix} A^{\mathrm{T}}A & A^{\mathrm{T}}B \\ B^{\mathrm{T}}A & B^{\mathrm{T}}B \end{bmatrix} \begin{bmatrix} t \\ X \end{bmatrix} = \begin{bmatrix} A^{\mathrm{T}}L \\ B^{\mathrm{T}}L \end{bmatrix} \tag{6-35}$$

用新的矩阵符号表示为

$$\begin{bmatrix} N_{11} & N_{12} \\ N_{21} & N_{22} \end{bmatrix} \begin{bmatrix} t \\ X \end{bmatrix} = \begin{bmatrix} M_1 \\ M_2 \end{bmatrix} \tag{6-36}$$

一般情况下，待定点坐标的未知数个数要远大于像片外方位元素 t 的个数，对式（6-36）消去未知数 X，可得未知数 t 的解为

$$t = (N_{11} - N_{12}N_{22}^{-1}N_{21})^{-1} \cdot (M_1 - N_{12}N_{22}^{-1}M_2) \tag{6-37}$$

利用式（6-37）求出每张像片的外方位元素后，再利用双像空间前方交会公式求得全部待定点的地面坐标，也可以利用多片前方交会求得待定点的地面坐标。

如果每幅影像的外方位元素已知，则根据式 6-33 可以列出空间前方交会点误差方程：

$$\left. \begin{array}{l} v_x = -a_{11}\Delta X - a_{12}\Delta Y - a_{13}\Delta Z - l_x \\ v_y = -a_{21}\Delta X - a_{22}\Delta Y - a_{23}\Delta Z - l_y \end{array} \right\} \tag{6-38}$$

如果有一个待定点跨了几张像片，则可以列出形如式（6-38）的 $2n$（n 为所跨像片张数）个误差方程式，将所有待定点的误差方程组成法方程式，解出每个待定点的地面坐标近似值的改正数，加上近似值后得到该点的地面坐标。

3. 像片外方位元素和地面点近似值的获取

进行光束法平差的第一步就是要确定外方位元素和待定点的近似值。光束法是以共线方程作为数学模型，然后进行线性化，并按最小二乘法进行平差计算。在计算中需要以近似值为基础，然后构建法方程，并逐次迭代趋近出最佳解。初始值的提供非常重要，初始值越接近最佳值，求解的收敛速度越快，而不合理的初始值不仅会影响计算的收敛速度，甚至可能得不到正确解，造成结果发散不收敛，因此光束法平差之前选择合理的初始值是很重要的。一般确定像片外方位元素和地面点坐标近似值的方法有如下几种。

（1）利用航带法的测量成果。航带法空中三角测量，理论上不十分严密，精度偏低，但其加密的结果作为光束法的初始值是最佳的。其具体做法是进行航带法空三测量，得到全测区每个像对所需测图控制点的地面摄影测量坐标，然后用航带法求出各地面点坐标进行后方交会，求出所有像片的外方位元素。这些值作为光束法平差时未知数的初始值，对计算非常有利，这是最好的确定光束法初始值的方法。

（2）利用已有的旧地图。这种方法就是将航摄像片与旧地图进行对比，找到在像片上和旧地图上都有的明显地物的位置，并在旧地图上读取点位坐标，再根据像片上像点的点位坐标，确定摄站点的近似值。一般认为航摄近似竖直摄影，三个角元素本身就是小角，所以先取零。这种方法需要人工操作，工作量大又烦琐，即使生成数字地图也很不方便，因此很少使用。

四、三种区域网平差方法比较

目前为止,我们已经学习了常用的三种区域网平差方法,包括航带法区域网平差、独立模型法区域网平差和光束法区域网平差。下面,从模型背景及平差原理、平差单元、观测值、未知数、平差数学模型、精度和应用等7个方面进行比较。

1. 模型背景及平差原理

(1) 航带法区域网平差。航带法产生于电子计算机问世之初,它是从模拟仪器上的空中三角测量演变过来的,是一种分步的近似平差方法。首先通过单个像对的相对定向和模型连接构建自由航带,然后在进行每条航带多项式非线性改正时,顾及航带间公共点条件和区域内的控制点,使之得到最佳的符合。

(2) 独立模型法区域网平差。独立模型法平差源于单元模型空间相似变换的思想。利用由影像坐标经解析相对定向后求出的或量测的独立模型坐标,通过各单元立体模型在空间的旋转、平移和缩放,使得模型公共点有尽可能相同的坐标,并通过地面控制点使整个空中三角测量网最佳地纳入规定的坐标系中。

(3) 光束法区域网平差。光束法区域网平差是从实现摄影过程的几何反转出发,基于摄影成像时,像点、物点和摄影中心三点共线的特点而提出的。这种方法最初提出时,由于受当时计算机水平和计算技术的限制未能广泛应用。但随着摄影测量技术的发展和计算机水平的提高,这种最严密的平差方法日益得到广泛应用,并已成为解析空中三角测量方法的主流。

2. 平差单元

航带法的平差单元为一条航带,由多个立体像对组成;独立模型法为独立模型,一般由 1~3 个立体像对组成;而光束法的平差单元则是单个光束,是单张影像。

3. 观测值

航带法的观测值是自由航带中各点的概略地面摄测坐标;独立模型法的观测值是计算的或量测的模型坐标;光束法将每幅影像的像点坐标作为原始观测值,是最严密的一步解法,误差方程式直接对原始观测值列出,能最方便地顾及影像系统误差的影响。

4. 未知数

航带法区域网平差中,将各航带的多项式改正系数作为未知数。显然,未知数少时,解算方便快速,但精度不高。独立模型法的未知数为各模型空间相似变换的 7 个参数,亦可按平面 4 个、高程 3 个参数分开解求,此外未知数还有加密点的地面坐标。光束法未知数是各影像的外方位元素,在某些特定条件下也包含内方位元素和所有待求点的地面坐标,未知数的数目最多。

5. 平差数学模型

航带法区域网平差的数学模型,是航带坐标的非线性多项式改正公式;独立模型法的数学模型是单元模型的空间相似变换公式;而光束法的数学模型是共线条件方程。

6. 精度

航带法不是严密的平差方法,精度最低;独立模型法是一种相当严密的平差方法,如果能顾及模型坐标间的相关特性,独立模型法在理论上与光束法同样严密;光束法通过各个光束在空间的旋转和平移,使同名光线最佳地交会,并最佳地纳入地面控制系统中去,是最严密的一步解法,精度最高。它还可以严密地处理非常规摄影以及非量测相机的影像数据。

7. 应用

航带法主要用于为严密平差提供初始值和小比例尺低精度点位加密。独立模型法可以进行测图加密。目前光束法区域网平差已广泛应用于低级别大地测量三角网及高精度数字地籍测量地界点等位测定等工作。

表6-1展示了三种区域网平差方法的不同特点。总之,航带法计算速度快,可以提供初始值。但缺点是分步近似平差,不严密且精度较差。独立模型法较航带法严密,但计算较费时,不能很好地消除系统误差的影响,对粗差有较好的抵抗能力。光束法理论最严密,精度最高且对粗差有较好的抵抗能力,已经成为解析空三的主流方法。

当然,与前两种方法相比,光束法区域网平差也有其缺点。首先,由于共线方程所描述的像点坐标与各未知参数的关系是非线性的,因此必须建立线性化误差方程式和提供各未知数初始值,而这对于航带法区域网平差是不必要的,对于平面独立模型法平差也不需要。其次,光束法区域网平差未知数多,计算量大,计算速度也相对较慢。此外,光束法区域网平差不能像前两种方法那样可将平面高程分开处理,而只能是三维网平差。

表6-1 三种区域网平差方法的不同特点

名称	航带法	独立模型法	光束法
平差单元	航带	单元模型	单张像片
观测值	各点概略地面测坐标	模型坐标	像点坐标
未知数	各航带非线性变形改正系数	各模型空间相似变换参数及加密点坐标	各像片外方位元素及加密点坐标
平差数学模型	多项式	空间相似变换公式	共线方程
对计算机要求	低	高	最高
精度	低	高	最高
应用	小比例尺低精度加密或初值	测图加密	低级别大地测量三角网及高精度数字地籍测量地界点

任务三 GPS辅助空中三角测量

【任务目标】

(1) 了解GPS辅助空中三角测量基本原理和作业过程。

(2) 了解 POS 辅助空中三角测量的组成。

(3) 掌握几种空中三角测量的比较。

【任务描述】

随着 GPS 动态定位技术的发展，利用带有 GPS 的摄影测量系统可直接获取拍摄瞬间摄影中心的空间位置，该技术可以极大地减少地面控制点的数量，节省外业测量的工作量。定位定姿系统 POS 是基于 GPS 和 IMU 装置的直接测定影像外方位元素的现代航空摄影导航系统，可用于在无地面控制或仅有少量地面控制点情况下的航空遥感对地定位和影像获取。辅助空中三角测量的应用，使人工干预较小，自动化程度更高，在航摄中拥有更广阔的应用前景。

【任务知识】

一、GPS 辅助空中三角测量

空中三角测量的主要目的是求解加密点地面坐标，同时也要确定各个摄站点的空间位置和像片的空间姿态，即像片的 6 个外方位元素（3 个线性元素 X_s、Y_s、Z_s 和 3 个角元素 φ，ω，κ）。传统的空中三角测量虽然能大大减少外业控制点的数量，但是对于多条航带，大面积空中三角测量所需要的外控制点数量仍然较多。外业控制点的测量历来都是一项工作量大、工作周期长、作业成本高的测量过程，特别是在荒漠、森林、高山等困难地区更是如此，因此尽量减少外业控制的数量，甚至实现无外业控制点定位一直是摄影测量工作者奋斗的目标。

随着 GPS 动态定位技术的发展，利用带有 GPS 的摄影测量系统可直接获取拍摄瞬间摄影中心的空间位置，该技术可以极大地减少地面控制点的数量，如图 6-6 及图 6-7 所示，是传统的光束法空中三角测量和 GPS 辅助空中三角测量的控制点布设图，从图中可以明显看到 GPS 的加入大大减少了地面控制点的数量，节省外业测量的工作量。GPS 辅助

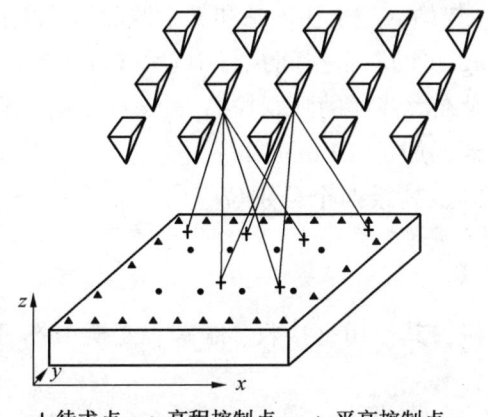

+ 待求点 · 高程控制点 ▲ 平高控制点

图 6-6 传统的光束法空中三角测量

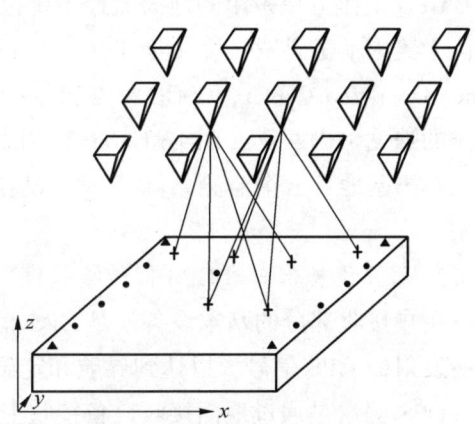

图 6-7 GPS 辅助空中三角测量控制点布设图

空中三角测量可快速获得每张航摄像片的3个线性外方位元素，从而减少了待求的未知数个数，只需少量地面控制点就可以得到精度较高的加密点坐标，在小比例尺地形图测绘中甚至可以不要地面控制点，实现无地面控制点的空中三角测量。

（一）GPS 简介

美国从20世纪70年代开始研制GPS系统，历时20年，耗资200亿美元，于1994年全面建成，为全球用户提供低成本、高精度的三维位置、速度和精确定时等导航信息。GPS以全天候、高精度、自动化、高效益并且测站间不需通视等显著特点，赢得广大测绘工作者的信赖，并成功应用于大地测量、工程测量、航空摄影测量、工程变形监测、资源勘查等许多学科，从而给测绘领域带来一场深刻的技术革命。

GPS卫星全球定位系统包括下列三大部分。

1. 空间部分（GPS空间卫星星座）

GPS空间卫星星座由21颗工作卫星和3颗在轨备用卫星组成。24颗卫星基本上均匀分布在6个轨道平面内，轨道平面相对于赤道平面的倾角为55°，各个轨道平面之间交角为60°；因此，它们的升交点赤经各相差60°，在每个轨道平面内各颗卫星之间的升交角距相差90°，它们距地面的平均高度为20200 km，运行周期为11h58 min，可视时间为5 h07 min。GPS卫星的射电频率为1575 MHz和1227 MHz，能够补偿电离层效应影响。每个用户同时可见至少4颗GPS卫星，至多9颗GPS卫星。

2. 地面控制部分（地面监控系统）

GPS卫星作为一种动态已知点，它的"已知数据"作为表达卫星运动和轨道参数的"卫星星历"，不可能也没必要在卫星上设置庞杂的机构去测算和编制，这些星历是由地面站测算好并编成电文形式发送给卫星，再由卫星转发至地面用户。另外，卫星上各种设备是否正常工作，是否启用配件，卫星运行情况，是否纠正运行轨道以及使各卫星处于同一时间标准——GPS时间系统等都是由地面站来完成的。

GPS工作卫星采用的地面监控系统包括一个主控站，三个注入站和五个监测站。主控站位于美国本土科罗拉多·斯平士（Colorado Spings）的联合空间执行中心（Consolidated Space Operation Center，CSOC）；三个注入站分别设在大西洋的阿森松岛（Ascension），印度洋的迭戈·伽西亚（Diego Garcia）和太平洋的卡瓦加兰（Kwajalein），这三个地方均为美国军事基地；五个监测站除了一个设在夏威夷外，其余四个分别位于主控站和三个注入站。

3. 用户设备部分（GPS信号接收机）

用户接收部分的基本设备就是GPS信号接收机，其作用是接收、跟踪、变换GPS卫星所发射的GPS信号，以达到导航和定位的目的。

GPS测量是通过地面接收设备接收卫星传送的信息确定地面点的位置，所以其误差主要来源于GPS卫星、卫星信号的传播过程和地面接收设备。与卫星有关的误差包括卫星星历误差、卫星钟误差、地球自转的影响和相对论效应的影响等；与卫星信号传播过程有关的误差，如大气延迟误差、电离层折射误差、对流层折射误差、多路径效应误差等；与接收设备有关的误差，如接收机钟误差、接收机噪声误差、天线高的量取误差等。当然除此之外还有其他的误差，如地球自转引起的观测误差。这些误差的存在造成 GPS 快速绝对定位精度极低，通过在两站或者多站同步跟踪相同的 GPS 卫星，也就是差分 GPS（Differential GPS，DGPS），可以有效消除这些误差的影响。

差分 GPS 是利用已知精确三维坐标的差分 GPS 基准台，求得伪距修正量或位置修正量，再将这个修正量实时或事后发送给用户（GPS 导航仪），对用户的测量数据进行修正，以提高 GPS 定位精度。差分 GPS（DGPS）是在正常的 GPS 外附加（差分）修正信号，此改正信号提高了 GPS 的精度。根据差分 GPS 基准站发送信息的方式可将差分 GPS 定位分为三类，即位置差分、伪距差分和相位差分。这三类差分方式的工作原理是相同的，即都是由基准站发送改正数，由用户站接收并对其测量结果进行改正，以获得精确的定位结果。所不同的是，发送改正数的具体内容不一样，其差分定位精度也不同。

三种差分方法中载波相位差分的精度较高，载波相位差分技术又称为 RTK 技术（Real Time Kinematic），是建立在实时处理两个测站的载波相位基础上的。它能实时提供观测点的三维坐标，并达到厘米级的高精度。GPS 辅助空中三角测量及 POS 辅助空中三角测量均采用载波相位 GPS 差分技术。GPS 载波相位技术由基准站通过数据链实时将其载波观测及站坐标信息一同传送给用户站。用户站接收 GPS 卫星的载波相位及来自基准站的载波相位，并组成相位差分观测值进行实时处理，能实时给出厘米级的定位结果。

差分的方法分为单差分、双差分和三差分等。单差分可以消除常数误差，如卫星时钟误差；双差分能消除接收机误差，也能减弱轨道星历偏差、电磁折射等影响，是目前常用的解算方式；三差分虽然消除了整周未知数，但是独立观测方程的数目减少了，影响了精度。

(二) GPS 辅助空中三角测量基本原理

GPS 辅助空中三角测量是利用装在飞机和设在地面的一个或多个基准站上的至少两台 GPS 信号接收机同时而连续地观测 GPS 卫星信号，同时获得航摄像片摄影瞬间航摄仪快门开启脉冲。通过 GPS 载波相位差分测量定位技术的离线数据，经过后处理，获取航摄仪曝光时刻摄站的三维坐标，然后将其视为附加观测值，引入摄影测量区域网平差中，采用统一的数学模型和算法，整体确定点位并对其质量进行评定的理论、技术和方法。

GPS 辅助空中三角测量的基本思想就是由载波相位差分 GPS 进行定位获得摄站点的空间坐标，并将摄站点的空间坐标作为区域网平差中的附加非摄影测量观测值，以空中控制取代地面控制的方法进行区域网平差，这样可以大大减少甚至免除传统空中三角测量所必需的地面控制点，从而提高空中三角测量的速度，降低其成本。

(三) GPS 辅助空中三角测量的作业过程

GPS 辅助空中三角测量的作业过程大体上可分为以下 4 个阶段。

1. 现行航空摄影系统改造及偏心测定

为了能测得摄影期间摄影中心的空间位置，需要在航摄飞机顶部适当位置安装高动态

GPS 天线，以便接收到 GPS 卫星信号；在航摄像机中加装曝光传感器及脉冲装置，以记录和输出摄像机快门开启时刻的脉冲信号；在 GPS 机载信号接收机上加装外部事件输入装置，将摄像机曝光时刻的脉冲准确载入 GPS 信号接收机的时标上。这三者（GPS 天线、GPS 接收机、航摄像机）稳固地连成一体，如图 6-8 所示，构成 GPS 辅助航空摄影系统。

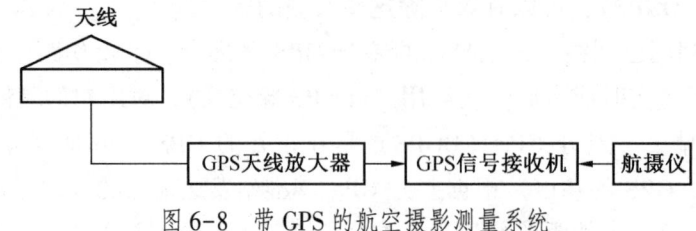

图 6-8 带 GPS 的航空摄影测量系统

GPS 天线一般固定在飞机的顶部，而航摄像机总是安装固定在飞机的底部，GPS 天线中心与航摄像机摄影中心并不重合，存在偏差（偏心），在正常状态下偏心距是一个常数，可以用近景摄影测量、经纬仪测量法或平板玻璃直接投影法测出。

2. 带 GPS 信号接收机的航空摄影

在航空摄影过程中，以 0.5~1.0 s 的数据更新率，用至少两台分别设在地面基准站和飞机上的 GPS 接收机同时、连续地观测 GPS 卫星信号，以获取 GPS 载波相位观测量和航摄仪曝光时刻。

3. 求解 GPS 摄站坐标

GPS 历元就是某一时刻接收卫星信号的时段数，如 GPS 接收机采集数据时将采样间隔设置为 10 s，那么每一个 10 s 称为一个历元，航摄像机像片曝光的时刻，不一定和 GPS 的观测历元重合，这个时候就要由差值法通过相邻两个历元的 GPS 天线位置内插出曝光时刻 GPS 天线位置。因此 GPS 摄站坐标的求解分为两步：首先要用专业软件求出每一观测历元时刻 GPS 天线的空间位置，然后在相邻两个 GPS 历元时刻的天线中心位置内插出曝光时刻的 GPS 摄站坐标。

4. GPS 摄站坐标与摄影测量数据的联合平差

首先要确定 GPS 摄站坐标与摄影中心坐标的几何关系式，计算出 GPS 摄站坐标和摄影中心的线性关系式，然后将其代入光束法区域网平差的方程中，共同构建 GPS 辅助光束法区域网空中三角测量的误差方程和法方程。法方程的求解仍然可以采用传统的边法化边消元的循环分块方法求解未知数。

（四）GPS 辅助空中三角测量中 GPS 精度和可靠性分析

利用 GPS 数据进行空中三角测量的预期精度和可靠性如下。

（1）GPS 摄站坐标在区域网联合平差中是极其有效的，只需要中等精度的 GPS 摄站坐标，即可满足测图的要求，详见表 6-2。

（2）外方位线元素的利用一般比角元素更有效。附加的姿态测量数据在其精度很高时，可以用来改善高程加密精度。

（3）利用 GPS 数据的光束法区域网平差有较好的可靠性，这包括 GPS 数据自身的可靠性以及像点坐标观测值和少量地面控制点的可靠性。

（4）从理论上讲，GPS 提供的摄站点坐标用于区域网平差可完全取代地面控制点，条件是此时区域网平差是在 GPS 直角坐标系中进行的。

（5）为了解决基准问题，即为了获得在国家坐标系中的区域网平差成果，要求有一定数量的地面控制点。若区域网四角各有一个平高控制点，即可达到目的。但是，如果 GPS 坐标必须逐条航带进行变换，则区域的两端还需要布设两排高程控制点，或另加飞两条构架垂直航带并且带 GPS 数据。

表 6-2 联合平差对 GPS 摄站坐标的精度要求

测图比例尺	摄影比例尺	对空中三角的精度要求		等高距/m	对 GPS 的精度要求	
		$\mu_{x,y}/m$	μ_z/m		$\sigma_{x,y}/m$	σ_z/m
1:100000	1:100000	5	<4	20	30	16
1:50000	1:70000	2.5	2	10	15	8
1:25000	1:50000	1.2	1.2	5	5	4
1:10000	1:30000	0.5	0.4	2	1.6	0.7
1:5000	1:15000	0.25	0.2	1	0.8	0.35
1:1000	1:8000	0.05	0.1	0.5	0.4	0.15
高精度点位测定	1:4000	0.01~0.02	0.06	—	0.15	0.15

二、POS 辅助全自动空中三角测量

定位定姿系统（Position and Orientation System，POS）集差分 GPS（DGPS）技术和惯性测量装置（IMU）技术于一体，可以获取移动物体的空间位置和三轴姿态信息，广泛应用于飞机、舰船和导弹的导航定位。POS 主要包括 GPS 信号接收机和惯性测量装置两个部分。也称 GPS/IMU 集成系统。利用 POS 系统可以在航空摄影过程中直接测定每张像片的 6 个外方位元素，从而可以进一步减少外业像片控制测量工作，提高摄影测量的生产效率。POS 系统的工作流程如图 6-9 所示。

（一）POS 辅助空中三角系统的组成

POS 辅助空中三角系统主要包括航摄像机、导航控制系统、IMU 高精度姿态测量系统、IMU 与像机连接架、机载 GPS 及地面 GPS 基站接收机等。软件包括 GPS 数据差分处理软件、GPS/IMU 滤波处理软件以及检校计算软件。图 6-10 是 POS 系统组成示意图。

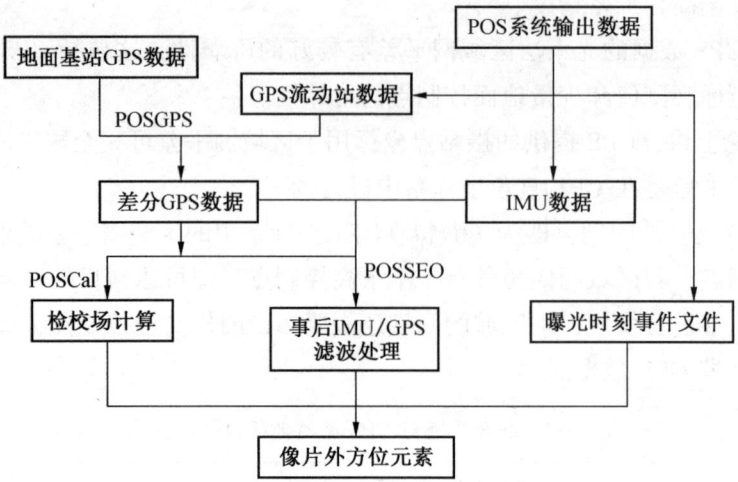

图 6-9　POS 系统工作流程图

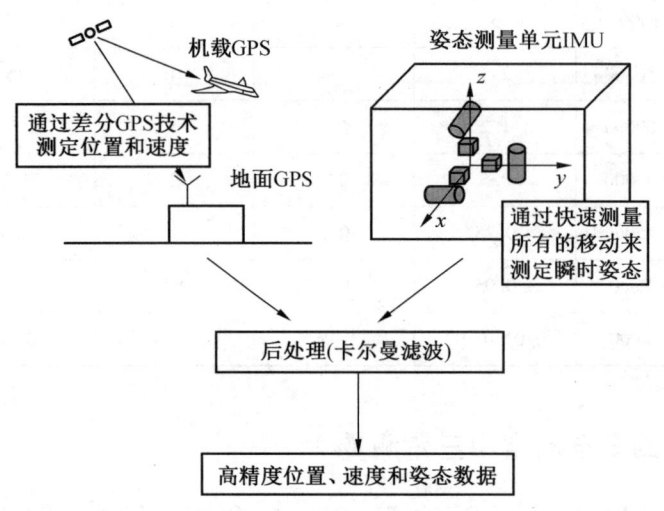

图 6-10　POS 系统组成示意图

（二）国外主要的 POS 系统

将 POS 系统和航摄仪集成在一起，通过 GPS 载波相位差分定位获取航摄仪的位置参数及惯性测量装置（IMU）测定航摄仪的姿态参数，经 IMU、DGPS 数据的联合后处理，可直接获得测图所需的每张像片的 6 个外方位元素，能够大大减少乃至无须地面控制直接进行航空影像的空间地理定位。目前国际常用的 POS 系统有德国的 AeroControl 和加拿大的 POS AV。

1. AeroControl 系统

AeroControl 系统是德国 IGI 公司开发的高精度机载定位定向系统（图 6-11），主要由以下三个部分组成：

(1) 惯性测量装置 IMU：装置由三个加速度计、三个陀螺仪和信号预处理器组成。IMU-Ⅱd 能够进行高精度的转角和加速度的测量。

(2) GPS 接收机：接收 GPS 数据。

(3) 计算机装置：采集未经任何处理的 IMU 和 GPS 数据并将它们保存在 PC 卡上用于后处理，协同 GPS、IMU 以及所用的航空传感器的时间同步。计算机装置实时组合导航计算的结果作为 CCNS4 的输入信息。

图 6-11　AeroControl 高精度 GPS/IMU 定位定向系统

CCNS4 是用于航空飞行任务的导航、定位和管理的系统。CCNS4 控制管理 AeroControl，通过 CCNS4 的一个菜单条目，可以开始和停止 AeroControl 系统记录数据。同时，CCNS4 能够监控数据的记录，测试 GPS 接收机运行情况和实时组合导航计算的结果。CCNS4 和 AeroControl 既可作为两个独立系统分别运行，也可作为一个整体来运行。后处理软件 Aerooffice 提供了处理和评定采集数据所需的全部功能。软件除了提供 DGPS/IMU 的组合卡尔曼滤波功能外，还提供用于将外定向参数转化到本地绘图坐标系的工具。

IMU/DGPS 系统可以与多种传感器（如光学航摄仪、高光谱仪、数字航摄仪、LIDAR 以及 SAR）相连，实现直接传感器定向或辅助定向测量。其中线阵推扫式数字航摄仪（如徕卡公司的 ADS40）以及 LIDAR（机载激光三维扫描系统）中必须包含 IMU/DGPS 系统。

2. POS AV 系统

图 6-12　POS AV510 外观图

POS AV 系统是加拿大 Applanix 公司开发的基于 DGPS/IMU 的定位定向系统，可与现代航摄仪 RC30、RMK、TOP、DMC、ADS40 等组合使用，以获取航空摄影的 6 个外方位元素。主要用于航空遥感中的自动定位定向，直接解算传感器的外方位元素，还可应用于激光扫描等领域。图 6-12 是目前使用的主流型号 POS AV510 的外观图。

POS AV 主要由以下四部分组成：

(1) 惯性测量装置（IMU）：IMU 由三个加速度计、三个陀螺仪、数字化电路和一个执行信号调节及温度补偿功能的中央处理器组成。经过补偿的加速度计和陀螺仪数据可作为速度和角度的增率，通过一系列界面传送到计算机系统 PCS，典型的传送速率为 200~1000Hz。然后 PCS 在捷联式惯性导航器中组合这些加速度和角速度率，以获取 IMU 相对于地球的位置、速度和方向。

(2) GPS 接收机：GPS 系统由一系列 GPS 导航卫星和 GPS 接收机组成，采用载波相位差分的 GPS 动态定位技术求解 GPS 天线相位中心位置。在多数应用中，POS AV 系统采用内嵌式低噪双频 GPS 接收机为数据处理软件提供波段和距离信息。

(3) 主控计算机系统（PCS）：PCS 包含 GPS 接收机、大规模存储系统和一个实时组合导航的计算机。实时组合导航计算的结果作为飞行管理系统的输入信息。

(4) 数据后处理软件包 POSPac：POS AV 系统的核心是集成的惯性导航算法软件 POSPac，由 POSRT、POSGPS、POSProc、POSEO 四个模块组成。POSPac 数据后处理软件既可以在 PCS 上实时运行，也可以在后处理时使用，通过处理 POS AV 系统在飞行中获得的 IMU 和 GPS 原始数据以及 GPS 基准站数据得到最优的组合导航解。当 POS 系统用于摄影测量时，最后还需要利用 POSPac 软件中的 POSEO 模块解算每张影像在曝光瞬间的外方位元素。

组合惯性导航软件同时装备在实时计算机系统 PCS 和后处理软件 POSPac 中。在这个软件中，GPS 观测用来辅助 IMU 导航数据，提供一个姿态与位置混合的解决方案。这种方法保留了 IMU 导航数据的动态精度，但同时能够拥有 GPS 的绝对精度。

三、几种空中三角测量的比较

（一）数据处理流程

带 GPS/POS 的空中三角测量处理流程与常规的空中三角测量流程相比，人工干预较少、自动化程度更高，图 6-13 对比了两种方法的处理流程。

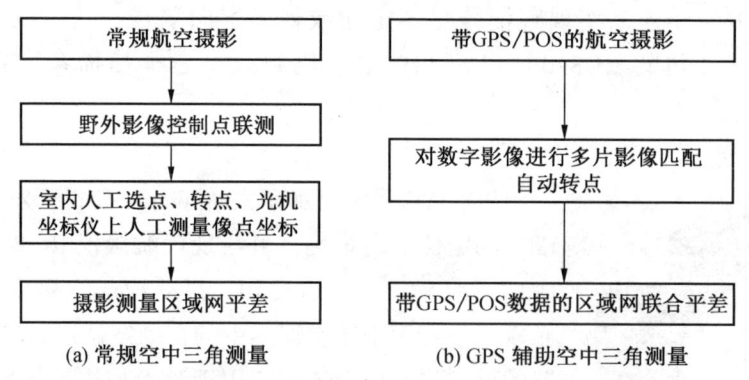

图 6-13　摄影测量区域网平差的主要过程

（二）数据精度比较

表 6-3 为哈尔滨试验区 GPS 辅助光束法区域网平差结果，有地面控制点的 GPS 辅助空中三角测量和无地面控制点的 GPS 辅助空中三角测量相比，对高程的精度影响不大，但是对平面坐标的精度影响较大，对于大比例尺地形图，无地面控制点的 GPS 辅助空中三角测量精度无法满足要求，必须添加少量地面控制点。

表 6-4 是安阳地区航摄像片四种处理方法（经典光束法、前方交会法、POS 辅助光束法区域网平差和带四角控制 POS 辅助光束法区域网平差）的精度比较。该航摄像片的航摄比例尺为 1 : 4000，成图比例尺为 1 : 1000。

表 6-3　GPS 辅助光束法区域网平差结果

平差方案	$\delta_0/\mu m$	检查点最大残差/m		理论精度				实际精度			
		平面	高程	平面/m	高程/m	平面 $\delta_0/\mu m$	高程 $\delta_0/\mu m$	平面/m	高程/m	平面 $\delta_0/\mu m$	高程 $\delta_0/\mu m$
四角布点 GPS 辅助光束法平差	11.0	6	11	0.189	0.236	2.1	2.7	0.242	0.291	2.8	3.3
无地面控制 GPS 辅助光束法平差	12.3	11	6	0.339	0.279	3.4	2.8	0.799	0.272	8.1	2.8

表 6-4　航摄像片四种光束法精度比较

平差方案		经典光束法	前方交会法	POS 辅助光束法区域网平差	带四角控制 POS 辅助光束法区域网平差
检查点数		33/17	116	47	43
最大残差/m	平面	0.336	0.520	0.324	0.309
	高程	0.127	0.428	0.241	0.223
实际精度/m	X	0.118		0.109	0.107
	Y	0.095		0.086	0.086
	平面	0.151	0.204	0.139	0.137
	高程	0.069	0.139	0.105	0.106

经试验及生产实践证明，POS 系统的辅助空中三角测量，对于 1∶50000 比例尺航测成图无须地面控制点，空中三角测量，采用直接传感器定向即可达到精度要求；对于 1∶5000~1∶10000 比例尺成图，可加测少量地面控制点参与平差，提高整体精度；对于 1∶1000 及 1∶2000 比例尺航测成图可大幅减少地面控制点的数量。POS 系统在航摄中拥有广阔的应用前景。

（三）常规空中三角测量与 GPS/POS 辅助空中三角测量整体比较

表 6-5 比较了常规空中三角测量和引入 GPS 后的空中三角测量在航片拍摄、外业控制点测量获取和平差结果精度等方面的差异。

表 6-5　常规空中三角测量和 GPS 辅助空中三角测量比较

比较项目	常规空中三角测量	GPS 辅助自动空中三角测量
航空摄影	常规航空摄影飞行	带 GPS 相位差分的航空摄影飞行，增加约 15% 的航摄费用
外业像片控制点联测	需一个作业季节进行外业控制测量	只需少量地面控制点，在航摄时用 GPS 测量技术同步完成

表6-5(续)

比较项目	常规空中三角测量	GPS辅助自动空中三角测量
内业选测点	人工作业（慢、差、费）	全自动完成（快、好、省）
像片坐标测量	人工作业（慢、精度低）	全自动完成（快、精度高）
区域网平差	精度取决于地面控制点数量和分布	带GPS数据的联合平差精度均匀，可靠性好

【项目习题】

1. 简述空中三角测量的概念。空中三角测量的意义是什么？
2. 区域网空中三角测量可分为哪几类？每一种方法整体平差的基本单元是什么？
3. 试说明航带法空中三角测量的主要作业过程。
4. 航带网在进行绝对定向后为何还要进行航带网的非线性改正？非线性改正有哪些类型？
5. 试说明独立模型法区域平差的基本思想及作业过程。
6. 光束法区域网平差的基本思想是什么？为何光束法区域网平差理论上最严密、解算精度最高？
7. 简述GPS辅助空中三角测量的基本原理及过程。
8. 什么是POS系统？分析POS辅助空中三角测量的优势。

项目七　数字摄影测量基础

数字摄影测量的发展起源于摄影测量自动化的实践，即利用相关技术，实现真正的自动化测图。当代的数字摄影测量是传统摄影测量与计算视觉相结合的产物，它研究的重点是从数字摄影自动提取所摄对象的空间信息。随着数字成像技术、主动式遥感技术、传感器自主定位技术和智能化数据处理技术的快速发展，基于数字摄影测量理论建立的数字摄影测量工作站和数字摄影测量系统，现已取代传统摄影测量所使用的模拟测图仪与解析测图仪。

任务一　数字摄影测量概述

【任务目标】
（1）理解数字摄影测量的定义。
（2）掌握数字摄影测量的匹配原理。

【任务描述】
数字摄影测量是基于数字影像与摄影测量的基本原理，应用计算机技术、数字影像处理、影像匹配、模式识别等多种学科的理论与方法，提取所摄对象用数字方式表达的几何与物理信息的摄影测量学的分支学科。在数字摄影测量中，不仅其产品是数字的，而且其中间数据的记录以及处理的原始资料均是数字的，所处理的原始资料也是数字摄影或数字化的影像。

【任务知识】

一、数字摄影测量的概念

摄影测量的基本任务是对影像的量测与解译，在模拟摄影测量和解析摄影测量阶段都需要通过人眼来识别同名像点，在人眼和脑的配合下进行人工的影像定位、匹配与识别。这种识别方法受限于人的工作效率，不适用于大面积的摄影测量，限制了摄影测量的发展。

从 20 世纪 50 年代开始，人们就尝试摄影测量的自动化试验，并开始在模拟测图仪的像片盘上方安装阴极射线管（CRT），将影像的灰度信号转换为电信号，利用电子相关器识别同名点，这种同名点的识别技术被称为匹配技术。随后又在解析测图仪上进行试验。与此同时，摄影测量工作者也试图将由影像灰度转换成的电信号再转成数字信号（即数字影像),然后,由电子计算机来实现摄影测量的自动化过程。利用计算机代替人眼寻找同名像点,实现对同名像点的测量及建立立体模型等,从而大大提高了摄影测量的工作效率,为摄影测量的发展开辟了极大的空间,使摄影测量逐渐成为测量外业数据采集的主要方式之一。

利用数字灰度信号,采用数字相关技术测量同名像点,在此基础上通过解析计算,进行相对定向和绝对定向,建立数字立体模型,从而建立数字高程模型、绘制等高线、制作正射影像图并为地理信息系统提供基础信息等,这就是数字摄影测量。整个过程以数字形式在计算机中完成,又称为全数字摄影测量(Full Digital Photogrammetry)。数字摄影测量的主要内容是自动化测图技术,自动化测图是利用相关装置代替观测者眼睛的立体观察作用,在测图过程中根据影像的色调灰度的相似性进行影像相关、自动识别同名像点和测量视差值。

二、数字影像的获取

数字摄影测量的特点是用数字影像代替光学影像,从而使得利用计算机替代所有的光学、机械摄影测量仪器成为可能,使数字摄影测量成为现实。

数字摄影测量处理的原始资料是数字影像,数字影像可以直接从数字传感器中获得,也可以利用影像数字化器进行影像数字化获得摄取的像片。在进行摄影测量处理时,前者无须进行内定向,后者需要进行内定向。

三、数字摄影测量的匹配原理

影像匹配的理论与实践是实现自动立体量测的关键,也是数字摄影测量的重要研究课题之一。影像匹配的精确性、可靠性、算法的适应性及速度均是其重要的研究内容,特别是影像匹配的可靠性一直是其关键之一。从早期的由粗到细的多级影像匹配理论,到后来发展为单点匹配,再到整体匹配,其匹配的可靠性与结果的相容性、一致性都得到了很大提高,但离全自动化还有一段距离。

数字摄影测量是以影像匹配代替传统的人工观测,以达到自动确定同名像点的目的。随着计算机的发展,人们提出利用计算机处理数字影像,用数字影像匹配技术替代模拟的电子相关器件进行同名点的识别。

人工确定同名点的过程是:首先在一张影像上确定一个"目标点",然后人们根据目标点"周围"的影像,与对应的右影像进行"比较",确定同名点。而计算机的影像匹配技术,即识别同名点的过程与人工的相似:首先在左影像上确定目标点,并以目标点为中心设定一个目标窗口(窗口内的影像包含了目标点"周围"的信息);然后在右影像上设置一个搜索窗口(搜索窗口应该大于目标窗口),计算机将目标窗口放在搜索窗口内,计算灰度变化的相似性——相关系数,并逐行、逐列地依次移动目标窗口(每次移动一个像元),计算相关系数;最后"比较"相关系数,相关系数最大者为同名点。

一般在影像上搜索同名点的过程是一个二维搜索（在右影像的平面内逐行、逐列进行移位、搜索）的过程，但是当相对定向后，就可以利用核线将二维搜索转化为一维搜索，从而极大地加快运算速度。

四、数字摄影测量的主要产品

数字摄影测量工作站的产品从内容到形式都很丰富，随着数字摄影测量工作站处理功能的不断增强，其应用领域的不断扩大，以及各应用领域对产品内容和表达形式的特殊要求的变化，其产品只会越来越丰富。就目前来说，除了4D产品外，数字摄影测量工作站的产品主要包括三大类：影像产品、矢量产品、影像和矢量相结合的产品。

（1）影像产品。影像产品主要包括：原始影像镶嵌图、纠正影像及其镶嵌图、数字正射影像及其镶嵌图、正射影像立体匹配片、正射影像及其镶嵌图。

（2）矢量产品。矢量产品主要包括：影像定向参数及加密点坐标（主要为空三加密成果）、数字高程模型（包括断面图、立体透视图）、数字表面模型、数字线划图（包括平面图、等高线图、地形图、各种专题图）、三维目标模型（矢量形式）。

（3）影像和矢量相结合的产品。这部分产品主要包括：影像地形图（等高线与正射影像套合的结果）、立体景观图、带纹理贴面的三维目标模型。

除了上述主要产品外，还有各种可视化的立体模型。各种工程设计所需的三维信息以及各种信息系统、数据库所需的空间信息都属于数字摄影测量工作站产品的范畴。

任务二　数字影像与数字影像重采样

【任务目标】

（1）掌握数字影像的灰度表示。

（2）掌握数字影像化的过程。

（3）了解数字影像重采样的方法。

【任务描述】

数字摄影测量处理的原始资料是数字影像，数字影像可以直接从数字传感器中获得，也可以利用影像数字化器进行影像数字化获得摄取的像片，影像数字化过程包括采样和量化。

【任务知识】

一、数字影像的灰度表示

影像的灰度又称为光学密度。摄影底片上影像的灰度值反映了它的透明程度，即透光的能力。

设投射在底片上的光通量为 F_0，而透过底片后的光通量为 F（底片有吸收和反射），

►摄影测量学

则 F 与 F_0 之比称为透过率 T，F_0 与 F 之比称为阻光率 O。

$$T = \frac{F}{F_0}$$
$$O = \frac{F_0}{F} \tag{7-1}$$

由式（7-1）可以看出，像片越黑，透过的光通量 T 越小，阻光率 O 越大；因此，透光率和阻光率都可以说明像片的黑白程度。由于人眼对明暗程度的感觉是按对数关系变化的，为了适应人眼的视觉，在分析影像时，常采用阻光率的对数值表示其黑白程度。

$$D = \lg \frac{1}{T} = \lg O \tag{7-2}$$

式中 D——影像的灰度。

当 $T=1$ 时，$F=F_0$，表示光线全部透过，则影像的灰度为 0。

当 $T=\frac{1}{100}$ 时，表示光线仅透过 1/100，阻光率为 100，则灰度值为 2，实际的航拍底片的灰度一般为 0.3~1.8。

二、数字影像表达方式

数字影像是一个二维的灰度矩阵 g：

$$g = \begin{bmatrix} g_{0,0} & g_{0,1} & \cdots & g_{0,n-1} \\ g_{1,0} & g_{1,1} & \cdots & g_{1,n-1} \\ \vdots & \vdots & & \vdots \\ g_{m-1,0} & g_{m-1,1} & \cdots & g_{m-1,n-1} \end{bmatrix} \tag{7-3}$$

矩阵中的每个元素 $g_{i,j}$ 对应着光学影像或实体的一个微小区域，称为像元或像素，其数值代表的是各像素影像经采样与量化后的灰度等级，反映了像素的透光能力；矩阵的每一行对应于一个扫描行，像素的像点坐标 (x, y) 可由像素在矩阵中所在的行、列号 i、j 来表示

$$\left.\begin{array}{l} x = x_0 + i \cdot \Delta x \quad (i = 0, 1, \cdots, n-1) \\ y = y_0 + j \cdot \Delta y \quad (j = 0, 1, \cdots, m-1) \end{array}\right\} \tag{7-4}$$

其中，(x_0, y_0) 为矩阵中第一列、第一行像素对应的像点坐标，Δx 与 Δy 是影像的数字化间隔，通常取 $\Delta x = \Delta y$。

式（7-4）的数字影像表达方式是影像的空间灰度函数 $g(i、j)$ 在空间域构成的矩阵阵列，这种表达方式与真实影像相似。此外，数字影像也可以通过一定的变换，用另一种方式来表达，比如：通过傅里叶变换，把影像的表达由"空间域"变换到"频率域"中。影像在空间域内表达的是像点不同位置 (i, j) 的灰度值，而在频率域内则表达的是在不同频率中（像片上每毫米的线对数，即周期数）的振幅谱（傅里叶谱）。

影像经变换后，矩阵中元素的数目与原始影像中的相同，但其中许多元素的数值却变为零或很小。这就意味着：通过变换，一方面数据可以被压缩，使其能更有效地存储和传递；另一方面影像分解力的分析以及许多影像处理过程，如滤波、卷积以及在有些情况下的相关运算，可以在频率域内更为有效地进行。可见，影像在频率域的表达对数字影像处理具有重要意义。

三、采样和量化

影像数字化的过程包括采样和量化两部分内容。采样是对实际连续函数模型离散化的测量过程，而所谓量化就是把像片上点的灰度值转换成整数数字量。

像片上的像点是连续分布的，但是在影像数字化的过程中不可能将每一个连续的像点全部数字化，而只能每隔一个间隔△读取一个点的灰度值，这个过程称为采样，△称为采样间隔。采样后的影像为不连续的等间隔序列，采样过程会给影像的灰度带来误差。例如，相邻两个采样点间的影像被丢失，亦即影像的细部受到损失，若要减少损失，则采样间隔越小越好；但是采样间隔越小，数据量越大，增加了数据存储量和运算工作量。如何确定采样间隔，应根据精度要求和影像分辨率，另外还要考虑数据量和存储设备的容量。

在影像数字化过程中△被称为采样间隔，被测量的点称为像素点，像素点通常是矩形或正方形微小影像块，矩形或正方形的尺寸称为像素大小（或尺寸），它通常等于采样间隔，因此当采样间隔确定之后，像素的大小也就确定了。

通过采样得到的每个点的灰度值不是整数，这对计算很不方便，为此应将每个点的灰度值取整数，这一过程称为影像灰度的量化。将像片可能出现的最大灰度变化范围进行等分，等分的数目称为"灰度等级"，然后取该灰度等级为某个像素点的灰度值，每个点的灰度值在其相应的灰度等级内取整，取整的原则是四舍五入。

由于计算机中的数字均用二进制表示，因此灰度等级一般都取为 $i=2^m$ （m 是正整数）。当 $m=1$ 时，$i=2$，只有黑、白两个灰度值；当 $m=8$ 时，$i=256$，即有 256 个灰度值，其级数为介于 0～255 的一个整数，0 为黑，255 为白，每个像元素的灰度值占 8bit，即一个字节。量化过程会给影像的灰度带来凑整误差，其最大误差为±0.5 个密度单位，量化误差同密度等级有关，密度等级越大，量化误差越小，但会增大数据量。

根据灰度级，图像分为黑白图像、灰度图像和彩色图像。黑白图像是指图像的每个像素只能是黑或者白，没有中间的过渡，故又称为 2 值图像，2 值图像的像素值为 0、1。灰度图像是指图像的每个像素由一个量化的灰度级来描述的图像，没有彩色信息。彩色图像是指图像的每个像素的信息由 RGB 三原色构成的图像，其中，RGB 是由不同的灰度级来描述。

四、影像内定向

在摄影测量中，以像主点为原点的像平面直角坐标来建立像点与地面点的坐标关系。

摄影测量学

内定向的目的是确定内定向元素（x,y,z），而在数字摄影测量中，由于像片扫描坐标一般与像平面坐标不平行，坐标原点不同且还有一定的形变，因此同一像点的像平面坐标（x,y）与其扫描坐标（x',y'）不相等。数字摄影测量中内定向的目的就是要建立影像的像平面坐标与扫描坐标之间的换算关系，这种换算关系称为数字影像内定向。一般认为两坐标之间存在仿真变换，即

$$\left.\begin{aligned} x = h_0 + h_1\bar{x} + h_2\bar{y} \\ y = k_0 + k_1\bar{x} + k_2\bar{y} \end{aligned}\right\} \quad (7-5)$$

式中，h_0，h_1，h_2，k_0，k_1，k_2 为内方位定向参数，其数值一般由像片上四个框标点（图7-1）的扫描坐标及其对应的像平面坐标组成误差方程式，经过平差运算求得。

由数字航空摄影机直接获得的数字影像，除了不需要数字化外，也不需要内定向。

五、数字影像重采样

数字影像是个规则排列的灰度格网序列，但当对数字影像进行几何处理时，如对核线的排列、数字纠正等，由于所求得的像点不一定恰好落在原始像片上像元素的中心（图7-2），要获得该像点的灰度值，就要在原采样的基础上再一次采样，即重采样。此时就必须采用适当的方法，把该点周围整数点位上灰度值对该点的灰度贡献累积起来，构成该点位新的灰度值。重采样是数字摄影测量的重要工具。常用的重采样方法有双线性插值法、双三次卷积法和最邻近像元法。

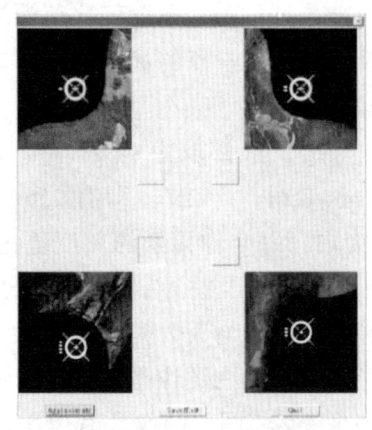

图7-1 四个角框标志

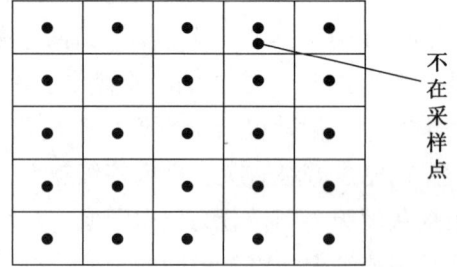

图7-2 待求点不在采样点上

（一）双线性插值法

双线性插值又称为双线性内插。在数学上，双线性插值是有两个变量的插值函数的线性插值扩展，其核心思想是在两个方向分别进行一次线性插值。双线性插值法的卷积核（权函数）是一个三角函数，即

$$W(x) = 1 - |x|, \quad 0 \leq |x| \leq 1 \tag{7-6}$$

此时需要待重采样点 P 附近的四个原始影像灰度值参加计算。如图 7-3 所示，11、12、21、22 为相邻像元中心，像元间隔为一个单位，它们的灰度值分别为 g_{11}、g_{12}、g_{21}、g_{22}，P 为待重采样点。计算出四个原始点为点 P 所做贡献的权值，以构成一个 2×2 的二维卷积核 W（权矩阵），把它与四个原始像元素灰度值构成的 2×2 灰度矩阵 g 作哈达玛（Hadmard）积运算，即可得到待重采样点 P 的灰度值 g_p：

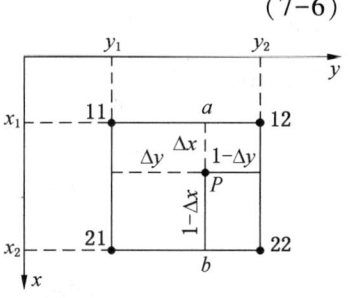

图 7-3 双线性内插法

$$g_p = \sum_{i=1}^{2} \sum_{j=1}^{2} g(i,j) * W(i,j) \tag{7-7}$$
$$= g_{11} \cdot W_{11} + g_{12} \cdot W_{12} + g_{21} \cdot W_{21} + g_{22} \cdot W_{22}$$

其中：

$$g = \begin{bmatrix} g_{11} & g_{12} \\ g_{21} & g_{22} \end{bmatrix} \quad W = \begin{bmatrix} W_{11} & W_{12} \\ W_{21} & W_{22} \end{bmatrix}$$

$$W_{11} = W(x_1)W(y_1) \quad W_{12} = W(x_1)W(y_2)$$
$$W_{21} = W(x_2)W(y_1) \quad W_{22} = W(x_2)W(y_2)$$

$g(i,j) * W(i,j)$ 为两个矩阵的哈达玛积，它是这两个矩阵各对应元素的乘积之和。

$$\left.\begin{aligned} & w(x_1) = 1 - \Delta x, \; W(x_2) = \Delta x \\ & w(y_1) = 1 - \Delta y, \; W(y_2) = \Delta y \\ & \Delta x = x - \mathrm{int}(x), \; \Delta y = y - \mathrm{int}(y) \\ & g_p = (1-\Delta x)(1-\Delta y)g_{11} + (1-\Delta x)\Delta y g_{12} + \Delta x(1-\Delta y)g_{21} + \Delta x \Delta y g_{22} \end{aligned}\right\} \tag{7-8}$$

注意离 P 点越近的点计算得到的权值就越大，对 P 点的影响就大。

（二）双三次卷积法

双三次卷积法是利用三次样条函数进行的重采样，三次样条函数的表达式为

$$\left.\begin{aligned} W_1(x) &= 1 - 2x^2 + |x|^3 & (0 \leq |x| < 1) \\ W_2(x) &= 4 - 8|x| + 5x^2 - |x|^3 & (1 \leq |x| < 2) \\ W_3(x) &= 0 & (|x| \geq 2) \end{aligned}\right\} \tag{7-9}$$

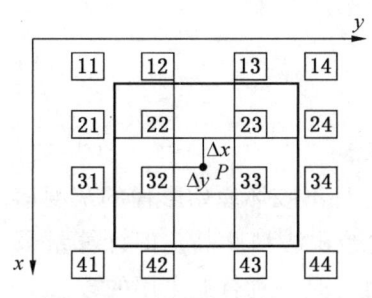

图 7-4 双三次卷积内插法

用式（7-9）作为权函数对任一点重采样时，需该点周围 16 个原始像元参加计算，如图 7-4 所示。与双线性插值法相同，重采样也可以用 16 个邻近像元灰度矩阵与对应权阵的哈达玛积来计算。此时重采样点 P 的灰度值 g_p 为

$$g_p = \sum_{i=1}^{4} \sum_{j=1}^{4} g(i, j) \times W(i, j) \tag{7-10}$$

式中

$$g = \begin{bmatrix} g_{11} & g_{12} & g_{13} & g_{14} \\ g_{21} & g_{22} & g_{23} & g_{24} \\ g_{31} & g_{32} & g_{33} & g_{34} \\ g_{41} & g_{42} & g_{43} & g_{44} \end{bmatrix} \quad W = \begin{bmatrix} W_{11} & W_{12} & W_{13} & W_{14} \\ W_{21} & W_{22} & W_{23} & W_{24} \\ W_{31} & W_{32} & W_{33} & W_{34} \\ W_{41} & W_{42} & W_{43} & W_{44} \end{bmatrix}$$

$$W_{11} = W(x_1)W(y_1)$$
$$W_{12} = W(x_1)W(y_2)$$
$$\vdots$$
$$W_{ij} = W(x_i)W(y_j)$$
$$W(x_1) = (-1-\Delta x) = -\Delta x + 2\Delta x^2 - \Delta x^3$$
$$W(x_2) = (-\Delta x) = 1 - 2\Delta x^2 + \Delta x^3$$
$$W(x_3) = (1-\Delta x) = \Delta x + \Delta x^2 - \Delta x^3$$
$$W(x_4) = (2-\Delta x) = -\Delta x^2 + \Delta x^3$$
$$W(y_1) = (-1-\Delta y) = -\Delta y + 2\Delta y^2 - \Delta y^3$$
$$W(y_2) = (-\Delta y) = 1 - 2\Delta y^2 + \Delta y^3$$
$$W(y_3) = (1-\Delta y) = \Delta y + \Delta y^2 - \Delta y^3$$
$$W(y_4) = (2-\Delta x) = -\Delta y^2 + \Delta y^3$$

同双线性内插相同，W 为权矩阵，但是双三次卷积的权矩阵较复杂，为一个 4×4 矩阵，$g(i, j) * W(i, j)$ 同样为两个矩阵的哈达玛积，也就是两个矩阵各对应元素的乘积之和。双三次卷积插值计算方法比较复杂，计算量也不小，一般没有特殊精度要求不采用这种方法。

(三) 最邻近像元法

最邻近像元法是取离重采样点位置最近的像元（N）的灰度值作为重采样点的灰度值，即

$$g_p = g_N \tag{7-11}$$

式中，N 为最邻近点，其影像坐标值为

$$x_N = \text{int}(x + 0.5) \quad y_N = \text{int}(y + 0.5) \tag{7-12}$$

以上 3 种方法中，最邻近像元法计算最简单、速度最快，且不破坏原始影像的灰度信息，但其几何精度较差，最大误差可达 0.5 个像素；双三次卷积法精度高，但计算量最大；双线性插值法既能获得较好的精度，也能达到较快的速度，是一种普遍采用的方法。

任务三 基于灰度的数字影像相关

【任务目标】
(1) 理解基于灰度的数字影像相关的概念。
(2) 掌握影像相关的几种基本算法。
(3) 掌握最小二乘相关的基本思想。
(4) 掌握基于物方匹配的 VLL 法的基本思想和解算步骤。

【任务描述】
数字摄影测量以影像匹配代替了传统的人工观测，达到确定同名点的目的，如何快速确定同名点成为摄影测量三维立体模型的关键技术之一。由于最初的影像匹配采用了相关技术，因而常有人将影像匹配称为影像相关。影像相关是利用互相关函数，评价目标区与搜索区两块影像的相似性，以确定同名点。基于灰度的影像相关方法，是直接在以待定点为中心的窗口内，以影像的灰度值为依据进行同名像点的搜索。

【任务知识】

一、基于灰度的数字影像相关

无论是解析摄影测量还是模拟摄影测量，都需要在左、右像片上搜索同名像点。在模拟测图仪上作业，是作业人员通过双眼不断在左右像片上寻找同名像点，进行立体观察和测量，寻找同名像点的过程，也就是探求影像的相关。数字摄影测量中，在没有立体观测的情况下，如何从左、右数字影像中寻找同名像点，亦即数字影像相关，是数字摄影测量的核心问题之一。对影像相关问题的研究，最开始是从分析影像的灰度特征开始的，提出了各具特色的数字影像相关方法，例如协方差法、相关系数法、高精度最小二乘法、基于物方匹配的 VLL 法等。这些方法有一个共同的特点，即它们都是基于相关点所在的一个小区域内的影像灰度。随着研究的深入和大量的生产实践发现，尽管灰度数字影像相关可以达到一个相当高的精度，但是对于千变万化的地物图像，有时却显得无能为力。例如，具有均匀亮度的信息贫乏区域，或者两个影像之间存在较大比例尺差异或扭曲的区域，无论采用哪种基于灰度数的数字相关方法都难以得到正确的相关结果。基于特征的影像匹配能够从细节入手，先提取地物的特征，然后基于特征点、线和面进行特征匹配，解决了区域影像相关的不足。

(一) 基于灰度的数字影像相关的概念

所谓基于灰度的数字影像相关，是以小区域内的影像灰度分布为相关基础，主要是基于待相关点所在的一个小区域内的影像灰度特性，然后取另一影像中相应区域的影像信息，利用相关函数计算两者的相似程度完成影像相关。其做法是在左片上确定一个待定点，以该点为中心选取 $n \times n$ 个点的灰度阵列作为目标区，一般 n 为奇数，其中心点即为待定点。为了在右片上便于搜索到同名像点，估计出该同名点可能出现的范围，以此定出一个 $l \times m$ 的灰度阵列（$l>n$，$m>n$）作为搜索区。若搜索工作在 x，y 两个方向进行，这种工作的相关运算是二维的，称为二维影像相关，如图 7-5 所示。相关过程就是依次把一个目标区的灰度阵列，与搜索区内搜索到的某一个与目标区阵列有同等大小的阵列，根据它们的灰度值按某一数字相关方法进行计算，判断它们的相似程度并最终找出同名像点。

若在搜索区寻找同名像点时，搜索工作只在一个方向进行，这种情况的相关运算是一维的，因而称为一维影像相关。如图 7-6 所示，仍取一个待定点为中心，$n \times n$ 个像素点的窗口作为目标区，此时，搜索区为 $m \times n$（$m>n$）个像素点的灰度阵列，因而此时的搜索区是在一个方向上进行的。同名像点位于同名核线上，沿同名核线寻找同名像点属于一维影像相关。

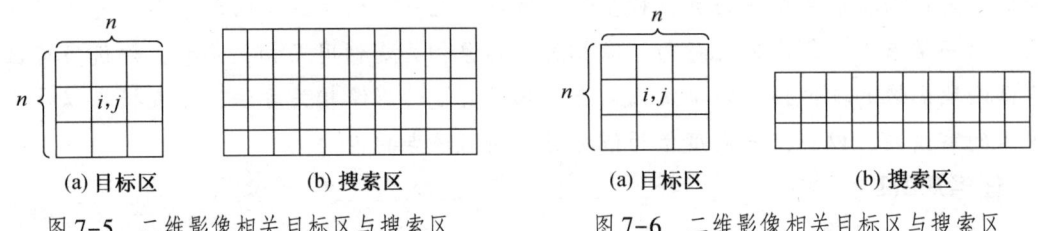

图 7-5　二维影像相关目标区与搜索区　　　图 7-6　二维影像相关目标区与搜索区

（二）影像相关的几种基本算法

在数字摄影测量中，以数字影像匹配代替传统的人工观测，达到自动确定同名像点的目的。影像匹配即通过一定的匹配算法在两幅或多幅影像之间识别同名点的过程。最初的影像匹配是利用相关技术实现的，因而也有人称影像匹配为影像相关。但是实际上影像相关只是影像匹配的一种方法，目前摄影测量中的影像匹配方法主要包括基于灰度的影像相关和基于特征的影像匹配。前者是利用目标区和搜索区内影像灰度矩阵进行的同名点的搜索，后者是以影像中的特征为依据进行同名特征的搜索，继而获得同名像点。这里主要介绍基于灰度的影像相关的几种基本算法。

如图 7-5 所示，目标窗口的灰度矩阵为 $G=g(i,j)$，其中 $i=j=1,2,\cdots,n$。n 是矩阵 G 的行列数，一般情况下为奇数。搜索区灰度矩阵为 $G'=g'(i,j)$，其中 $i=1,2,3,\cdots,l$，$j=1,2,3,\cdots,m$，l 与 m 是矩阵 G' 的行列数，一般情况下也为奇数。

1. 协方差法

协方差法是以目标窗口与搜索窗口灰度的协方差值作为相似性判据的依据，计算出协方差函数值最大的窗口，其中心像素被认为是目标点的同名像点。

$$\sigma_{gg'} = \frac{1}{n^2} \sum_{i=1}^{n} \sum_{j=1}^{n} g_{ij} g'_{i+k,\,j+h} - \overline{g}\,\overline{g'} \tag{7-13}$$

$$\overline{g} = \frac{1}{mn} \sum_{i=1}^{m} \sum_{j=1}^{n} g_{ij}$$

$$\overline{g}' = \frac{1}{mn}\sum_{i=1}^{m}\sum_{j=1}^{n}g'_{ij}$$

2. 相关系数法

设 g 代表目标区点组的灰度值，g' 代表搜索区内相应点组的灰度值，则每个点组共取 n 个点的灰度值的均值：

$$\overline{g} = \frac{1}{n^2}\sum_{i=1}^{n}\sum_{j=1}^{n}g_{ij}$$

$$\overline{g}' = \frac{1}{n^2}\sum_{i=1}^{n}\sum_{j=1}^{n}g'_{i+k,\,j+h}$$

两个点组的方差：

$$\sigma_{gg} = \frac{1}{n^2}\sum_{i=1}^{n}\sum_{j=1}^{n}g_{ij}^2 - \overline{g}^2$$

$$\sigma_{g'g'} = \frac{1}{n^2}\sum_{i=1}^{n}\sum_{j=1}^{n}g'^{2}_{i+k,\,j+h} - \overline{g}'^{2}_{kh}$$

两个点组的协方差：

$$\sigma_{gg'} = \frac{1}{n^2}\sum_{i=1}^{n}\sum_{j=1}^{n}g_{ij}g'_{i+k,\,j+h} - \overline{gg'}$$

两个点组的相关系数 $\rho_{k,h}$：

$$\rho_{k,\,h} = \frac{\sigma_{gg'}}{\sqrt{\sigma_{gg}\sigma_{g'g'}}} \quad (k=0,1,\cdots,m-n;\ h=0,1,\cdots,l-n) \tag{7-14}$$

在搜索区内沿核线寻找同名像点，每次移动一个像素，按式（7-14）依次计算出相关系数 ρ，可以求出 $(l-n+1)(m-n+1)$ 个相关系数。目标区相对于搜索区不断移动一个整像素，当相关系数为最大值时，对应的相关窗口的中心点就是待定的同名像点。

3. 相关函数法

相关函数的估算公式为

$$R(k,\,h) = \sum_{i=1}^{n}\sum_{j=1}^{n}g_{i,\,j}g'_{i+h,\,j+K} \tag{7-15}$$

根据式（7-15）可求出 $(l-n+1)(m-n+1)$ 个 R 值，当 R 函数的灰度值最大时，$G' = g'(i,j)$ 为同名区域，该区域的中心点为待定的同名像点，若是一维相关，则 $h=0$。

4. 差平方和

灰度函数 $g(x,y)$ 与 $g(x',y')$，差平方和的计算式为

$$S^2(k,\,h) = \sum_{i=1}^{n}\sum_{j=1}^{n}(g_{i,\,j} - g'_{i+h,\,j+K})^2 \tag{7-16}$$

同样根据式（7-16）可以求出 $(l-n+1)(m-n+1)$ 个 S 值，当其值最小时，对应的窗口中心点就是同名像点，同样若为一维相关，则 $h=0$。

5. 差的绝对和

差的绝对和计算公式为

$$S(k, h) = \sum_{i=1}^{n} \sum_{j=1}^{n} | g_{i,j} - g'_{i+k, j+h} | \qquad (7-17)$$

根据式（7-17）可以求出 $(l-n+1)(m-n+1)$ 个 S 值，当其值最小时，对应的窗口中心点就是同名像点，同样对于一维相关，$h=0$。

二、高精度最小二乘相关

（一）最小二乘相关的基本思想

最小二乘相关的方法是由德国 Stuttgart 大学 Ackermann 和 Pertl 利用相关影像灰度差的平方和最小的原理 $\left(\sum vv = min\right)$，在相关运算中灵活引入各种参数和条件进行整体平差，从而获得了极高的相关精度。这种方法的特点是在相关运算中引入变换参数作为待定值，直接纳入最小二乘法运算中。引入变换参数的目的是抵偿两个窗口之间的辐射及几何差异。根据实验成果的分析，利用这种方法寻找同名像点，其精度可达到 $1/50 \sim 1/100$ 像元（μm）。因此这种方法称为高精度最小二乘相关。

影像的灰度存在偶然误差与系统误差。影像灰度的偶然误差称为随机噪声，影像灰度的系统变形有两大类：辐射畸变和几何畸变。辐射畸变主要包括：照明及被摄影物体辐射面的方向；大气与摄影机物镜所产生的衰减；摄影处理条件的差异以及影像数字化过程中所产生的误差等。几何畸变主要包括摄影机方位不同所产生的影像透视畸变及由于地形坡度所产生的影像畸变等（竖直航空摄影的情况下，地形高差则是几何畸变的主要因素）。由于这些误差的存在，一般的数字相关方法难以达到较高的精度，因此需要在数字影像相关计算中引入这些变形参数，同时按最小二乘的原则求解这些参数，这就是最小二乘相关的基本思想。

根据引入的参数不同，最小二乘相关法建立不同的平差数学模型，例如在一维影像相关中，引入左右同名像点的相对位移为参数；在二维相关运算中，引入几何畸变系数和辐射畸变系数。

（二）一维相关

首先在相对简单的一维相关的情况下阐述最小二乘相关的原理和过程，假设左右像片上各有一条进行数字相关运算的灰度函数 $g_1(x)$ 和 $g_2(x)$，传统的方法是在目标区相对搜索区不断移动一个像素，在移动的过程中计算相关系数，搜索最大相关系数影像区中心作为同名像点，而在一维最小二乘影像相关中，把搜索区像点位移量作为一个参数引入，可以直接解算搜索区像点位移。在这里假设是沿着 x 方向寻找同名像点，y 方向没有位移。

设左、右像片的随机噪声函数为 $n_1(x)$、$n_2(x)$，$g_1(x)$ 相对于 $g_2(x)$ 存在位移量 Δx，则可以列出公式：

$$\left.\begin{array}{l}\overline{g_1}(x_i) = g_1(x_i) + n_1(x_i) \\ \overline{g_2}(x_i) = g_2(x_i + \Delta x) + n_2(x_i)\end{array}\right\} \quad (7-18)$$

式中，$g_1(x_i)$，$g_2(x_i)$ 表示引入参数改正后的灰度矩阵函数，脚注 i 代表像素 i 处的相应位置。

当左、右像点为同名像点时：
$$g_1(x_i) + n_1(x_i) = g_2(x_i + \Delta x) + n_1(x_i)$$

令
$$v(x_i) = g'_2(x_i) \cdot \Delta x - [g_1(x_i) - g_2(x_i)] \quad (7-19)$$

为了求解 Δx，需要对式（7-19）进行线性化：
$$v(x_i) = g'_2(x_i) \cdot \Delta x - [g_1(x_i) - g_2(x_i)] \quad (7-20)$$

对于离散的数字影像，灰度函数的倒数 $g'_2(x_i)$ 可以用差分 $\dot{g}_2(x_i)$ 来代替，即
$$\dot{g}_2(x_i) = \frac{g_2(x_i + \Delta) - g_2(x_i - \Delta)}{2\Delta} \quad (7-21)$$

式中，Δ 为采样间隔。

令 $g_1(x_i) - g_2(x_i) = \Delta g$，则式（7-21）可以写成
$$v = \dot{g}_2 \Delta x - \Delta g \quad (7-22)$$

为了解算 Δx，取一个窗口，对窗口内每一个像元都可以列出一个误差方程。利用最小二乘法取
$$\sum v(x_i) = \sum [n_1(x_i) - n_2(x_i)]^2 = \min \quad (7-23)$$

即可求得 Δx 的值。由于解算的误差方程式是经过线性化得到的，因此解算需要进行迭代，每次求解得到 Δx 后需要对 g_2 进行重采样，各次迭代计算时，系数项 $\dot{g}_2$ 与 Δg 均采用重采样以后的灰度值进行计算。

（三）二维相关

在二维最小二乘影像相关计算中，灰度函数分别为 $g_1(x, y)$ 和 $g_2(x, y)$。在二维计算中除了偶然误差之外，还需要考虑几何形变和灰度畸变。由于影像相关的窗口尺寸一般很小，所以一般用一次畸变进行几何变形改正，将左影像窗口的坐标 x，y 变换至右影像 x_2，y_2：

$$\left.\begin{array}{l} x_2 = a_0 + a_1 x + a_2 y \\ y_2 = b_0 + b_1 x + b_2 y \end{array}\right\} \quad (7-24)$$

式中，a_0，a_1，a_2，b_0，b_1，b_2 为几何变形改正参数。

右影像相对于左影像的灰度畸变为
$$g_1(x, y) = h_0 + h_1 g_2(x, y) \quad (7-25)$$

综合式（7-24）、式（7-25）及偶然误差改正，则有
$$g_1(x, y) + n_1(x, y) = h_0 + h_1 g_2(a_0 + a_1 x + a_2 y, b_0 + b_1 x + b_2 y) + n_2(x, y) \quad (7-26)$$

对式（7-26）线性化，即可得最小二乘影像相关的误差方程：

$$v = c_1 dh_0 + c_2 dh_1 + c_3 da_0 + c_4 da_1 + c_5 da_2 + c_6 db_0 + c_7 db_1 + c_8 db_2 - \Delta g \quad (7-27)$$

式中，dh_0，dh_1，da_0，da_1，da_2，db_0，db_1，db_2 为待定参数的改正值，它们的初始值分别为 $h_0 = 0$，$h_1 = 1$；$a_0 = 0$，$a_1 = 1$，$a_2 = 0$；$b_0 = 0$，$b_1 = 0$，$b_2 = 1$；观测值 Δg 为相应像素的灰度差。

式（7-27）误差方程的系数为

$$\left. \begin{aligned} c_1 &= 1 \\ c_2 &= g_2 \\ c_3 &= \frac{\partial g_2}{\partial x_2} \cdot \frac{\partial x_2}{\partial a_0} = (\dot{g}_2)_x = \dot{g}_x \\ c_4 &= \frac{\partial g_2}{\partial x_2} \cdot \frac{\partial x_2}{\partial a_1} = x\dot{g}_x \\ c_5 &= \frac{\partial g_2}{\partial x_2} \cdot \frac{\partial x_2}{\partial a_2} = y\dot{g}_x \\ c_6 &= \frac{\partial g_2}{\partial y_2} \cdot \frac{\partial y_2}{\partial b_0} = \dot{g}_y \\ c_7 &= \frac{\partial g_2}{\partial y_2} \cdot \frac{\partial y_2}{\partial b_1} = x\dot{g}_y \\ c_8 &= \frac{\partial g_2}{\partial y_2} \cdot \frac{\partial y_2}{\partial b_2} = y\dot{g}_y \end{aligned} \right\} \quad (7-28)$$

按式（7-27）和式（7-28）在目标区内逐像素建立误差方程，其矩阵形式为

$$V = CX - L \quad (7-29)$$

式中，$X = (dh_0, dh_1, da_0, da_1, da_2, db_0, db_1, db_2)^T$，由误差方程建立法方程为

$$C^T CX = X^T L \quad (7-30)$$

与一维相关情况相同，二维最小二乘影像相关参数求解也是一个迭代过程，其中右边影像的同名像点坐标通过几何变形参数直接求得，具体迭代过程如图 7-7 所示，具体步骤如下。

（1）几何变形改正，根据几何变形改正参数将左影像窗口的像片坐标变换到右影像。

（2）重采样，由上一步换算得到的坐标一般不可能是右边矩阵中的整行列号，因此要重采样以获得灰度值。

（3）辐射畸变改正，利用最小二乘影像相关所求得的辐射畸变改正参数 h_0，h_1，对上一步重采样的结果做辐射改正 $[h_0 + h_1 g_2 (x_2, y_2)]$。

（4）计算相关系数，判断是否需要继续迭代（计算左窗口 g_1 与经过几何和辐射校正的右窗口灰度矩阵 $h_0 + h_1 g_2 (x_2, y_2)$ 之间的相关系数，判断是否需要继续迭代）。

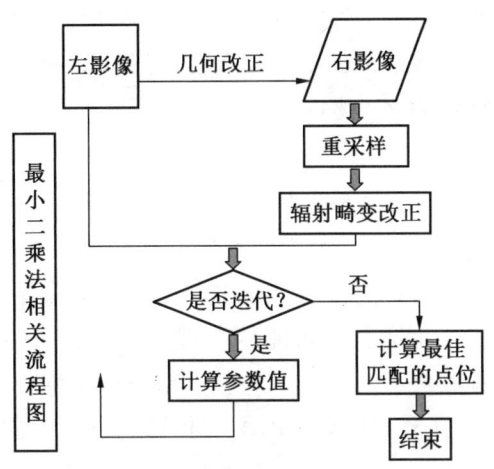

图 7-7 二维最小二乘影像相关流程

(5) 采用最小二乘影像相关求解变形系数的改正值 dh_0，dh_1，…，db_2，计算变形参数的改正数 dh_0，dh_1，将求出的改正值叠加到上次的代入值中。

(6) 计算最佳匹配点，影像相关的目的就是求解同名像点，在求解出上面的未知数后，同名点的坐标可由几何变换参数求得。

$$\left. \begin{array}{l} x = a_0 + a_1 x_t + a_2 y_t \\ y = b_0 + b_1 x_t + b_2 y_t \end{array} \right\} \tag{7-31}$$

在计算中引入随机噪声改正、几何变形改正和辐射变形改正，达到最优估计，计算中直接求出匹配的像素位置而不需要内插，因此可以获得高精度的相关结果。

三、基于物方匹配的 VLL 法

(一) 基本思想

本章前面介绍的几种基于灰度的影像相关方法，是在目标窗口影像固定的情况下，且匹配的结果只能获取同名像点的像点坐标。在获得同名像点坐标后还要利用空间前方交会解算其对于物点的空间三维坐标，然后建立数字地面模型，在建立 DEM 时，还可能会内插，使得精度或多或少地降低。因此，能够直接确定物体表面点空间三维坐标的影像匹配方法，也称为"地面元影像匹配"，亦被称为基于物方匹配的 VLL (Vertical Line Locus) 法。待定点平面坐标已知，只需要确定其高程 Z，基于物方的匹配算法也可理解为高程直接求解的影像匹配方法。

如图 7-8 所示，根据底点特性，垂直地面的直线（铅垂线）在影像上的构像为指向像底点的直线，即铅垂线与地面的交点为 A，A 点在像对上的同名像点位于左、右像片

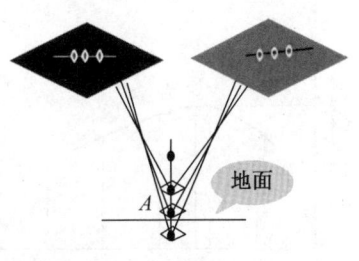

图 7-8 物方匹配的 VLL 法

标出的直线上（该直线过像底点），但是同名像点的具体位置还需要建立模型进行确定。与之前的相关方法不同，VLL 方法的匹配窗口和搜索窗口都是变化的，匹配结果可获得同名像点及同名像点所对应物点的 Z 坐标。

（二）解算步骤

利用 VLL 法搜索 A 的像点 a_1 与 a_2，从而确定 A 点高程的过程：

(1) 给定 A 点平面坐标 (X, Y) 与近似最低点高程 Z_{min} 和近似最高点高程 Z_{max}。

(2) 按照一定的间隔 ΔZ 给定高程值 $Z_i = Z_{min} + i\Delta Z$，$i = 1, 2, \cdots, n$，$Z_{min} \leq Z_i \leq Z_{max}$。

(3) 根据地面点已知的平面坐标、可能的高程值 Z_i 和已知的外方位元素（立体像对共 12 个外方位元素），根据共线方程，计算左、右像点的坐标 (x_i', y_i') 和 (x_i'', y_i'')。

$$\left.\begin{array}{l}x_i' = -f\dfrac{a_1'(X-X_s') + b_1'(Y-Y_s') + c_1'(Z-Z_s')}{a_3'(X-X_s') + b_3'(Y-Y_s') + c_3'(Z-Z_s')} \\[2mm] y_i' = -f\dfrac{a_2'(X-X_s') + b_2'(Y-Y_s') + c_2'(Z-Z_s')}{a_3'(X-X_s') + b_3'(Y-Y_s') + c_3'(Z-Z_s')} \\[2mm] x_i'' = -f\dfrac{a_1''(X-X_s'') + b_1''(Y-Y_s'') + c_1''(Z-Z_s'')}{a_3''(X-X_s'') + b_3''(Y-Y_s'') + c_3''(Z-Z_s'')} \\[2mm] y_i'' = -f\dfrac{a_2''(X-X_s'') + b_2''(Y-Y_s'') + c_2''(Z-Z_s'')}{a_3''(X-X_s'') + b_3''(Y-Y_s'') + c_3''(Z-Z_s'')}\end{array}\right\} \quad (7-32)$$

(4) 分别以 (x_i', y_i') 和 (x_i'', y_i'') 为中心，在左、右影像上取影像窗口，计算其匹配测度（图 7-9），如相关系数 ρ_i。

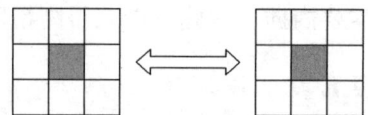

图 7-9 左右片取影像窗口进行匹配

(5) 将 i 的值增加 1，重复步骤 (2) ~ (4)，得到 ρ_0, ρ_1, ρ_2, $\cdots$, ρ_n，取其最大者 ρ_k：

$$\rho_k = \max\{\rho_0, \rho_1, \rho_2, \cdots, \rho_n\} \quad (7-33)$$

该地面点 A 的高程值为 $Z_k = Z_{min} + k\Delta Z$，即 $Z_A = Z_k$。

为了提高匹配的精度，除了可以减小高程步距 ΔZ 外，还可以其相邻的几个相关系数值为纵坐标值，它们的像元素位置（相对 k 点的）为横坐标值，拟合出一条抛物线（$y = ax^2 + bx + c$），如图 7-10 所示，以其极值点（抛物线顶点）对应的高程作为 A 点的高程。

图 7-10 相关系数抛物线拟合

任务四　基于特征的影像匹配

【任务目标】
（1）理解基于特征的影像匹配原理。
（2）掌握特征匹配的步骤。
（3）了解点特征提取的方法。

【任务描述】
人类在观察事物时，往往是先整体后局部，先轮廓后细节，从而启迪人们从提取图像的特征入手，进行基于特征的影像匹配研究，提出了有效的基于特征的影像匹配算法。基于特征的匹配解决了灰度匹配中的问题，发展出一种以特征层而非影像层上对具有特征的点、线、面进行影像匹配的方法。关键是确定所采用的相似性度量，以定量描述特征点之间的相似性。

【任务知识】
以特征的描述参数为匹配实体，通过计算匹配实体之间的相似性测度，实现共轭实体配准的影像匹配方法，称为基于特征的影像匹配（feature-based image matching）。常用的特征有点、线、面等。常用的特征描述参数包括：点的圆度，特征周围的灰度分布；线的长度、方向、宽度、梯度；面特征面积、形状，与周围面特征的关系等。

一、特征匹配的步骤

特征是影像灰度曲面的不连续点。在实际影像中，由于点扩散函数的作用，特征表现为在一个微小邻域中灰度的急剧变化，或灰度分布的均匀性。基于特征匹配的基本思想是首先利用影像分析的方法在像片上提取特征，然后再找出两像片间相匹配的（即同名的）特征。用于匹配的特征应具有唯一性和物理意义。特征匹配主要步骤如下。

1. 特征提取

用于匹配的特征点或线应具有确定的属性，能够从多张相互独立的像片中提取这些特征，大多数的特征匹配方法是用特征提取算子（或兴趣算子）提取特征的点或线。

2. 候选特征点的确定

对所提取的特征属性进行比较，将属性相似的特征分为一类，作为左影像上待配准的候选特征点。例如，对提取的边缘灰度值，可以检查左影像上待提取的配准边缘与右影像上所提取的边缘之间是否有相同的对比符号。从而确定右影像上候选点边缘，将同一特征的所有候选特征分为一类，可形成待匹配点与候选特征集合之间的对应表。

3. 最终的特征对应

通过对一定窗口内所有特征点进行一致性的几何变换，消除初始特征对应表中的不确定性。左影像上的特征与右影像中的特征集，利用代价函数进行相似度测量，从而形成最佳的共轭匹配特征对。

二、特征匹配的策略

基于特征的影像匹配中涉及建立影像金字塔、提取特征的方式、特征匹配顺序等关键技术。下面主要介绍影像金字塔的建立和特征提取的分布方式两方面的内容。

1. 建立影像金字塔

对二维影像逐次进行低通滤波，增大采样间隔，得到一个像元素总数逐渐变小的影像序列，将这些影像叠置起来颇像一座金字塔，称为金字塔影像结构。例如，经典的 2×2/4 金字塔中，原始影像每 2×2=4 个像元形成第二层的一个像元，即 4 个像元平均为一个像元构成二层影像，在二层影像的基础上构成三级影像，层与层之间像素数以 4 倍数减少。图 7-11a 是四像元构成的金字塔示意图，图 7-11b 是一幅遥感影像 4 层 2×2/4 金字塔。

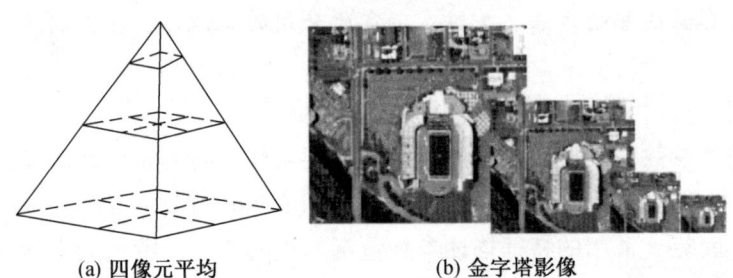

(a) 四像元平均　　　　(b) 金字塔影像

图 7-11　影像金字塔的构成

金字塔的多层结构可以增大像素尺寸而减少搜索空间。由于低通滤波和抽样作用，使得在金字塔最顶端所保留的特征是影像中最明显、能量最集中且由影像中较大的特征结构所形成的特征，小尺度反差不强的特征则被多次的平滑所抑制和湮没。由于金字塔最顶层是多次滤波后生成的影像，主要由低频成分构成，因此在金字塔最高层进行特征匹配，对明显突出、结构较大、反差剧烈的特征匹配更可靠更稳健。

2. 提取特征的分布方式

对所提取的特征，针对不同的应用目的，采用不同的特征提取方法，一般对特征点的分布采用两种方式。

（1）随机分布：随机进行特征提取且控制特征的密度，并去掉特征点周围的其他点。

（2）均匀分布：将格网点划分成矩形格网，在每一个格网内提取一个或若干个特征点。根据不同的应用目的确定格网的边长与提取的点数。

三、基于点特征的影像匹配

点特征是最常采用的一种图像特征，包括物体边缘点、角点、线交叉点等。特征点的属性参数或特征描述可以是特征点周围的灰度值分布，也可以是与周围特征的关系、不变矩及角度等参数。点特征（明显地物点）具有较高的匹配精度，当图像的方位元素未知时，往往需要先匹配少量点求解图像的相对方位元素，此时点特征匹配就显得很重要。特征点的匹配一般可以归结为下述三个步骤。

（一）点特征提取

点特征影像匹配的关键就是点特征的提取。提取点特征的算子称为有利算子或兴趣算子，提取的特征点称为有利点或兴趣点。目前有很多点特征算子的提取方法，其中 Moravec 算子度量的是影像的灰度值及其周围灰度差别的特性。Forstner 算子具有选择不变性，并可以达到子像素精度。Moravec 算子和 Forstner 算子是摄影测量中应用比较广泛的两种算子，此外还有 Harris, LY, SuSan 角点提取算子等。本节主要介绍 Moravec 算子和 Forstner 算子。

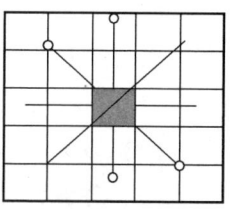

图 7-12 Moravec 算子计算示意图

1. Moravec 算子

Moravec 于 1977 年提出利用灰度差提取点特征的算子，该算子通过逐像元计算与其相邻像元的灰度差，搜索像元之间具有高反差的点。图 7-12 是 Moravec 算子计算示意图。具体计算步骤如下：

（1）计算各像元的兴趣值（interest value），如图 7-12 所示，在以像素 (c, r) 为中心的影像窗口（5×5 的窗口）中，4 个方向相邻像素灰度差的平方和为

$$\left.\begin{array}{l} V_1 = \sum_{i=-k}^{k-1}(g_{c+i,\ r} - g_{c+i+1,\ r})^2 \\ V_2 = \sum_{i=-k}^{k-1}(g_{c+i,\ r+i} - g_{c+i+1,\ r+i+1})^2 \\ V_3 = \sum_{i=-k}^{k-1}(g_{c,\ r+i} - g_{c,\ r+i+1})^2 \\ V_4 = \sum_{i=-k}^{k-1}(g_{c+i,\ r-i} - g_{c+i+1,\ r-i-1})^2 \end{array}\right\} \quad (7-34)$$

式中，$k = \mathrm{int}\left(\dfrac{w}{2}\right)$；$i = m-k, \cdots, m+k-1$；$j = n-k, \cdots, n+k=1$。

$G_{i,j}$ 代表了像元 $P_{i,j}$ 的灰度值，w 为以像元计的窗口大小，图 7-14 中 $w=5$，则 m，n 为像元在整个影像窗口中的位置序号。然后取 4 个方向中最小值为该像元的兴趣值：

$$IV_{c,\ r} = \min\{V_1,\ V_2,\ V_3,\ V_4\} \quad (7-35)$$

（2）依次选取不同的窗口中心，按式（7-34）和式（7-35）计算兴趣值 IV，再给定一经验阈值，将兴趣值大于阈值的点作为候选点。

（3）抑制局部非最大，选取候选点的极值作为特征点，在一定的窗口内将候选点中兴趣值不是最大值的去掉，仅留下一个兴趣值最大值，该像素即是一个特征点，这就是所谓的"抑制局部非最大"。

综上所述，Moravec 算子是在 4 个主要方向上选择具有最大−最小灰度方差的点作为特征点。

2. Forstner 算子

该算子是 Forstner 于 1984 年提出的，Forstner 算子实质上是一个加权算子，它通过计算各像素的 Robert's 梯度和以像素 (c, r) 为中心的一个窗口的灰度协方差矩阵，在影像中寻找具有尽可能小而接近圆的误差椭圆的点作为特征点。其解算步骤为

（1）以某一像素 (c, r) 为中心取一个 5×5 或更大的窗口。

（2）逐像元计算 Robert's 梯度和协方差矩阵：

$$\left. \begin{array}{l} g_u = \dfrac{\partial g}{\partial u} = g_{i+1, j+1} - g_{i, j} \\ g_v = \dfrac{\partial g}{\partial v} = g_{i, j+1} - g_{i+1, j} \end{array} \right\} \tag{7-36}$$

（3）计算所取窗口的协方差矩阵：

$$Q = N^{-1} = \begin{bmatrix} \sum g_u^2 & \sum g_u g_v \\ \sum g_v g_u & \sum g_v^2 \end{bmatrix}^{-1} \tag{7-37}$$

式中

$$\sum g_u^2 = \sum_{i=c-k}^{c+k-1} \sum_{j=r-k}^{r+k-1} (g_{i+1, j+1} - g_{i, j})^2$$

$$\sum g_v^2 = \sum_{i=c-k}^{c+k-1} \sum_{j=r-k}^{r+k-1} (g_{i, j+1} - g_{i+1, j})^2$$

$$\sum g_u g_v = \sum_{i=c-k}^{c+k-1} \sum_{j=r-k}^{r+k-1} (g_{i+1, j+1} - g_{i, j})(g_{i, j+1} - g_{i+1, j})$$

（4）计算兴趣值 q 和权值 w：

$$q = \dfrac{4 \mathrm{Det} N}{(\mathrm{tr} N)^2} \tag{7-38}$$

$$\omega = \dfrac{1}{\mathrm{tr} Q} = \dfrac{\mathrm{Det} N}{\mathrm{tr} N} \tag{7-39}$$

式中，$\mathrm{Det} N$ 代表矩阵 N 的行列式；$\mathrm{tr} N$ 代表矩阵 N 之迹。

（5）确定待选的有利窗口。如果有兴趣值大于给定的阈值，则以该像元为中心的窗口作为候选的最佳窗口，阈值一般为经验值，可参考下列值：

$$\left. \begin{array}{l} T_q = 0.5 \sim 0.75 \\ T_\omega = \begin{cases} f \bar{\omega}, & f = 0.5 \sim 1.5 \\ c \omega_c, & c = 5 \end{cases} \end{array} \right\} \tag{7-40}$$

式中，$\bar{w}$ 为图像中所有像元权值的平均值；w_c 为图像中所有像元权值的中值；f, c 为经验推荐值。当 $q > T_q$ 且 $w > T_w$ 时，该像元为待选点。

（6）选取极值点。以权值 w 为依据，得到最佳窗口，在最佳窗口中确定加权中心为最后所需的有利点，即特征点。

在点特征提取算子中，Moravec 算子计算简单，Forstner 算子较复杂，但是它能给出特征点的类型且精度较高。以上两种算子均是对整个图像采取一视同仁的态度，逐像元采用相同的方法进行计算，类似的比较知名的算子还有 Hannah 算子和 Dreschler 算子等。

（二）初始候选特征点的确定

利用一种或多种相似性测度，在左右影像上提取的特征点集合间进行初相关并经阈值化处理，建立初步的匹配点对。

匹配候选点的选择，有以下三种方式：

（1）左影像提取特征后，对右影像进行相应的特征提取，挑选预选框内的特征点作为可能的匹配点。

（2）右影像不进行特征提取，将预测框内的每一个点都作为可能的匹配点。

（3）右影像不进行特征提取，但也不将所有的点作为可能的匹配点，而是采用其他的准则动态确定。

（三）最佳匹配点的确定

利用一些约束条件（如核线）剔除初匹配中与约束条件不一致、不相容的候选匹配点，以便形成最佳的共轭匹配点对。在左影像上的特征与右影像上的特征集中，利用代价函数进行相似度测量，从而形成最佳的共轭匹配特征对。

1. 特征点的匹配顺序

（1）深度优先：对最上层影像（影像金字塔），每提取一个特征点即对其匹配，然后将结果传递至下一层进行匹配直到原始影像，并以该匹配好的点为中心，对其领域内的点进行匹配；再上传到最高层，从该层已匹配的点领域中，选择另一点进行匹配，将结果换算到原始影像上。重复前一点的过程，直至最上一层最先匹配点的邻域中心处理完，再回到第二层上，对第二层重复上述对最上一层的处理，如此进行直至处理完所有图层，如图7-13a所示。

（2）广度优先：这是一种按层处理的方法。首先对上层影像进行特征提取与匹配；将全部点处理完后，将结果转到下一层并加密，然后再进行匹配，重复上述过程直至原始图像。如图7-13b所示。

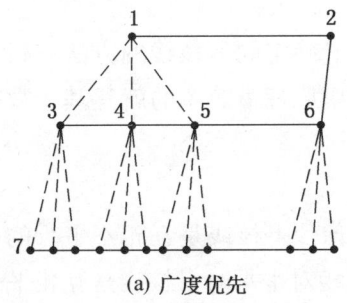
(a) 广度优先

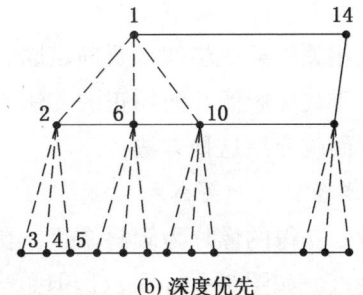
(b) 深度优先

图7-13 影像金字塔的构成

2. 匹配准则

除了运用一定测相似测度外，还可以考虑特征的方向，周围已经匹配点的结果，如将前一条核线已经匹配的点沿边缘传递到当前核线同一边缘上的点。由于特征点的信噪比较大，相关系数也较大，可以设一个较大的阈值。当相关系数高于阈值时，认为该特征点是匹配点，否则需要利用其他条件进一步判别。

任务五　核线相关与同名核线的确定

【任务目标】
(1) 掌握基于数字影像几何纠正方法的基本原理。
(2) 了解点同名核心确定的过程。

【任务描述】
基于灰度的数字影像相关和基于特征的影像匹配，无论是目标区还是搜索区，都是针对二维的影像窗口进行二维相关计算，计算量相当大。为了解决这个问题引入了核线相关，核线相关是一种一维相关，其目的区和搜索区分别位于左、右同名核线上，均为一维影像窗口，目的是沿同名核线搜索同名点。

【任务知识】

一、核线相关

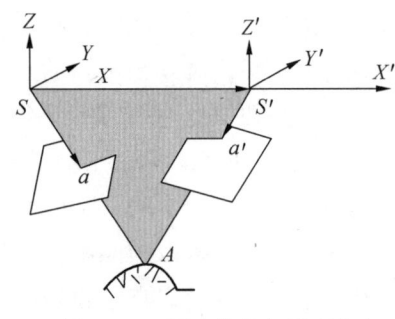

图 7-14　同名核线与同名像点

由摄影测量基础知识可知，核面与相邻两像片的交线称为同名核线，由核线的几何关系决定同名像点必然位于同名核线上（图 7-14）。沿核线寻找同名像点，即核线相关。这样利用核线相关的概念就能将沿着 x，y 方向搜索同名像点的二维相关问题转化为沿同名核线搜索同名像点的一维相关问题，从而大大减少相关的计算工作量。

二、同名核线的确定

进行核线相关的第一步就是要确定同名核线。确定同名核线的方法有很多，例如根据共面条件，基于数字影像几何纠正的方法等。其中原理最简单的就是基于数字影像几何纠正的方法，下面就介绍这种方法。

（一）基本原理及相关公式

摄影测量中获得的像片为倾斜像片，在倾斜像片上核线是互相不平行的，它们交于一个交点——核点，如图 7-15a 所示，但是当像片相对水平时，核线是互相平行的（平行于摄影基线或称平行于像片平面的 x 轴），如图 7-15b 所示。

正是由于相对水平像片具有这一特征，在相对水平像片上建立规则格网，它的行就是核线。核线上像元素（坐标为 x_t, y_t）的灰度可由它对应的实际像片（倾斜像片）上的像元素（坐标为 x, y）的灰度求得，即 $g(x_t, y_t) = g(x, y)$。

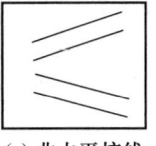

(a) 非水平核线　　(b) 水平核线

图 7-15　影像金字塔的构成

倾斜像片上的像点坐标与相对水平像片上的像点坐标的几何关系如图 7-16 所示，图中水平像片上的像点 $a_t(x_t, y_t)$ 与倾斜像片上对应像点 $a(x, y)$ 之间的坐标关系式为

$$x = -f \cdot \frac{a_1 x_t + b_1 y_t - c_1 f}{a_3 x_t + b_3 y_t - c_3 f} \\ y = -f \cdot \frac{a_2 x_t + b_2 y_t - c_2 f}{a_3 x_t + b_3 y_t - c_3 f} \Bigg\} \tag{7-41}$$

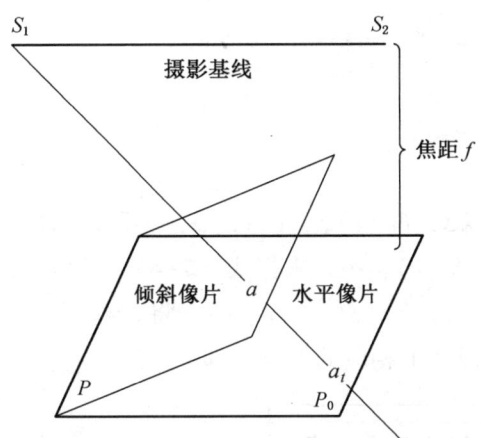

图 7-16　水平像片和倾斜像片的几何关系

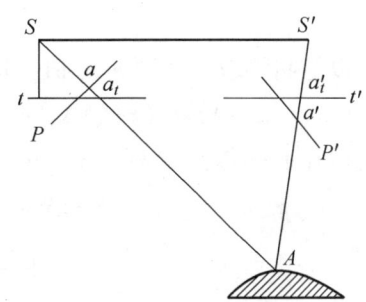

图 7-17　过 A 点的核面

图 7-17 代表通过摄影基线 $SS' = B$ 和地面上一点 A 构成的核面，P, P' 代表倾斜的左右像片，t, t' 代表平行于摄影基线的水平像片，同名光线 SA 和 SA' 分别于左右像片平面，交于 a, a_t, a', a_t' 点，其中 a, a_t 分别表示 A 点在左倾斜像片 P、水平像片 t 上相应的像点，a', a_t' 则分别表示 A 点在右倾斜像片 P'、水平像片 t' 上相应的像点。设 a_1, a_2, a_3, b_1, b_2, …, c 为左片的 9 个方向余弦（是左片 3 个外方位元素 φ, ω, κ 的函数），f 为像片的主距。显然当 y_t 为常数时，则为核线，将 $y_t = c$ 代入式 (7-41) 中，得到

$$x = -f \cdot \frac{a_1 x_t + b_1 c - c_1 f}{a_3 x_t + b_3 c - c_3 f} \\ y = -f \cdot \frac{a_2 x_t + b_2 c - c_2 f}{a_3 x_t + b_3 c - c_3 f} \Bigg\} \tag{7-42}$$

将上式进行简化后得到

$$\left.\begin{array}{l} x = -f \dfrac{d_1 x_t + d_2}{d_3 x_t + 1} \\ y = -f \dfrac{e_1 x_t + e_2}{e_3 x_t + 1} \end{array}\right\} \quad (7-43)$$

式中

$$d_1 = \frac{a_1}{b_3 c - c_3 f}$$

$$d_2 = \frac{b_1 c - c_1 f}{b_3 c - c_3 f}$$

$$d_3 = \frac{a_3}{b_3 c - c_3 f}$$

$$e_1 = \frac{a_2}{b_3 c - c_3 f}$$

$$e_2 = \frac{b_2 c - c_2 f}{b_3 c - c_3 f}$$

$$e_3 = d_3$$

若以等间隔取一系列的 x_t 值（图 7-18）：$k\Delta$，$(k+1)\Delta$，$(k+2)\Delta$，…可以得出系列的像点坐标 $(k\Delta, c)$，$((k+1)\Delta, c)$，$((k+2)\Delta, c)$，…，根据式 (7-43) 可以求出对应于倾斜像片上的像点坐标 (x_1, y_1)，(x_2, y_2)，(x_3, y_3)，…，将这些像点的灰度 $g(x_1, y_1)$，$g(x_2, y_2)$，…直接赋给相对水平像片上相应的像点，即

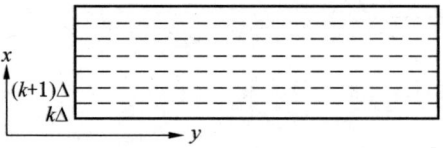

图 7-18 等间隔的水平核线

$$g_0(k\Delta, c) = g(x_1, y_1)$$
$$g_0((k+1)\Delta, c) = g(x_2, y_2)$$
$$\vdots$$

在相对水平像片上，同名核线的 y 坐标相同，$y = y' = c$，因此可以同样将 $y = c$ 代入式 (7-42)，得到

$$\left.\begin{array}{l} x' = -f \cdot \dfrac{a'_1 x'_t + b'_1 c - c'_1 f}{a'_3 x_t + b'_3 c - c'_3 f} \\ y' = -f \cdot \dfrac{a'_2 x_t + b'_2 c - c'_2 f}{a'_3 x_t + b'_3 c - c'_3 f} \end{array}\right\} \quad (7-44)$$

其中，a_1'，a_2'，a_3'，b_1'，…，c_3' 为右片的方向余弦，分别是右片 6 个外方位元素中 3 个角元素的函数，同样可以得到右片的同名核线。

（二）沿核线重采样

数字影像是个规则排列的灰度格网序列，图 7-18 中相对水平像片上沿核线排列的规则格网，要求每个格网的灰度值，必须按式（7-42）或式（7-43）依次将每个格网点的坐标 (x_t, y_t) 反算到原始像片上（倾斜像片），得到相应的像点坐标 (x, y)。但是由于原始像片上所求得的像点不一定刚好落在像片的采样点上（像元素中心），因此必须进行灰度重采样，重采样的方法在前面讲过，包括双线性二次内插、双三次卷积法和最邻近法。其中双线性内插因为精度较高，计算难度适中，常常作为重采样的计算模型。

三、核线相关过程

本章介绍的各种相关方法都可以应用于核线相关，与二维相关不同，核线相关的目标区和搜索区都是一维的影像窗口。

以相关系数法为例，介绍核线相关的过程：

（1）为了沿同名核线搜索同名像点，在左核线上建立一个目标区，该目标区中心就是目标点，目标区的长度为 n 个像元（n 为奇数）。

（2）在右片上沿着同名核线建立搜索区，其长度为 m 个像元，共计算 $(m-n+1)$ 个相关系数 ρ，判别其中最大的一个，设 $k=k_0$ 时相关系数最大，则同名像点在搜索区的序号为 $k_0+(n+1)/2$。

【项目习题】

1. 什么是数字摄影测量？其主要内容是什么？
2. 什么是数字影像？数字影像的灰度如何表示？
3. 数字摄影测量内定向的目的是什么？写出内定像中像点坐标及扫描坐标的关系式。
4. 为什么要进行影像重采样？影像重采样的方法有哪几种？
5. 什么是数字影像相关？什么是影像匹配？二者有何关系？
6. 数字影像相关有几种基本算法？写出最小二乘法二维相关的计算过程。
7. 基于物方匹配的 VLL 方法与一般的数字相关方法相比，有何区别？写出其解算过程。
8. 什么是基于特征的影像匹配？有何特点？
9. 什么是核线相关？为什么要核线相关？

项目八 数字摄影测量系统

随着计算机的广泛应用和信息处理技术的飞速发展，模拟和解析摄影测量已经被数字摄影测量取代，数字摄影测量已经成为摄影测量发展的主流。数字摄影测量最重要的产品是数字摄影测量系统。数字摄影测量工作站是数字摄影测量系统的软、硬件主要载体或主要核心部分，数字摄影测量工作站是对数字摄影测量系统的具体实现。

任务一 数字摄影测量系统概述

【任务目标】
(1) 理解数字摄影测量系统定义。
(2) 了解数字摄影测量系统的组成。

【任务描述】
随着计算机软硬件技术的飞速发展，数字摄影测量系统开始在摄影测量领域占据绝对优势。由于计算机技术的支持，数字摄影测量系统仅仅利用一台计算机，加上专业的摄影测量软件，就代替过去传统的、所有的摄影测量的仪器，数字摄影测量系统由软件和硬件两部分组成。

【任务知识】

一、数字摄影测量系统概念

数字摄影测量的发展起源于摄影测量自动化测图。它处理的原始资料是数字影像或数字化影像，以计算机视觉代替人眼的立体观测，使用的仪器设备是通用计算机及其相应外部设备，产品为数字形式。随着计算机科学、数字图像处理技术、计算机视觉等相关学科的发展，数字摄影测量已经成为摄影测量发展的主流。数字摄影测量最重要的产品是数字摄影测量系统。

数字摄影测量系统（Digital Photogrammetry System，DPS）是对影像进行自动化测量与识别，完成摄影测量作业的所有软、硬件构成的系统。相对于传统的摄影测量系统而言，具有占用空间小、自动化程度高、生产效率高等优点。

二、数字摄影测量系统发展阶段

20 世纪 60 年代，第一台解析测图仪 AP-1 问世不久，美国也研制了全数字化测图系统 DAMC。其后出现了多套数字摄影测量系统,但基本上都是属于数字摄影测量工作站概念(DPW)的试验系统。

1988 年,在日本京都第 16 届国际摄影测量与遥感协会会议上,制造商 Kern 推出了第一个商用数字摄影测量工作站 DSPI。尽管 DSPI 是作为商品推出的,但实际上并没有成功地进行销售。

1992 年 8 月,在华盛顿第 17 届国际摄影测量与遥感会议上,才有多套较为成熟的产品展示,它表明了数字摄影测量工作站正由试验阶段步入摄影测量的生产阶段。

1996 年 7 月,在维也纳第 18 届国际摄影测量与遥感会议上,展出了十几套数字摄影测量工作站,这表明数字摄影测量工作站已进入使用阶段。

之后,数字摄影测量得到迅速发展,数字摄影测量工作站得到越来越广泛的应用,品种越来越多,如由 Autometric、L/H System、Z/I Imaging、Erdas、Inpho、Supersoft 等公司提供的自动化功能较强的多用途数字摄影测量工作站;由 DVP Geomatics、ISM、KLT Associates、R-Wel、3D Mapper、Espa Systems 等公司提供的较少自动化功能的数字摄影测量工作站;由武汉大学张祖勋教授主持,并与适普公司合作研发的 VirtuoZo 数字摄影测量工作站以及中国测绘科学研究院刘先林院士主持研发的 Jx-4 数字摄影测量工作站,作为国产化的 DPW 得到了广泛推广和应用。

三、数字摄影测量系统的组成

数字摄影测量系统主要由软件和硬件两部分构成。数字摄影测量系统的发展很大程度上是计算机技术发展的结果,数字摄影测量系统可以认为是计算机应用学科的一部分。数字摄影测量系统可以与计算机可视化、计算机仿真、模拟、计算机动画、计算机网络密切地联系在一起,从而极大地扩展了数字摄影测量的应用领域。

(一)硬件组成

数字摄影测量系统的硬件主要由计算机及外部设备组成。其中计算机可以是个人计算机、集群计算机(多台个人计算机联网组成)、小型机和工作站。外部设备一般包括立体观测、操作控制和输入/输出设备等部分。

1. 计算机

计算机是数字摄影测量系统的核心,相对于普通的计算机,数字摄影测量系统中的计算机有一些特殊要求以满足系统正常运行的需要。目前国内的主流数字摄影测量系统包括武汉适普的 VirtuoZo,航天远景的 MapMatrix,北京四维的 JX-4(图 8-1),在这些系统中要实现三维立体观测,有些系统要求计算机显示器中的监视器刷新频率达到 100 Hz 以上,有些则要求双显示器。此外,数字摄影测量系统要输入、处理和输出高分辨率的图像,计算机中的独立显卡要求性能优越。为了实现左、右像片的同时显示,系统有时采用双显示器,有的则还是采用一台主机一台显示器的配置。

▶ 摄 影 测 量 学

(a) 北京四维数字摄影工作站　　　　　　(b) 适普数字摄影工作站

图 8-1　数字摄影测量工作站（DPW）

2. 外部设备

1）立体观测

数字摄影测量系统的立体观测部分实际上包括计算机显示器、显卡和立体观测眼镜。立体观测眼镜常见的有红绿眼镜、立体反光镜、闪闭式液晶眼镜和偏振光眼镜四种（图 8-2）。

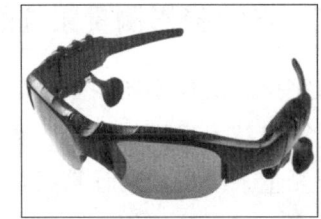

(a) 红绿眼镜　　　　　　(b) 闪闭式液晶眼镜　　　　　　(c) 偏振光眼镜

图 8-2　常见的立体观察眼镜

红绿眼镜实际上是利用滤光原理，使一只眼睛看到红色部分，另一只看到绿色部分，这样看到两个不同的像片产生立体效果。立体反光镜仿照人眼立体观测的原理，在双显示器上进行立体观测。目前，数字摄影测量系统一般采用闪闭式液晶眼镜加发射器，它与显示器交替闪烁，利用视觉暂留原理，形成立体的效果。偏振光眼镜则是根据偏振光原理，让一个眼镜片只能通过横向波，另一个只能通过纵向波，同样达到两只眼睛看到的像片不同的效果，进行立体观测。

在这四种方法中，红绿眼镜价格最便宜，但是立体观察效果差，一般只用于体验；而闪闭式液晶眼镜由于价格适中，观测效果较好，因此被广泛应用。

2）操控系统

数字摄影测量系统的操控系统目前有三种：手轮、脚轮、鼠标（3D 鼠标和普通鼠标）（图 8-3）。

项目八 数字摄影测量系统

图 8-3 部分操控系统手轮、脚轮

随着数字摄影测量系统的发展，一般的鼠标基本上能完成数字摄影测量的大部分工作，但是在追踪等高线时最好使用手轮和脚轮，手轮、脚轮的优点是在大比例尺测图和等高线绘制中，作业质量要高一些，但其缺点是作业人员的培训周期长、劳动强度高、作业效率低、技术比较落后。数字摄影测量 3D 鼠标代替传统的手轮、脚轮和脚开关，实现对 3D 地形地物与线画图的全要素跟踪采集，3D 鼠标的特点是作业人员培训时间短，掌握速度快，作业效率高，劳动强度低，技术先进。

3) 输入和输出设备

系统输入设备主要指胶片影像的数字化扫描仪，是将模拟像片转换成数字影像的模/数转换设备（图 8-4）。用于数字摄影测量的扫描仪主要有两类：第一类是单片扫描，也就是采用成卷底片自动扫描的方式，价格比较低廉；第二类是鼓式扫描仪，又称为滚筒式扫描仪，它使用的感光器件是光电倍增管，扫描效果非常好，由于该类扫描仪一次只能扫描一个点，所以扫描仪速度较慢，扫描一张像片花费几十分钟是很正常的事情。

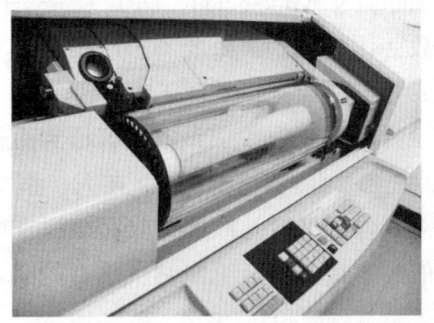 

图 8-4 数字摄影测量输入、输出设备

(二)软件组成

数字摄影测量系统的软件实际上是解析摄影测量软件与数字图像软件的集合,主要包括数字影像处理软件、模式识别软件、解析摄影测量软件和辅助功能软件。其中数字影像处理软件和模式识别软件是数字摄影测量系统的核心软件,它们是计算机技术发展到一定阶段才具备的功能,与数字图像处理技术关系紧密。

(1)数字影像处理软件包括影像旋转、影像滤波、影像增强、特征提取。

(2)模式识别软件包括特征识别与定位、影像匹配、目标识别。

(3)解析摄影测量软件包括定向参数计算、空三解算、核线关系解算、坐标计算与变换、数值内插、数字微分纠正、投影变换。

(4)辅助功能软件包括数据输入输出、数据格式转换、注记、质量报告、图廓整饰、人机交互。

任务二 数字摄影测量工作站

【任务目标】

(1)掌握数字摄影测量工作站的功能。

(2)掌握数字摄影测量工作站的主要产品。

【任务描述】

数字摄影测量工作站是数字摄影测量系统的软、硬件主要载体或核心部分,数字摄影测量工作站是对数字摄影测量系统的具体实现。数字摄影测量工作站可集数据获取、存储、处理、管理、成果输出为一体,在单独的一套系统中即可完成所有摄影测量任务,自动化程度高。

【任务知识】

一、数字摄影测量工作站概念

数字摄影测量工作站(Digital Photogrammetry Workstation,DPW)是一个普通计算机影像数据处理系统,其硬件设备包括影像数字化装置、影像或图形输出装置和计算机,由预先编制的置于计算机内的软件系统来完成各种摄影测量处理工作。

目前的数字摄影测量工作站的实质是一台用于处理数字影像的解析测图仪。数字摄影测量工作站按其自动化功能可分为三种类型:①半自动化模式,在人、机交互状态下工作;②自动模式,需要作业员事先定义、输入各种参数,以确保其完成操作的质量;③全自动模式,完全独立于作业员的干预。目前数字摄影测量工作站所具有的全自动模式功能还不多,一般处于半自动与自动模式。

我国王之卓教授提出了全数字摄影测量(Full Digital Photogrammetry)的概念。这种定义认为,在数字摄影测量过程中,不仅产品是数字的,而且中间数据的记录以及处理的原始资料均是数字的。全数字摄影测量系统目前已经发展到第二代,具有采编一体化、内外一体化、图库一体化的数字摄影测量生产新模式,并且具有同步数据更新能力。全自动模式这一目标在不久的将来能够逐步实现。

二、数字摄影测量工作站的功能、工作流程及主要产品

1. 数字摄影测量工作站的功能

(1) 影像数字化。利用高精度影像扫描仪,将像片转化为数字影像。

(2) 影像处理。通过反差增强、几何变换、噪声滤除等基本的数字图像处理,使影像的亮度与反差合适、色彩适度、方位正确。

(3) 量测。包括基于单像的特征提取与定位,基于双像匹配及立体量测,基于多像间的匹配的交互量测。

(4) 影像定向。包括:①内定向:通过框标的自动识别和定位,并结合相机检校参数,计算扫描坐标系与像平面坐标系之间的变换参数;②相对定向:提取影像中的特征点,利用二维相关算法寻找同名点,计算相对定向参数,自动进行相对定向;③绝对定向:现阶段主要通过人工刺点在影像上定位控制点,由影像匹配确定同名点,计算绝对定向参数。

(5) 自动空中三角测量。人工或全自动内定向、选点、刺点、相对定向,半自动绝对定向,航带法区域网平差和光束法区域网平差,自动整理成果,建立各模型的参数文件。

(6) 构建核线影像。按同名核线重新采样,形成按核线方向排列的核线影像;在核线影像上进行核线匹配,确定同名点,对匹配结果进行交互式编辑。

(7) 建立数字高程模型 DEM。由影像匹配结果和定向元素计算地面点的地面坐标,直接构建不规则三角网 TIN,或内插建立精确的规则格网数字高程模型 DEM。

(8) 基于 DEM 或 TIN 跟踪自动绘制等高线。

(9) 制作生成数字正射影像 DOM。基于规则格网 DEM 和原始影像,通过数字微分纠正,自动生成数字正射影像 DOM。

(10) 正射影像的镶嵌和修补。根据相邻正射影像重叠部分的差异,对相邻正射影像进行几何、色彩或灰度的调整,达到无缝镶嵌。对正射影像上遮挡或异常的部分,用邻近的影像块或适当的纹理代替。

(11) 数字测图。基于数字影像的机助测图、矢量编辑、符号化表达和注记,完成数字测图。

(12) 制作影像地图。将等高线、矢量数据和正射影像叠加,制作影像地图。

(13) 制作透视图和景观图。根据 DEM 和透视变换原理制作透视图,将 DOM 叠加到 DEM 上制作真三维景观图。

(14) 制作立体匹配片。根据 DEM 引入视差,由正射影像制作相应的立体匹配片。

2. 数字摄影测量工作站的工作流程

数字摄影测量工作站的工作流程如图 8-5 所示。

▶ 摄 影 测 量 学

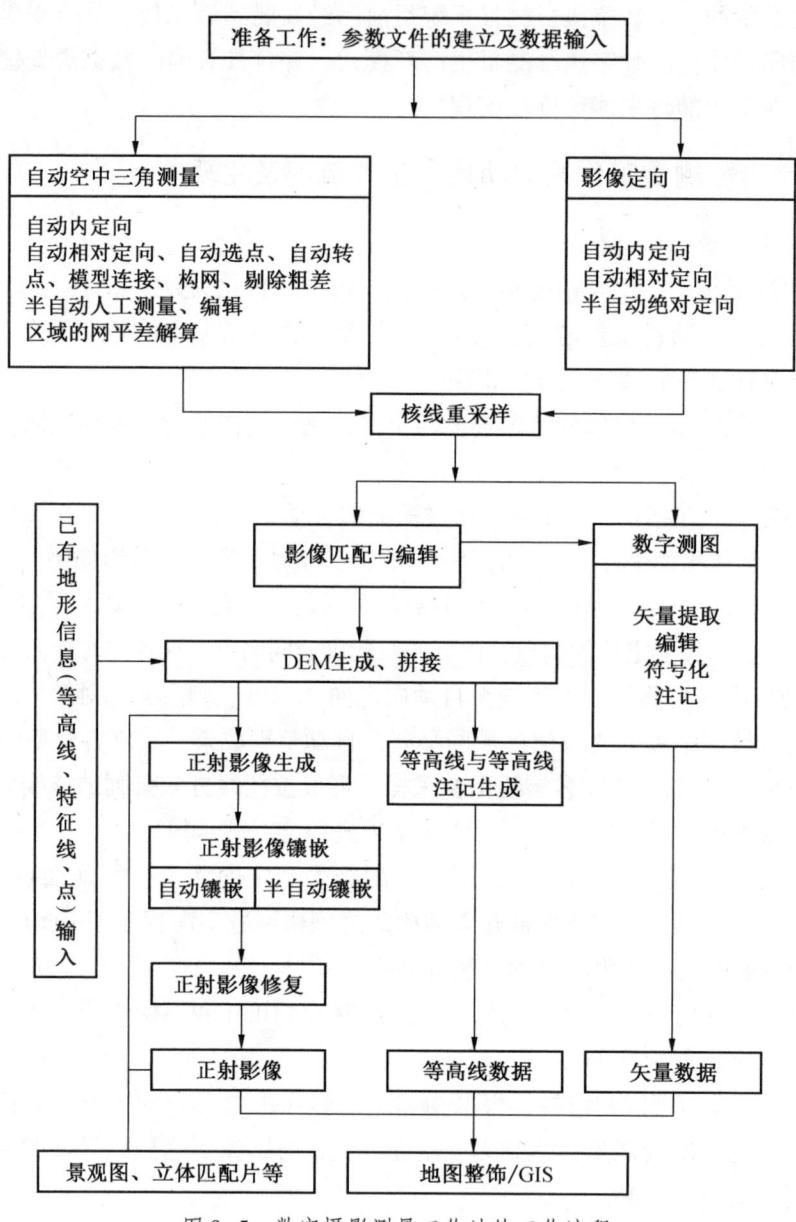

图 8-5 数字摄影测量工作站的工作流程

3. 数字摄影测量工作站的主要产品

（1）影像参数（空中三角测量加密成果或影像定向结果）。

（2）数字高程模型 DEM。

（3）数字正射影像 DOM。

（4）数字地图。

（5）影像地图、透视图、立体景观图及其他可视化产品。

(6) 各种工程设计所需的地形数据。

(7) 各种信息系统、数据库所需的空间信息。

目前，数字摄影测量工作站 DPW 已广泛地应用于生产中，在国家基础测绘中担当着重要角色。但是它的功能和应用仍然处于发展阶段，虽然已经有许多功能问世，但其自动化功能还仅限于几何处理，如自动内定向、自动相对定向、自动建立 DEM 与 DOM 等，对影像物理信息的自动提取和识别还无法满足生产实践的需要。因此，现阶段的 DPW 仍然是人工与计算机自动化并存，数字摄影测量系统的体系结构和系统功能还在不断地发展和完善之中。

三、DPS 对 DPW 的扩展

上述数字摄影测量工作站 DPW 实质上是一套作业员和计算机共同完成摄影测量作业的系统。到目前为止，DPW 的研究者、开发者以及使用者，大多数都将 DPW 作为一台摄影测量"仪器"，用来完成摄影测量的所有作业。

1. DPW 系统化

如果将 DPW 作为一个"人-机"协同系统进行思考，则必须进一步考虑传统的摄影测量作业与 DPW 作业之间的差别；人工操作与计算机工作方式之间的差别，从而将 DPW 按一个"系统"，而不是作为一台"仪器"来考虑其结构和发展。比如：

（1）按传统摄影测量生产流程所提出的一些要求，不完全适用于数字摄影测量。例如传统的空中三角测量是为了获得连接点坐标，为下一个工序提供绝对定向的控制点，为此，一般要求在影像的三度重叠范围内选取三个加密点。受此影响，目前有的 DPW 的自动空三采用标准点位上按点组选点。实际上，在数字摄影测量中，工序的划分不应该十分清晰，而应该更强调集成，如 Supresoft 的 AAT 系统在模型的四周增加了大量的连接点，这对于 DEM 的生成，特别是 DEM 的接边非常有利。

（2）传统的摄影测量生产规范，不一定全部适用于数字摄影测量。例如：相对定向，有的要求定向点上的最大残余上下视差小于 10 μm，但是在数字摄影测量中，若仅限于量测标准点位上的 6 个点，就很难实现 DPW 的自动化，所以常采用 6 个标准点位上按点组选点，或在整个像对内进行均匀分布选点，则上述最大残余误差的要求就不适于 DPW。

（3）DPW 上的测图是在作业员指导下进行的半自动化的作业方式，在智能性，尤其是"识别"能力方面，作业员比计算机强得多，如地物的识别、控制点的识别、粗差的识别等；而对当前所处理对象的记忆能力，则计算机比作业员强得多；对将"识别"转化为计算的问题，则计算机的处理能力也比作业员快得多，例如：作业员识别量测一对同名点约需 0.5 s，而计算机匹配速度可以达到 100~1000 点/s 及以上。

（4）计算机是通过软件工作的，不会疲劳，不需要休息；而作业员会因疲劳出现错误，需要休息。两者相比，前者生产效率高，成本低。所以，如何提高生产效率，降低成本，是数字摄影测量发展的根本目的之一。

▶ 摄影测量学

(5) DPW 系统的运行方式有两种，一是人机交互的作业方式；二是计算机作业方式。目前的 DPW 还没有认真细致地考虑两者的区分，常常混在一起，所以不能充分发挥其效率。

2. DPS 注意事项

基于上述考虑，今后的数字摄影测量系统 DPS 的设计应注意以下事项：

(1) DPS 应该是由几台计算机加相应的软件构成，用网络构成一个完整的数字摄影测量系统。

(2) DPS 应该将自动化工作方式与交互式作业方式分开，分给不同的计算机。前者可视为主机，它可以 24 h 工作；后者由多台从属计算机组成，它们可以根据需要，选择工作时间，可以充分发挥 DPS 的整体效率。其中主机与从属机的硬件配置不同，对主机，运算速度、内存、磁盘容量的要求高，适用于存放整个测区的影像数据、中间成果和最后需上交的结果。从属机主要适用于基于模型、图幅的作业，与 DPW 的要求一样。

(3) DPS 不仅仅是完成摄影测量生产的系统，而且还是一个生产的管理系统。随着计算机技术的发展，数字摄影测量系统处理的数据量越来越大，如何有效管理生产过程和数据，在数字摄影测量中显得越来越重要。

(4) DPS 与 DPW 不同，它不是按传统摄影测量的工序进行模块划分，比如空中三角测量、影像匹配、地物的识别等都是密切相关、无法严格分开的。

(5) DPS 的软件应该按自动化与交互（或半自动）两种方式分开，分别安装在主机和从属机内，方便处理时按需要选择。

四、典型数字摄影测量工作站介绍

(一) 数字摄影测量网格系统 DPGrid

数字摄影测量网格 DPGrid 系统是武汉大学遥感信息工程学院研究开发的，结合了当今先进的数字影像匹配技术、计算机网络技术、并行处理技术、高性能计算技术、海量存储与网络通信技术以及数字摄影测量技术，是新一代高性能的航空航天数字摄影测量系统。

1. DPGrid 系统的组成

(1) 自动空中三角测量与正射影像子系统。由高性能集群计算机系统与磁盘阵列组成硬件平台，以最新影像匹配理论与实践为基础的全自动数据并行处理系统。其功能为数据预处理、影像匹配、自动空中三角测量、数字地面模型以及正射影像的生成等。

(2) 基于网络的无缝测图子系统。系统硬件由服务器+客户机组成。其中，服务器负责任务的调度、分配和监控；客户机是由摄影测量生产作业员进行人机交互生产线画图的客户端。整个系统是一个分布式集成、相互协调、基于区域的网络无缝测图系统。

DPGrid 系统不仅可以快速自动化生产正射影像，还能完成等高线绘制和地物的测绘，是新一代的数字摄影测量系统。

2. DPGrid 系统特点

（1）DPGrid 系统是完整的数字摄影测量系统。

（2）应用高性能并行计算、海量存储与网络通信等技术，系统效率大大提高。

（3）采用改进的影像匹配算法，实现自动空三、自动 DEM 与 DOM 生成，自动化程度大大提高。

（4）采用基于图幅的无缝测图系统，可以多人合作协调工作，避免了图幅接边等过程，简化了生产流程，大大提高了作业效率。

（5）系统结构清晰，自动化、人机交互彻底分割进行。

（6）系统的透明性好。相邻接边的作业员之间、作业员与检查员之间相互协调，在一个环境下完成。

（二）JX-4C 数字摄影测量工作站

JX-4C 是北京四维远见信息技术有限公司的刘先林院士主持研发，其显著特点是：具有强大的立体编辑功能和产品质量的可视化检查，有一个极好的立体交互手段使其立体观测效果不亚于进口解析，加上手轮、脚盘、脚踏开关后成为一台彻头彻尾的解析测图仪。JX-4C 不仅是一台解析测图仪，面向影像的各种算法被加进去后使其可以实现半自动或手动定向，有效监督下的相关算法计算出成千上万的 DEM，测图方式下的实时相关，实时边界提取，使 DEM、DLG 生产过程中，劳动强度下降，由于立体的图形可以叠加至影像立体上，并且可以硬件放大、缩小、漫游，为 DEM 的立体编辑、DLG 的立体套合查漏创造了有利条件。

（三）VirtuoZo 数字摄影测量工作站

VirtuoZo 由武汉大学教授张祖勋院士主持研究开发。其特点如下：

（1）一个全软件化设计、功能齐全和高度智能化的全数字摄影测量系统。

（2）高度自动化：影像的内定向、相对定向、影像匹配、建立 DEM、由 DEM 提取等高线和制作正射影像等操作，基本上不需要人工干预，可以批处理地自动进行。

（3）高效率：相对定向只需 1~2 min，匹配同名点的速度达到 500 点/s 以上。

（4）灵活性：系统提供了"自动化"和"交互处理"两种作业方式。用户可以根据具体情况灵活选择。

（5）通用性：系统不仅能基于航空影像生产从 1∶50000 到 1∶500 各种比例尺的 4D 产品（DEM、DOM、DLG 和 DRG），还能处理近景影像、中等分辨率的卫星影像（如 SPOT、TM 等卫星影像）、IKONOS 卫星影像、QuickBird 卫星影像和可量测数码相机影像。

（6）采集三维基础地理信息的理想平台：基于 MicroStation 软件开发的数字测图接口模块 Vlink，实现了 VirtuoZo 和 MicroStation 之间的实时数据通信。它在 MicroStation 基本功能的基础上针对测图生产的实际情况增加了新功能，形成了一个采编一体化的数字测图系统。

（四）MapMatrix 数字摄影测量工作站

▶ 摄影测量学

MapMatrix 是由航天远景公司潜心研发的新型数字摄影测量平台，和传统的数字摄影测量工作站相比，具备以下优势：作业过程自动化、采编入库一体化、数据处理海量化（TB 级）。支持从星载到机载（包括无人机），热气球成像的诸多数据源。使用多核处理技术、网络化并行处理技术、GPU 加速技术以及计算机视觉领域的最新成果，将摄影测量作业从传统的工作站模式提升到现代的网络化集群计算模式。MapMatrix 是中国成长最快的数字摄影测量平台。

【项目习题】

1. 简述数字摄影测量系统的组成。
2. 数字摄影测量工作站的主要功能是什么？主要组成有哪些？
3. 画出数字摄影测量工作站的一般工作流程图。
4. 简述今后设计数字摄影测量系统 DPS 应注意的事项。
5. 像素工厂的特点有哪些？

项目九　数字摄影测量产品

6D 数据是测绘地理信息技术的基础数据，摄影测量技术的主要任务就是生产数字高程模型、数字正射影像图、数字线画图等产品，这里不包括数字栅格地图（属于地理信息产品）。通过基础知识的学习，已经了解如何通过航空摄影的方式去获取一个地区的立体模型。本项目学习的目的是掌握在已有立体模型的基础上，如何进行 6D 数据的生产。

任务一　数字 6D 产品概述

【任务目标】
（1）理解摄影测量 6D 产品的定义。
（2）理解摄影测量 6D 产品间的关系。

【任务描述】
航空摄影测量技术作为空间信息技术体系之一，是空间数据获取的重要工具之一。由于其具有运行成本低、执行任务灵活性高、安全性高、测量精度高等优点，在全世界各国各行业得到了广泛应用。采用传统的航测方法可以得到 6D 产品。

【任务知识】

一、6D 产品的基本概念

（一）数字高程模型（DEM）

DEM（数字高程模型）是 Digital Elevation Model 的缩写，是一定范围内规则格网点的平面坐标 x，y 及其高程 z 的数据集，主要描述区域地貌形态的空间分布。DEM 是通过等高线或相似立体模型进行数据采集（包括采样和量测），然后进行数据内插而形成的。DEM 是对地貌形态的虚拟表示，可派生出等高线、坡度图等信息，也可与 DOM 或其他专题数据叠加，用于与地形相关的分析应用，同时它本身还是制作 DOM 的基础数据。在我国，DEM 是国家基础地理信息数字成果的主要组成部分。图 9-1 表示的是某地局部 DEM 图。

数字高程模型中的高程 z 是平面坐标 x，y 的函数，可用数学公式表示为

$$z = f(x, y) \tag{9-1}$$

DEM 是用一组有序数值阵列形式表示地面高程的一种实体地面模型，是数字地形模型（Digial Terrain Model，DTM）的一个分支。一般认为，DTM 是描述包括高程在内的各

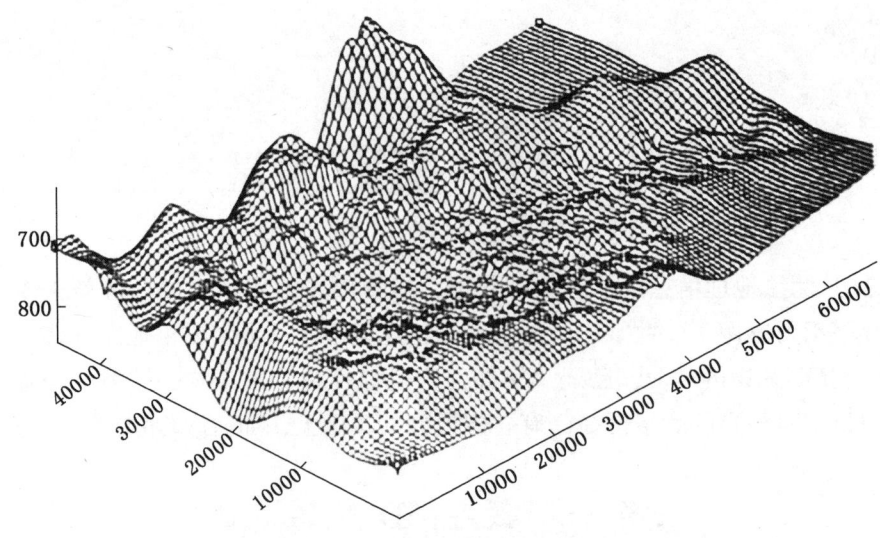

图 9-1 某地局部 DEM 图

种地貌因子，如坡度、坡向、坡度变化率等因子在内的线性和非线性组合的空间分布，其中 DEM 是零阶单纯的单项数字地貌模型，其他如坡度、坡向及坡度变化率等地貌特性可在 DEM 的基础上派生。DTM 的另外两个分支是各种非地貌特性的以矩阵形式表示的数字模型，包括自然地理要素以及与地面有关的社会经济及人文要素，如土壤类型、土地利用类型、岩层深度、地价、商业优势区等。实际上 DTM 是栅格数据模型的一种，它与图像的栅格表示形式的区别主要是：图像是用一个点代表整个像元的属性，而在 DTM 中，格网的点只表示点的属性，点与点之间的属性可以通过内插计算获得。

建立 DEM 的方法有多种。从数据源及采集方式上来说，有：

（1）直接从地面测量，例如 GNSS 测量、全站仪测量、野外测量等。

（2）根据航空或航天影像，通过摄影测量途径获取，如立体坐标仪观测及空三加密法、解析测图、数字摄影测量等。

（3）从现有地形图上采集，如格网读点法、数字化仪手扶跟踪及扫描仪半自动采集，然后通过内插生成 DEM 等方法。DEM 内插方法很多，主要有分块内插、部分内插和单点移面内插三种。目前常用的算法是通过等高线和高程点建立不规则的三角网（Triangulated Irregular Network，TIN），然后在 TIN 基础上通过线性和双线性内插建立 DEM。

由于 DEM 描述的是地面高程信息，它在测绘、水文、气象、地貌、地质、土壤、工程建设、通信、气象、军事等国民经济和国防建设以及人文和自然科学领域有着广泛的应用。如在工程建设上，可用于如土方量计算、通视分析等；在防洪减灾方面，DEM 是进行水文分析如汇水区分析、水系网络分析、降雨分析、蓄洪计算、淹没分析等的基础；在无线通信上，可用于蜂窝电话的基站分析等。

（二）数字地形模型（DTM）

DTM（数字地形模型）是地形表面形态属性信息的数字表达，是带有空间位置特征和地形属性特征的数字描述,是利用大量选择的已知 x、y、z 的坐标点对连续地面的一种模拟表示。该模型中,x、y 表示该点的平面坐标,z 值可以表示高程、坡度、坡向、温度等信息。高程是地理空间中的第三维坐标。

需要说明的是,当 z 表示高程时,就是数字高程模型 DEM。因此,一般认为,DTM 是描述包括高程在内的各种地貌因子,如坡度、坡向、坡度变化率等因子在内的线性和非线性组合的空间分布,其中 DEM 是零阶单纯的单项数字地貌模型,其他如坡度、坡向及坡度变化率等地貌特性可在 DEM 的基础上派生。DTM 与 DEM 的关系如图 9-2 所示。

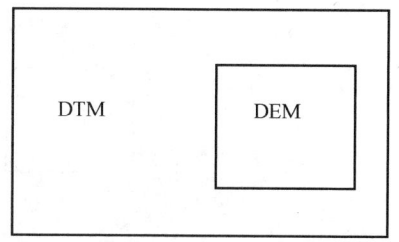

图 9-2　DTM 与 DEM 的关系图

DTM 最初是为了高速公路的自动设计提出来的。此后,它被用于各种线路选线(铁路、公路、输电线)的设计以及各种工程的面积、体积、坡度计算,任意两点间的通视判断及任意断面图绘制。在测绘中被用于绘制等高线、坡度坡向图、立体透视图,制作正射影像图以及地图的修测。在遥感应用中可作为分类的辅助数据。它还是地理信息系统的基础数据,可用于土地利用现状的分析、合理规划及洪水险情预报等。在军事上可用于导航及导弹制导、作战电子沙盘等。

(三) 数字地表模型(DSM)

DSM(数字地表模型)是 Digial Surface Model 的缩写,是指包含了地表建筑物、桥梁和树木等高度的地面高程模型,如图 9-3 所示。

图 9-3　某地局部 DSM 图

和 DEM 相比,DSM 只包含了地形的高程信息,并未包含其他地表信息,DSM 是在 DEM 的基础上,进一步涵盖了除地面以外的其他地表信息的高程。在一些对建筑物、林地高度有需求的领域,得到了很大程度的重视。

DSM 表示的是真实的地面起伏情况，可广泛应用于各行各业。如在森林地区，DSM 可以用于检测森林的生长情况；在城区，DSM 可以用于检查城市的发展情况。特别是众所周知的巡航导弹，它不仅需要数字地面模型，更需要数字地表模型，这样才有可能使巡航导弹在低空飞行过程中，逢山让山，逢森林让森林。DSM 与 DEM 的关系如图 9-4 所示。

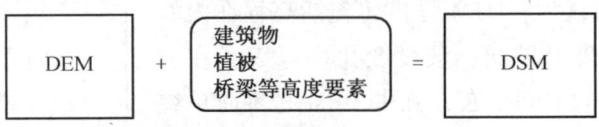

图 9-4 DSM 与 DEM 的关系图

（四）数字正射影像图（DOM）

DOM（数字正射影像图）是 Digital Orthophoto Map 的缩写，是利用数字高程模型（DEM）对经扫描处理的数字化航空像片，经逐像元进行投影差改正、镶嵌，按国家基本比例尺地形图图幅范围剪裁生成的数字正射影像数据集。

DOM 是同时具有地图几何精度和影像特征的图像，具有精度高、信息丰富、直观真实等优点，可作为地图分析背景控制信息，也可从中提取自然资源和社会经济发展的历史信息或最新信息，为防治灾害和公共设施建设规划等应用提供可靠依据；还可从中提取和派生新的信息，实现地图的修测更新；评价其他数据的精度、现势性和完整性都很准确。

DOM 的技术特征为：数字正射影像、地图分幅、投影、精度、坐标系统与同比例尺地形图一致，图像分辨率为输入大于 400 dpi，输出大于 250 dpi。由于 DOM 是数字的，在计算机上可局部开发放大，具有良好的判读性能与量测性能和管理性能等，如用于农村土地发证，指认宗界、地界比较合并数字化其点位坐标，土地利用调查等。DOM 可作为独立的背景层与地名注名、坐标注记、经纬度线、图廓线公里格、公里格网及其他要素层复合，制作各种专题图。如图 9-5 所示为某地区局部 DOM 图。

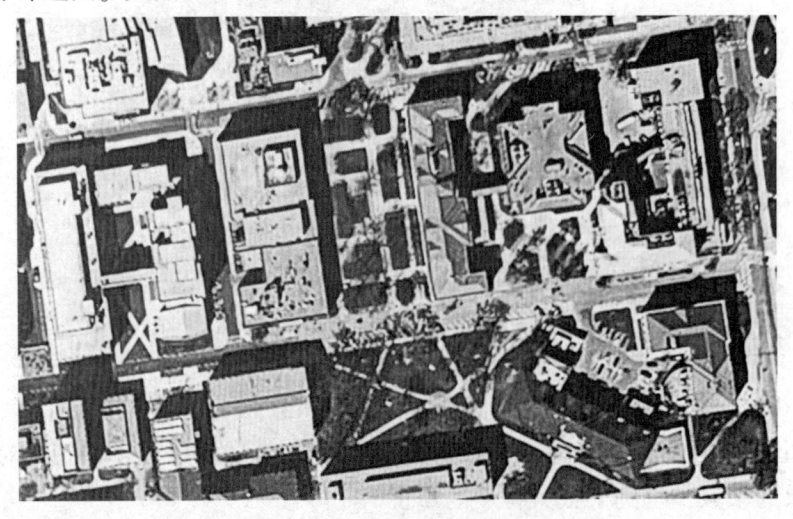

图 9-5 某地区局部 DOM 图

正射影像制作一般是通过在像片上选取一些地面控制点，并利用原来已经获取的该像片范围内的数字高程模型（DEM）数据，对影像同时进行倾斜改正和投影差改正，将影像重采样成正射影像。将多个正射影像拼接镶嵌在一起，并进行色彩平衡处理后，按照一定范围裁切出来的影像，这就是正射影像图。正射影像同时具有地形图特性和影像特性，信息丰富，可作为 GIS 的数据源，从而丰富地理信息系统的表现形式。图 9-6 所示为 DEM、DSM 与 DOM、TDOM 之间的关系。

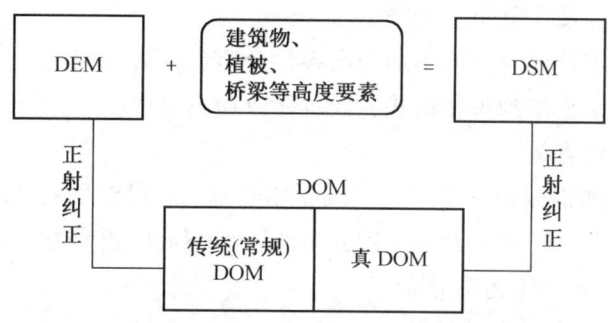

图 9-6 DEM、DSM 与 DOM、TDOM 之间的关系

（五）数字线划图（DLG）

DLG（数字线划图）是 Digital Line Graphic 的缩写，是以矢量数据格式存储的数字地图。基于数字线划地图，可以方便地实现空间数据和属性数据的管理、查询和空间分析，以及制作出符合国家标准的 1∶500、1∶1000、1∶2000 等各种比例尺的测绘产品和各种精细的专题地图，如图 9-7 所示。

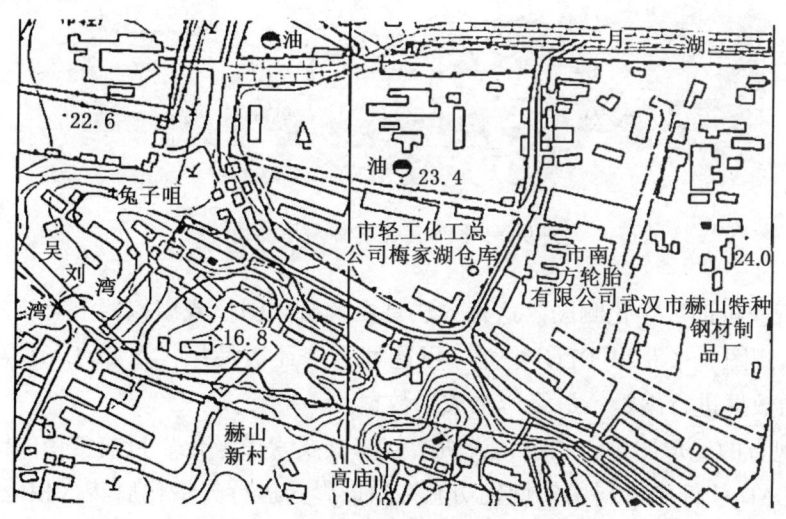

图 9-7 某地 1∶1000 数字线划图

在数字测图中，最为常见的产品就是数字地形图，外业测绘最终成果一般就是 DLG。该产品具有严格的数学基础和国家统一的制图标准，较全面地反映了地物和地貌及其他要

素，是各行业规划设计及建设的基础图件，也是制作专题地图的基础图件。数字地形图满足各种空间分析要求，可随机地进行数据选取和显示，与其他信息叠加，可进行空间分析、决策。其中部分地形核心要素可作为数字正射影像地形图中的线划地形要素。

数字线划图是一种更为方便的放大、漫游、查询、检查、量测、叠加地图。其数据量小，便于分层，能快速地生成专题地图，所以也称作矢量专题信息。此数据能满足地理信息系统进行各种空间分析的要求，视为带有智能的数据。可随机地进行数据选取和显示，与其他几种产品叠加，便于分析、决策。

数字地形图的技术特征为：地图地理内容、分幅、投影、精度、坐标系统与同比例尺传统地形图一致。图形输出为矢量格式，任意缩放均不变形。

数字线划图的制作方法：

（1）利用倾斜摄影测量技术生产的三维立体模型，通过专用的三维立体模型数据采集软件绘制线划图。目前，国内有北京三维立体测图 EPS、广州南方三维立体测图 CASS 3D 等。图 9-8 为 EPS 三维立体测图界面。

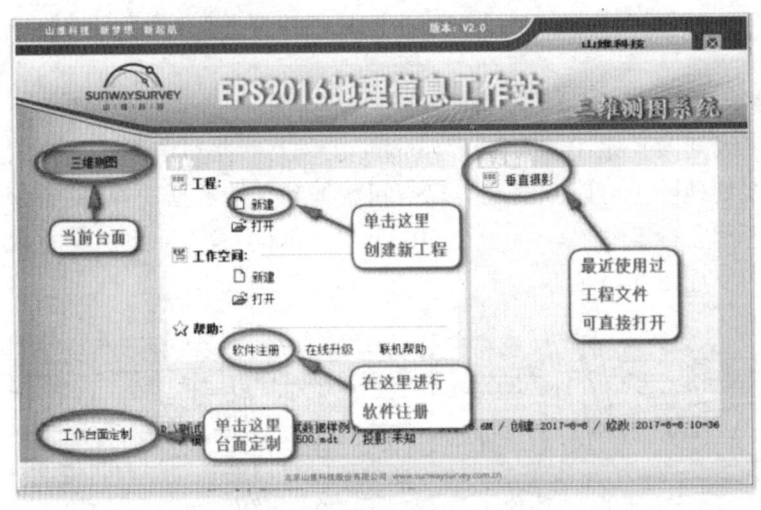

图 9-8　EPS 三维立体测图界面

（2）解析或机助数字化测图。这种方法是在解析测图仪或模拟器上对航片和高分辨率卫片进行立体测图，来获得 DLG 数据。用这种方法还需使用 GIS 或 CAD 等图形处理软件，对获得的数据进行编辑，最终产生成果数据。

（3）对现有的地形图进行扫描，人机交互将其要素矢量化。目前常用的国内外矢量化软件 GIS 和 CAD 软件中能利用矢量化功能将扫描影像进行矢量化后转入相应的系统中。

（4）在新制作的数字正射影像图上，人工跟踪框架要素数字化。屏幕上跟踪，可以使用 CAD 或 GIS 及 VirtuoZo 软件将正射影像图按一定的比例插入工作区中，然后在图上进行相应要素采集。

(5) 数字摄影测量、三维跟踪立体测图。目前，国产的数字摄影测量软件 VirtuoZo 系统和 JX-4C DPW 系统都具有相应的矢量图系统，而且它们的精度指标都较高。其中 VirtuoZo 系统有工作站版和 NT 版两种，而 JX-4C DPW 系统只有 NT 版一种。

（六）数字栅格地图（DRG）

DRG（数字栅格地图）是 Digial Raster Graphic 的缩写，是现有纸质地形图经计算机处理后得到的栅格数据文件。每一幅地形图在扫描数字化后，经几何纠正，并进行内容更新和数据压缩处理，彩色地形图还应经色彩校正，使每幅图像的色彩基本一致。数字栅格地图在内容上、几何精度和色彩上与国家基本比例尺地形图保持一致。

DRG 可以直接输入计算机，并可建成 DRG 数据库，直接作为地理信息源供用户阅读和采集有关的信息，从而进行规划、设计、量算等。DRG 可作为数字卫星影像、航空影像等地理信息几何纠正的定位基准。

总的来说，DRG 有以下基本特征：

（1）DRG 是一种既保留了现有模拟地形图的全部内容与视觉效果，又能被计算机处理的数字产品。所以 DRG 是所有数字产品中兼顾两种产品特点，且变换最为简捷的数字产品，也是模拟产品向数字产品过渡的有效模式。

（2）DRG 经过图幅定向与高保真几何校正，不但保持了原模拟图的几何精度，而且在其应用如点位坐标数字化、长度、面积、体积量算中提高了数学精度。

（3）DRG 不但可将历代模拟地形图以数字方式存档，作为历史档案管理，而且通过数字正射影像方式更新的 DRG，可作为地理信息系统的空间背景数据而广泛应用。

DRG 数据在常规的城市三维建模中已很少用到，在两种情况下它具有一定的利用价值：一是在基于地形图扫描矢量化，没有 DOM 影像时，DRG 可以用于丰富地表纹理的信息；二是在城市三维建模中没有建模的部分，如地下管线、通信线、电力线，DRG 作为附加信息叠加到 DOM 影像或 DEM 纹理上。

二、6D 产品的数据源

数据源按空间数据结构的类型可分为矢量型数据和栅格型数据。

1. 矢量型数据

矢量型数据一般分为点、线、面 3 类，都是通过坐标值来精确地表示点、线、面等地理实体。矢量数据冗余度低、结构紧凑，并且具有空间实体的拓扑信息，便于深层次分析。矢量数据的获取方式通常有：

（1）由外业测量获得，可以利用测量仪器自动记录测量成果，然后转到地理数据库中。

（2）由栅格数据转换获得，利用栅格数据矢量化技术把栅格数据转换为矢量数据。

（3）跟踪数字化，用跟踪数字化的方法把地图变成离散的矢量数据。

2. 栅格型数据

栅格型数据是以规则的像元阵列来表示空间地物或现象的分布，其阵列中的每个数据表示地物或现象的属性特征。栅格数据表示的是二维表面上的地理数据的离散化数值。栅格数据的获取方式通常有：①来自遥感数据；②来自对图片的扫描；③由矢量数据转换而来；④由手工方法获取。

在 6D 产品中，栅格数据为 DEM、DOM、DRG、DTM 和 DSM，矢量数据为 DLG。

任务二　数字地面模型的生产

【任务目标】
(1) 理解数字地面模型的基本知识。
(2) 了解数字高程模型编辑的理论知识。
(3) 掌握数字摄影测量系统获取数字高程模型的过程。

【任务描述】
数字高程模型是测绘地理信息最基础的数据，也是工程应用基础数据，是摄影测量的主要产品，其质量直接影响到正射影像图的质量及工程应用质量。本任务分析数字高程模型的特点及分类，通过实际操作来熟悉摄影测量系统获取数字高程模型的过程。

【任务知识】

一、数字地面模型的基本知识

数字地面模型（DTM）是利用一个任意坐标场中大量选择的已知 (x, y, z) 的坐标点对连续地面的一个简单统计表示，或者说 DTM 就是地形表面简单的数学表示。

DTM 更通用的定义是描述地球表面形态多种信息空间分布的有序数值阵列：

$$V_i, i = 1, 2, \cdots, n \tag{9-2}$$

其向量 $V_i = (V_{i1}, V_{i2}, \cdots, V_{in})$ 的分量为地形、资源、环境、土地利用、人口分布等多种信息的定量或定性描述。DTM 是一个地理信息数据库的基本内核，如果只考虑 DTM 的地形分量，人们称其为数字高程模型（DEM）。数字高程模型（DEM）是表示区域 D 上的三维向量有限序列，用函数的形式描述为

$$V_i = (X_i, Y_i, Z_i) \tag{9-3}$$

式中　X_i，Y_i——平面坐标；

　　　Z_i——X_i，Y_i 对应的高程，$i = 1, 2, \cdots, n$。

在实际生产和应用中，DTM 和 DEM 经常不作区分地使用。

（一）DEM 数据点的采集

数据点是建立数字高程模型的控制基础。模拟地表面的数字模型函数式的待定参数就是根据数据点的已知信息 (x, y, z) 来确定的。因此从原则上说，数据点选择在地表面地形特征点处是合理的，如同野外实测地形时在地性线坡度转折处选择碎部点那样。

数字高程模型的采样就是确定何处的点要量测记录的过程，这个过程取决于 3 个参数

点的分布，包括位置、结构、点的密度和点的精度，即数字高程模型数据源的三大属性。采样数据点的分布与研究区域地貌类型、所采用的设备有关，一般有6种采样方案，即沿等高线采样、规则格网采样、剖面法、渐进采样、选择性采样和混合采样。应根据不同的情况设计和采用不同的数据采样策略。

1. 数据的分布、密度与精度

数据的分布是指采样数据位置及分布。位置可由地理坐标系统中的经纬度或格网坐标系统中的坐标值决定。而布点的形式较多，具体的采样点分布因所采用的设备、应用要求而异。

采样点图案分为规则和不规则两种。规则二维数据由规则格网采样或渐进采样生成，其图案有矩形格网、正方形格网或由前面两种数据形成的分层结构等，其中正方形格网数据最为常用。分层结构数据由渐进采样方法生成，可分解为普通的方格网数据。而实际中的等边三角形或六边形虽然也是规则的图案，但由于各种因素，这些特殊规则图案的应用都不如剖面数据或规则格网数据在实际中使用得广泛。

至于不规则的数据，可以将其分为两类，一类是没有特征的随机分布数据；另一类是具有特征的链状数据。前者按照一定的概率随机分布，没有任何特定的形式。而特征链状数据也没有规则的图案，属于不规则数据，但它是沿某一有特征的线分布数据的。例如，沿河流、断裂线、山脊线等特征线采集的数据都属于这一类。采样的分类没有明显的界线和标准，不同类型之间存在着重叠，并不是各自独立的，实际上混合采样数据通常就是链状数据与矩形格网数据的混合数据。数据的密度是指采样数据的密集程度，与研究区域的地貌类型和地形复杂程度相关。数据点的密度有多种表示方式。如相邻两点之间的距离、单位面积内的点数、截止频率、单位线段上的点数等。

相邻两采样点之间的距离通常称为采样间隔或采样距离。如果采样间隔随距离变化，那么就用平均值来代替。通常采样间隔以一个数字加单位组成，如20 m，此方法可用来表示规则格网分布的采样数据。另一种在数字高程模型实践中可能使用的表示方法是以单位面积内的点数来表示，如50点/m^2，此方法可用来描述随机分布的采样点的密度。

如果数据分布是沿等高线或特征线等线状分布采样点，那么前两种方法不能真实地反映采样的密度大小，这种采样可采用单位线段上的采样点数来表示。如果采样间隔从空间域转换到频率域，则可获得截止频率采样数据所能表示的最高频率，从这一点来说，截止频率也能作为数据密度的一种度量。采样数据精度与数据源、数据的采集方法和数据采集的仪器密切相关。各种数据源的精度从高到低是野外测量、影像、地形图扫描。但有些影像数据源的采样方法，例如激光扫描、干涉雷达的精度是非常高的。但对地形图来说，无论是采用地形图手扶跟踪数字化还是地形图扫描矢量化，其精度都是比较低的。

2. 数字高程模型的原始数据获取

DEM数据包括平面和高程两种信息，可以直接在野外通过全站仪、GPS、激光测距仪等进行测量，也可以间接地从航空影像或者遥感图像以及现有地形图上获得。具体采用何种数据源,一方面取决于源数据的可取性,另一方面也取决于 DEM 的分辨率、精度要求、数据量大小和技术条件等。常用的数据来源有下述 4 种。

(1) 影像。航空摄影测量一直是地形图测绘和更新最有效的手段,其获取的影像是高精度、大范围生产最有价值的数据源。利用该数据源可以快速地获取或者更新大面积的 DEM 数据,从而满足对数据现势性的要求。航天遥感也是获取 DEM 数据的一种方式,空间摄影系统的宽幅摄影机,曾经进行过 DEM 数据获取的实验。另外从一些卫星扫描系统,如 LandSat 系列卫星上的 MSS 和 TM 传感器及卫星上的立体扫描仪上所获取的遥感影像也能作为数据的来源,但从实验结果来看,所获得的高程相对精度和绝对精度都太低,除可以作某种目的的勘测之用外,在生产实际上没有太多的使用价值。但是,近几年出现的雷达和激光扫描仪等新型传感器数据被认为是快速获取高精度、高分辨率 DEM 最有希望的数据源。

(2) 现有的地形图。地形图是 DEM 的另一主要数据源。对大多数发达国家和某些发展中国家(比如中国)来说,其国土的大部分地区都有着包含等高线的高质量地形图,这些地图为地形建模提供了丰富的数据源。从地形图上采集 DEM 数据,主要利用数字化仪对已有地图上的信息(如等高线、地形线)进行数字化,是目前常用的方法之一。数字化仪有手扶跟踪数字化仪和扫描数字化仪。利用手扶跟踪数字化仪可以直接得到数字化的地形矢量数据,这些矢量数据包括等高线数据、点状地物数据和线状地物数据。利用扫描数字化仪获得的是地图栅格数据,需要用专门的矢量化软件对该数据进行矢量化从而得到地形矢量数据。

(3) 野外实测。用全球定位系统(GNSS)、全站仪或经纬仪配合计算机在野外进行观测获取地面点数据,经适当变换处理后建成数字高程模型,一般用于小范围详细比例尺的数字地形测图和土方计算。以地面测量的方法直接获取的数据能够达到很高的精度,常常用于有限范围内各种大比例尺、高精度的地形建模,如土木工程中的道路、桥梁、隧道等。然而,由于获取这种数据的工作量很大、效率不高、费用高,并不适合于大规模的数据采集任务。

(4) 合成孔径雷达干涉测量数据采集。大范围、高精度、高效率、高分辨率 DEM 建立,要求具有精度高、获取快、信息丰富的数据源。合成孔径雷达干涉测量数据采集方法和机载激光扫描数据采集方法被认为是最有希望达到这一目标的数据采集技术。

通过雷达遥感获取 DEM 的方式有雷达立体影像测图、雷达影像阴影-形状的坡度估计方法和雷达干涉测量。利用激光扫描生成的数字表面模型的高程精度可以达到 10 cm,空间分辨率可以达到 1 m,可以满足房屋检测等高精度数据的需要。

(二) 数字高程模型的内插

内插是数字高程模型的核心问题,它贯穿于 DEM 的生产、质量控制、精度评定和分析应用等各个环节。DEM 内插就是根据若干相邻参考点的高程求出待定点上的高程值,在数学上属于插值问题。数字高程模型的各种内插方法都是基于地形表面的空间自相关性。

Tobler（1970）认为，在空间上越邻近的地理实体或现象，其相似性或相关性就越大；虽然对地理实体而言，邻近度有不同的计算方法，但是必然涉及两个因素公共边界的长度和两个单元中心之间的距离，故被称为地理学第一定律。数字高程模型内插借助于邻近点对待求点的在邻近度上的影响进行求解。

数字高程模型内插方法根据二元函数逼近数学曲面与参考点的关系分为精确插值和非精确插值，也把这两种方法称为纯二维内插和曲面拟合。前一种方法要求生成的曲面通过所有控制点，而后一种方法是一种近似值，通常利用最小二乘法保证数学曲面点与已知点的偏差的均方根最小。

根据内差点的分布范围，可将内插分为整体内插、分块内插和逐点内插 3 类。整体内插是对全区域内所有采样点的观测值建立数学函数的内插方程式，常用于模拟大范围地形的宏观变化趋势，可表示为：

$$P(x, y) = \sum_{i=0}^{m} \sum_{j=0}^{m} C_{ij} x^i y^j \tag{9-4}$$

该式含有几个待定系数，需要几个采样点数据代入方程求解，获取 n 系数，然后将待插点代入已知内插公式求解高程。随着地貌复杂度的增加，多项式系数也随之增加，从而增加了求解的复杂度，并且系数的物理意义更加不明显，系数的微小误差也会造成难以控制的震荡现象，使函数难以稳定。

分块内插是将地形区域按照一定的界限进行分块，对每一分块将根据地形特征建立数学曲面。分块的规则主要考虑地貌复杂度和地形采样点的分布以及密度，并且分块需要进行拼接，需要保证拼接后整体曲面的平滑和连接。

二、DEM 主要生产方法

利用 PC 机和数字摄影测量软件，能高效快速地生产 DEM。通过人工干预或编辑，可以提高 DEM 的精度。事实上，这时的 DEM 是数字正射影像生产过程中的副产品。因为目前全数字化摄影测量方法是数字正射影像生产的一种主要方法，而生产数字正射影像必须要先生成 DEM。本节内容将以全数字摄影测量系统 VirtuoZo 为例详细说明 DEM 的生产过程（图 9-9）。

（一）建立测区和模型

VirtuoZo 系统中打开测区输入新的测区名，系统会自动新建测区，给测区命名，并进行参数设置。在设置控制点文件和相机参数文件时，只需要输入两个新的文件名，与新建文件意思等同。

（1）设置地面控制点和相机参数文件。
（2）数字影像的格式转换。

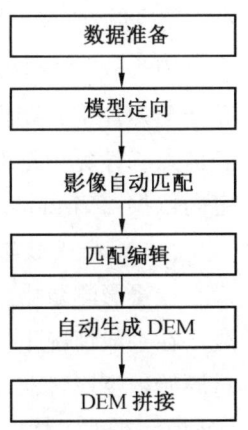

图 9-9　自动影像匹配获取 DEM 的流程框架

所获得的数字影像经过初步处理，得到可进行数字影像转换的 JPG 图像格式，此时需要将它们继续转换为 VirtuoZo 系统可以识别的 VZ 格式影像。引入需要进行格式转换的数字影像，并进行转换参数设置。在进行参数设置时要特别注意几个问题：

首先是像素大小设置问题。必须保证这里像素大小的设置与像片真实的像素大小相符，若不知道其值，可在这项中输入，系统会自动读取影像的像素大小。如果这项的输入有错误，会导致后面的内定向等内容出现错误，工作流程不能顺利进行。

其次是相机旋转问题。得到的数字影像，由于航摄时航带不同，部分的数字影像为倒向，根据"负负得正"的原理，相机必须也旋转才能得到正确的影像，所以要在"相机是否旋转"这一选项中选择"是"。

最后是设置模型参数。

（二）模型的定向

模型定向分为内定向、相对定向和绝对定向。

1. 模型的内定向

在进行定向前，必须确定系统已经打开测区和模型，并且相机参数文件有效。对于一个单模型而言，内定向的步骤主要为：

（1）进入测区，选择该测区内需要定向的模型。

（2）若框标模板已建立，则直接进入内定向界面。

（3）左、右影像内定向。

（4）退出内定向程序模块。

2. 模型的相对定向

内定向后，VirtuoZo 系统会自动对数字影像进行相对定向。自动相对定向的结果如果不满足要求，需要手动检查像对同名像点的定位误差，将误差偏大的个别点删除，这样处理以后数字影像基本上可以达到相对定向精度要求。

3. 模型的绝对定向

VirtuoZo 可利用加密成果直接进行绝对定向，也可由人工干预。人工绝对定向，在左、右任一像片中手动识别控制点并对其精确定位，由系统自动在另一像片中确定控制点的同名像点，计算出绝对定向参数，完成绝对定向。模型的绝对定向需要至少 3 个控制点作为定向依据，VirtuoZo 系统为了提高精度，每个模型至少要有 4 个控制点。

（三）核线影像生产

在摄影测量中，将核面（通过摄影基线与物方点所做的平面）与影像面的交线称为核线。在一般情况下，数字影像的扫描行与核线并不重合，为了获取核线的灰度序列，必须对原始数字影像灰度进行重采样，这一过程称为核线重采样。在 VirtuoZo 主界面上，单击"处理核线重采样"，将分别进行左、右核线影像的生成。

（1）定义作业区。自定义作业区的大小代表了生成核线影像的范围。定义作业区时可以用"自动定义最大作业区"也可以"人工定义作业区"，但必须保证模型中的所有控制点都包括在内。

（2）生成核线影像。

（四）影像匹配与编辑

生成核线影像后，即可进行影像匹配，影像匹配由系统自动完成。自动相关生成DEM时，地貌特征点、线的采集都是任意的，影像匹配实现了同名点的自动提取，但是由于影像信息的不完整或者信息相关等多种因素导致自动匹配结果出现错误，因此在生成过程中还需要少量的人工编辑与确认，在软件主界面上单击"处理"→"匹配结果编辑"。需要人工编辑的有以下几种情况：

（1）影像中大片纹理不清晰的区域或区域内没有明显的特征点的区域。例如：湖泊、沙漠和雪山等区域内可能出现大片匹配不好的点，需要对其进行手动编辑。

（2）由于影像被遮盖和阴影等原因，使得匹配点不在正确的位置上，需要对其进行手动编辑。

（3）城市中的人工建筑物、山区中的树林等影像，它们的匹配点不是地面上的点，而是地物表面的点，需要对其进行人工编辑。

（4）大面积的平地、沟渠和比较破碎的地貌等区域的影像，需要对其进行人工编辑。

（五）生成DEM

1. 自动生成DEM

在软件主界面单击"产品"→"生成DEM"→"DEM（M）"，系统将自动生成DEM。

在生成DEM的过程中，系统会自动生成一个匹配点地面坐标文件，即匹配后的视差格网投影于地面坐标系所生成的不规则高程网的文件，以拓展名dun的文件格式存在，系统对这个DTM进行插值计算，建立的规则网就是DEM。DEM的生成过程由系统自动完成。

2. DEM编辑

VirtuoZo系统内设DEM Maker模块，可用于DEM的交互式编辑并结合矢量特征生成DEM，共有下述4种典型的工作方式：

（1）装载立体模型。在立体模型上对特征地物进行数据采集和编辑，获得具有一定密度的地面特征。然后构建三角网，最后生成DEM。

（2）引入利用自动匹配的结果所生成的DEM，利用区域特征匹配和各种区域算法进行DEM区域编辑。

（3）全手工单击"编辑"或自动单击"编辑"。

（4）引入该地区已有的矢量文件"*.xyz"，定制地物层，自动构建三角网，生成DEM。

3. DEM模型的拼接

当测区内有多个模型，且相邻模型之间有重叠时，可以把它们的单模型DEM拼接在

▶ 摄影测量学

一起，形成整个区域的大 DEM。

DEM 拼接结束后，在"立体显示"中可以找到已拼接好的 DEM 文件，但这时的 DEM 是以规则格网的形式显示，不附带正射影像，必须对其进行影像的镶嵌就可以得到带有正射影像的 DEM。

三、DEM 精度评定

DEM 数据是一种网格数据，即在一定距离的网格上记录地面点的高程特征。检查 DEM 精度就是指检查这些网格点的高程精度，人们把网格点上的地面实际高程称为真值。观测值指的是用一定的测量手段，从实地或用来反映实地的介质（如航片、卫片等）上量取的高程值。

DEM 精度评定常用下述几种方法。

（1）选取典型的地貌区域，用实地测量的方法测出网格点的真实高程值。这种方法比较准确，但是太费时费力，成本也高。

（2）利用出版的地形图，借助一些读图工具，在地图上读取网格点的真实高程值。这是一种行之有效的方法，经常使用。但是在地形图上读取高程值比较枯燥，并且每个人的视差不一样，难免会降低"真值"的可信度。

（3）利用矢量数字地图插值生成的 DEM 数据，可采用计算机监视器上显示的矢量地图，同时显示部分或全部网格点位置，利用计算机的放大和检索功能，加之利用人机交互的方式在计算机监视器上判读出网格点的真实高程值。这种方法要求事先准备好比较准确的矢量数字地图，矢量数字地图的精度直接影响这种检查方法的可信度。

（4）立体图检查。显示一幅图的 DEM 数据三维立体图像，在该图像上也可以看出本幅图的地形走向大致轮廓，同时可以看出个别高程异常点。

任务三　数字正射影像图的生产

【任务目标】

（1）了解数字正射影像图的概念。

（2）理解影像纠正的概念和分类。

（3）掌握 DOM 产品生产的流程。

【任务描述】

将航空摄影正射影像或航天遥感正射影像与重要的地形要素符号及注记叠置并按相应的地图分幅标准分幅，以数字形式表达的地图称为数字正射影像图。数字正射影像图（DOM）是利用数字高程模型（DEM）对经扫描处理的数字化航空影像或高空采集的卫星影像数据逐像元进行投影差改正、镶嵌，按国家基本比例尺地形图图幅范围剪裁生成的数字正射投影数据集。对于航空影像，利用全数字摄影系统，恢复航摄时的摄影姿态，建立立体模型，在系统中对 DEM 进行计算、编辑和生成，最后制作出精度较高的 DOM，再对 DOM 进行编辑输出。

【任务知识】

一、正射影像的制作原理

传统的数字正射影像生产过程包括航空摄影、外业控制点的测量、内业的空中三角测量加密、DEM 生成和数字正射影像图的生成和镶嵌。正射影像生产中的航空摄影、外业控制点测量、内业空中三角测量加密。下面将讨论正射影像的制作原理。

正射影像的制作最根本的理论基础就是构像方程：

$$x = -f \frac{a_1(X_g - X_0) + b_1(Y_g - Y_0) + c_1(Z_g - Z_0)}{a_3(X_g - X_0) + b_3(Y_g - Y_0) + c_3(Z_g - Z_0)} \tag{9-5}$$

$$y = -f \frac{a_2(X_g - X_0) + b_2(Y_g - Y_0) + c_2(Z_g - Z_0)}{a_3(X_g - X_0) + b_3(Y_g - Y_0) + c_3(Z_g - Z_0)} \tag{9-6}$$

构像方程建立了物方点（地面点）和像方点（影像点）之间的数学关系，根据这个关系式，任意物方点都可以在影像上找到像点。正射影像的采集过程基本上就是获取物方点影像的过程，其基本原理如图 9-10 所示。

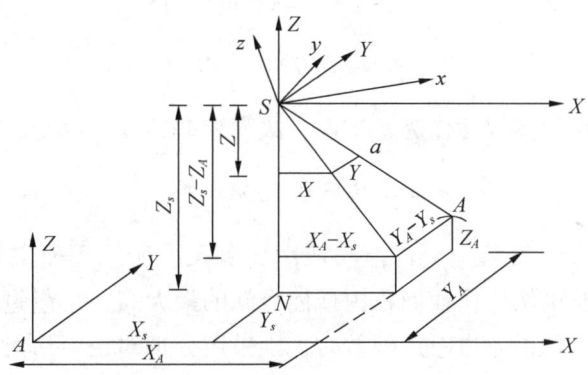

图 9-10　正射影像图制作的基本原理

二、数字正射影像图制作技术

（一）像片纠正的概念

在摄影像片水平（$\alpha=0$）和地面为水平面的情况下，航摄像片就相当于摄影区域比例尺为 $1:M$（$f:H$）的平面图。向地面摄影的瞬间，如果摄影机光轴不垂直于水平面，将导致像片倾斜，必然使在航摄像片上所得的构像发生变形。即使摄影地区是一个平面，这种变形依然存在。这种变形会造成构像像点位移、图形变形以及比例尺不一致，而这三者互相关联。只有将中心投影的构像经过投影变换转变成正射投影，同时消除像片倾斜所引起的像点位移，使它相当于水平像片的构像，并且符合规定的比例尺，这一变换过程就称为像片纠正。

实际上，地面并不一定是水平的平面，而是有不同程度起伏的地形。由于地形起伏的原因可使像片上的构像与正射投影的地图相比有位移，这类原因造成的像点位移称为投影差。投影差不会因像片的纠正而消除。在实际作业中只要使图上所存在的投影差不超过所规定的某一允许值时，仍然可用像片纠正的方法。一般根据测图的目的和对地形图精度的要求，确定投影差的限度，以保证在每一张像片作业面积内高程差满足要求。

根据航摄像片上投影差公式

$$\delta_h = \frac{r \cdot h}{H} \tag{9-7}$$

可知，反映在图上的投影差为

$$\Delta h = \delta_h \times \frac{m}{M} = \frac{r \cdot h}{f \cdot M} \tag{9-8}$$

式中　m——像片比例尺的分母数值；

　　　M——成图比例尺的分母数值；

　　　f——航空摄影机的主距；

　　　r——像点的向径。

一般规定在图上的 Δh 投影不得超过 ±0.0004 m，则有：

$$h = \pm 0.0004 \frac{f}{r} M \tag{9-9}$$

在作业时取地面平均高程面作为基准面，故高程差的容许值为

$$Q = 2h = 0.0008 \frac{f}{r} M \tag{9-10}$$

由式（9-10）可知，高程差允许值与成图比例尺、所采用航空摄影机的主距以及所纠正的面积有关。当航摄像片作业面积内地面点间的最大高差不超过高程允许值时，就可作为平坦地区来纠正。如果超过上述限差时，则采用分带纠正、仿射纠正和微分纠正的方法限制投影差，以保证成图精度。

(二) 像片纠正的分类

1. 常规纠正

根据像片纠正采用的仪器设备条件和航测成图方法的不同，可将常规纠正方法分为光学机械纠正法、光学图解法和图解纠正法。光学机械纠正法是利用纠正仪纠正影像，从而获得镶嵌像片平面图时所需要的纠正像片。光学图解法是利用光学投影器纠正绘有等高线的影像，并根据投影下来的地物和等高线进行转绘而得到线划图。图解纠正法是利用直尺和其他简单的工具，在像片上和图底上分别构成相应的透视格网，然后进行转绘而得到线划图。

2. 光学微分纠正

分带纠正虽然可以将投影差限制在允许范围内，但是在综合各分带的纠正影像拼接成像片平面图时，尤其在地形复杂或地面起伏较大的区域，各分带之间纠正影像的拼接处将

会出现影像不符,从而影响图面的精度和质量。这一现象只有随着地面点的高程变化相应改变纠正系数,实现逐点纠正才能严格地解决。实际上可以使用一小块面积作为纠正单元,按其小面积中央点高程的变化升降承影面进行逐块纠正,这一方法称为微分纠正,相对于数字微分纠正,利用光学投影方法实现像片微分纠正,称为光学微分纠正。

3. 数字微分纠正

航摄影像的正射纠正,在模拟摄影测量中,使用纠正仪将航摄像片纠正为像片平面图;在解析摄影测量中,利用正射投影仪,通过机控缝隙光学纠正,制作正射影像地图。这些做正射纠正的仪器,均为光学机械纠正仪器,都是像片纠正的传统方法。

在数字微分纠正过程中,首先确定原始图像与纠正后图像之间的几何关系。假设任意像元在原始图像和纠正后图像中的坐标分别为 (x, y) 和 (X, Y),则它们之间存在的映射关系为

$$x = f_x(X, Y); \quad y = f_y(X, Y) \tag{9-11}$$

$$X = f_X(x, y); \quad Y = f_Y(x, y) \tag{9-12}$$

式(9-11)是由纠正后的像点 P 坐标 (X, Y) 出发反求在原始图像上的像点 P 的坐标 (x, y),这种方法称为反解法,也称间接法。式(9-12)是由原始图像上的像点 P 的坐标 (x, y) 解求纠正后图像上相应点坐标 (X, Y),这种方法称为正解法或直接解法。

在数字摄影测量中,采用数字微分纠正方法获取正射影像,即按像点和物点的构像方程式,或按一定的数学模型,根据数字高程模型(DEM)及有关参数,对原始的非正射影像进行映射变换,获取正射影像。数字微分纠正与光学微分纠正一样,其基本任务是实现两个二维图像之间的几何变换。

在实际应用中,以反解法居多。反解法(间接法)采用共线条件方程式解求像点坐标,即:

$$\left.\begin{array}{l} x = -f \dfrac{a_1(X - X_S) + b_1(Y - Y_S) + c_1(Z - Z_S)}{a_3(X - X_S) + b_3(Y - Y_S) + c_3(Z - Z_S)} \\ y = -f \dfrac{a_2(X - X_S) + b_2(Y - Y_S) + c_2(Z - Z_S)}{a_3(X - X_S) + b_3(Y - Y_S) + c_3(Z - Z_S)} \end{array}\right\} \tag{9-13}$$

由已知纠正后的像元 p 坐标 (X, Y),按式(9-12)反算出相应的原始影像点 P 的坐标 (x, y),纠正像元的高程 Z 由 DEM 给出。然后利用 (x, y) 搜寻其原始影像元的灰度值,若不在原始影像元的中心,则可按所在位置对纠正像元的灰度进行内插赋值,所有纠正像元灰度的集合即为正射影像图。像元的大小形状需根据影像质量、精度要求、数字测图系统的指标等而定。

三、数字正射影像图的制作方法

1. 全数字摄影测量方法

全数字摄影测量是利用计算机对数字影像进行处理,并由计算机视觉、影像匹配和影

像识别，代替人眼与仪器进行立体测量。数字影像实际上是对灰度和空间都连续变化的影像按一定的灰度级和空间分辨率进行离散化处理，并使之成为离散的灰度矩阵。数字正射影像是对中心投影或其他投影方式的数字影像进行投影差改正，一般采用数字高程模型（DEM）进行数字微分纠正，使之成为正射的数字影像。数字正射影像以其直观、信息量丰富、美观和易于接受等优点，日益受到人们关注。在土地动态监测、道路选线设计、农田水利建设、防洪抗旱、农业规划等多方面有着巨大的用途。

目前，全数字摄影测量主要应用于生产数字高程模型（DEM）和数字正射影像图（DOM）。

2. 单片数字微分纠正方法

首先对航摄负片进行影像扫描，然后根据区域内已有的数字高程模型的数据和控制点坐标对数字影像内定向、数字微分纠正。将单片正射影像进行镶嵌并按照图廓裁切得到数字正射影像图，注记地名、公路格网。整饰修改后绘成 DOM 或刻盘保存。

3. 正射影像图扫描方法

可直接对已有的光学制作的正射影像图进行影像扫描数字化，再经过平移、缩放、旋转和仿射等图像变换就能获得正确的数字正射影像图。一般图像纠正过程是用适当的多形式来表达同名像点纠正前后的坐标关系，可通过平差求解多形式系数。

四、利用 VirtuoZo 制作数字正射影像图

下面简要介绍 VirtuoZo 数字摄影测量系统制作正射影像图的过程。

（一）制作数字正射影像图的前期准备

1. 相机文件

应提供相机主点理论坐标 x_0，y_0；相机焦距 f；框标距或框标点坐标。

2. 控制资料

（1）外业控制点成果。如果是全野外布点，还应有外业控制片。

（2）内业加密成果。制作成相应格式的控制点文件（"＊＊＊.ctl"）。

（3）外业控制点及内业加密点分布略图。

3. 航片扫描数据

需要符合 VirtuoZo 图像格式及成图要求扫描分辨率的扫描数据。VirtuoZo 接受多种图像格式，如 TIFF、BMP、SunRasterfile、TGF 等，一般选择 TIFF 格式。

4. 参数设置

VirtioZo 系统的参数较多，需在参数界面上逐一设置。需要设置的参数有测区参数（Block Parameters）、模型参数（Model）、影像参数（Images）、相机参数（Camera）、控制点参数（GroundPoints）、地面高程模型参数（DEM）、正射影像参数（Orthoimages）以及等高线参数（Contours）。其中有些参数需要按 VirtuoZo 格式事先制作，如相机参数、控制点参数等。有的需要格式转换，如影像要从其他格式转换成 VirtuoZo 格式等。

（二）定向

1. 内定向

VirtuoZo 可自动识别框标点，自动完成扫描坐标系与相片坐标系间变换参数的计算，自动完成相片内定向，并提供人机交互处理功能，也可人工调整光标切准框标。

2. 相对定向

系统利用二维相关，自动识别左、右像片上的同名点，一般可匹配数十至数百个同名点，自动进行相对定向。并可利用人机交互功能，人工对误差大的定向点进行删除或调整同名点点位，使之符合精度要求。

3. 绝对定向

（1）利用加密成果进行绝对定向。VirtuoZo 可利用加密成果直接进行绝对定向，将加密成果中控制点的像点坐标按照相对定向像点坐标的坐标格式复制到相对定向的坐标文件（＊＊＊.pcf）中，执行绝对定向命令，完成绝对定向，恢复空间立体模型。

（2）人工定位控制点进行绝对定向。相对定向完成后（即自动匹配完成后），由人工在左、右像片上确定控制点点位，并用微调按钮进行精确定位，输入相应控制点点名。每个像对至少需要 3 个控制点。定位完本像对所有的控制点后，即可进行绝对定向。

（三）生成核线影像

绝对定向完成后，确定核线影像生成范围，影像按同名核线进行重新排列，形成按核线方向排列的核线影像。以后的处理，如影像匹配、视差曲线编辑等，都将在核线影像上进行。

（四）影像匹配、视差曲线编辑

按照参数设置确定的匹配窗口大小和匹配间隔，沿核线进行影像匹配，确定同名点。

匹配窗口是用于影像匹配的单元，其大小的确定与许多因素有关，如像素的大小、航摄比例尺、地形的类型等。一般情况下可考虑匹配窗口在原始影像上的大小为 0.25～0.5 mm。

匹配格网间隔是指匹配窗口中的行列之间的像素间隔，一般小于或等于匹配窗口的大小，且应小于 DEM 的间隔。

影像匹配完成后，需在立体下进行人机交互的视差曲线编辑，即对匹配结果进行编辑，编辑完成后即可生成 DEM。

（五）生成数字高程模型

数字高程模型（DEM）是制作正射影像的基础，中心投影的影像根据其数字高程模型就可纠正成正射影像。

VirtuoZo 提供两种生成数字地面高程模型的方法：

（1）直接利用编辑好的匹配结果生成数字地面高程模型。此种方法适用于中、小比例尺的正射影像制作或大比例尺非城市自然地貌地区的正射影像制作，也可用于编辑好视差曲线的城市地区的正射影像制作。

▶摄影测量学

（2）影像匹配后不做编辑，而是在FC（FlatCity）界面下按一定密度分布选择同名点，或是在立体下切准地形表面测定一定密度的地面点，构成三角网内插DEM。此种方法适用于平坦的城市地区。此种方法可避免视差曲线缠绕建筑物的问题，减少一定的工作量。

（六）生成正射影像

当DEM建立后，即可进行正射影像（DOM）的生成。VirtuoZo提供两种生成正射影像的方式：

（1）分别由单模型的DEM生成单个模型的正射影像。

（2）将多个单模型的DEM拼接成一个多模型的DEM，再在正射影像生成参数中加入一个或多个影像（原始扫描影像），一步生成所需的正射影像。

（七）正射影像图的制作

单个像对的正射影像生成后，即可进行正射影像图的拼接或者镶嵌、裁切。一般来说，制作标准图幅的正射影像可用系统镶嵌功能进行镶嵌，系统提供两种镶嵌方式：

（1）由系统进行单模型的DEM及正射影像的自动拼接。此种方式适用于小比例尺及大比例尺非城市自然地貌地区。

（2）由手工方式选择镶嵌线进行拼接。这种方式适合大比例尺城市地区，可有效避免（高大）建筑物因中心投影倒像引起的拼接重影或模糊。

拼接的同时，输入图幅左下、右上角坐标，可进行标准图幅的裁切，也可用鼠标拉框进行任意图幅的裁切，进行注记叠加、制图整饰，最后用喷墨绘图仪绘制影像图。另外，如果制作没有绝对地理精度要求的正射影像图，如挂图等，可由单模型正射影像在Photoshop等图像处理软件下进行手工拼接，这也是一种有效的拼图手段。

任务四　数字线划图的生产

【任务目标】

（1）理解数字线划图的基本知识。

（2）理解基于VirtuoZo生产DLG的流程和方法。

【任务描述】

数字线划图是以矢量数据格式存储的数字地图。在数字测图中，最常见的产品就是数字地形图，外业测绘最终成果一般就是DLG。该产品具有严格的数学基础和统一的国家制图标准，较全面地反映了地物和地貌及其他要素，是各行业规划设计及建设的基础图件。制作DLG具有重要意义。

【任务知识】

一、DLG的基本特征

数字线划图（DLG）是现有地形图中基础地理要素的矢量数据集。分别采用点、线、面描述要素几何特征，赋予属性，并分成若干数据层，以供地理信息系统作空间检索、空间分析之用。数字线划图的基本特征有：

（1）基础地理要素对传统地图要素做了必要的精简压缩，缩短了生产与更新的周期。

（2）基础地理要素突出了地图要素在信息意义上的主要特征，并且是矢量方式，便于提取、检索和分析。

（3）基础地理要素的分层分类代码结构便于与其他数字产品（如数字正射影像）复合，生成信息更丰富、专题更突出的新图种。

（4）地图地理内容、分幅、投影、精度、坐标系统与同比例尺地形图一致。

（5）图形输出为矢量格式，任意缩放均不变形。

二、DLG 制作的技术方法

DLG 制作的技术方法主要包括数据采集和图形编辑两个部分，所用到的主要技术如下：

1. DLG 数据采集

按具体规范要求，对地理要素进行分类采集，并赋予指定代码等属性。

（1）地形图扫描数字化方法。人机交互，对所提取的基础地理要素分层分类矢量化。

（2）数字摄影测量方法。必须配备输入装置和立体观察装置。采用基于 Windows NT 的数字摄影测量工作站。定向后，人工三维跟踪基础地理要素，分层分类数字化，并赋予代码等属性。

（3）解析或机助数字化测量。按常规方法步骤，分层分类数字化采集基础地理要素。

2. DLG 图形编辑

选择合适的计算机图形编辑软件，按 GIS 的要求对所采集的基础地理要素进行点、线、面几何特征、拓扑关系和属性的编辑，并进行检查和修改。图形编辑后，应将 DLG 要素符号化，输出其模拟产品。

三、DLG 制作生产过程

数字立体摄影测量是通过扫描航空像片得到数字影像，在数字立体摄影测量工作站上测绘地物。下面将详细介绍其生产过程，利用数字摄影测量制作 DLG 的基本过程如图 9-11 所示。对于一些在前述章节介绍过的内容将不再重复，现将重点介绍基于 VirtuoZo 生产 DLG 的过程及注意事项。

本模块为交互式数字影像测图系统（IGS），主要用于地物量测，从立体影像或正射影像上对目标进行数据采集及编辑，生成三维数字测图文件（"＊＊＊.xyz"），并按标准的制图符号输出为矢量图。

（一）进入测图界面

在 VirtuoZo NT 系统主菜单中，选择"数字测图"→"IGS 数字测图项"，调用"测图

▶摄 影 测 量 学

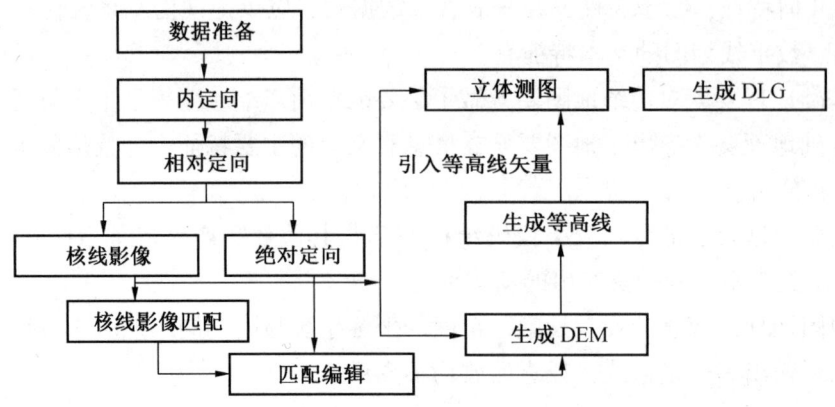

图 9-11　DLG 制作的生产过程流程图

模块",屏幕弹出测图界面。

（二）新建或打开测图文件

新建一个测图文件：选择"File"→"NewxyzFile"项,屏幕弹出文件查找对话框,输入一个新的 xyz 文件名,弹出测图参数对话框。新建测图文件如图 9-12 所示。

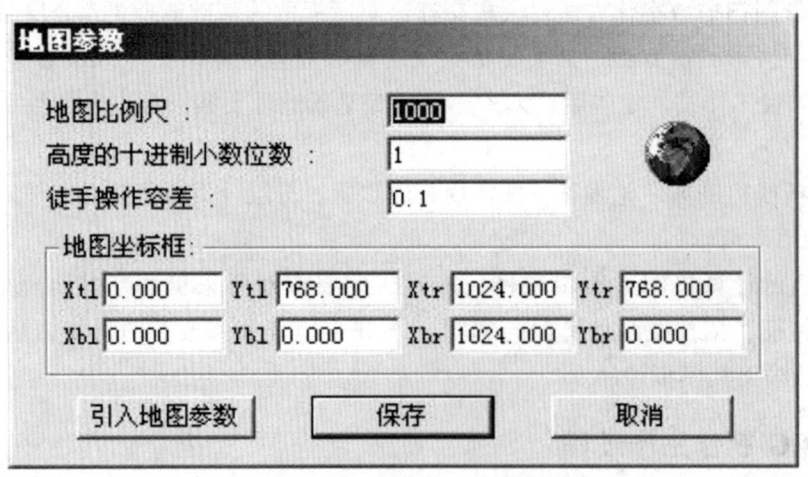

图 9-12　新建测图文件

在对话框中输入各项测图参数：成图比例尺（分母）；高程注记的小数位数；流数据压缩容限（单位：mm）；图廓坐标：Xtl、Ytl（左上角）、Xtr、Ytr（右上角）、Xbl、Ybl（左下角）、Xbr、Ybr（右下角）。选择"保存"按钮后,将创建一个新的测图文件。

（三）装入立体模型

当打开测图文件后,方可打开立体模型。在菜单栏中选择"File"→"Open"项,在文件查找对话框中,选择一个模型"＊＊＊.mod"（或"＊.set"）文件,打开后,屏幕弹出影像窗显示立体影像,如图 9-13 所示。

项目九　数字摄影测量产品

图 9-13　载入模型窗口

打开模型后，系统可能会发出警报声，这是由于所设置的测图边界没有落入立体模型的范围内。激活立体模型窗口，单击"文件"→"设置模型边界"选项。

（四）界面调整与功能设置

1. 激活当前工作窗

在测图界面内的影像窗或矢量图形窗内（最好在窗口顶上的标题条上）单击鼠标左键，则该窗口被激活为当前工作窗（窗口顶上的标题条显示为蓝色）。

2. 影像与矢量图形缩放

（1）工作窗均可在界面内通过拉伸、推缩及拖动改变窗口大小及位置。

（2）工作窗中的影像或矢量图形可拉动本窗口的滚动条上下或左右移动。对于影像还可在选择按钮后，在影像窗中移动鼠标使窗中的立体影像移动。

3. 矢量贴图与矢量图形的层控制

（1）矢量贴图：可将测量的结果（矢量图形）显示在立体影像上，以便于检查遗漏和所测地物的精度。

（2）层控制：在数字化测图中，同一种地物为一层，每一层都有一个属性码（或层号）。所测的地物都被分层管理，层控制就是对地物分层管理的工具。

选择菜单 "Tools" → "Layer"，可弹出层控制选择对话框。选定某层（由鼠标左键单击层控制选择对话框内左边地物显示窗中的某行地物，该行显示为蓝色时即表示被选中），然后选择层操作按钮，则能对其进行层控制。层控制的操作有 5 种：①层锁定：不能对选定层的已测地物进行编辑，但可显示、新增该类地物；②层冻结：不能对选定层作任何操

— 197 —

作，既不能显示也不能编辑及新增该类地物；③层关闭：关闭或打开选定层图形的显示；④设置层颜色：可设置选定层在影像上的贴图颜色，一次只能设定一层；⑤层删除：可删除一个或多个层的全部地物。

4. 影像显示方式

（1）左右影像分屏显示，由立体反光镜观测立体。

（2）立体显示双影像：通过硬件的支持，左、右影像交替显示，戴上相应的立体眼镜，可以进行立体观测。

激活影像窗后，在菜单栏选择"Mode"→"DispStereo"项，两种显示方式可相互切换。

5. 测标调整

测标有左、右两个，分别显示于左、右影像上。在数据采集时，通过调整测标可测得地面高程。测标调整的方式如下所述。

（1）自动调整：根据模型的 DEM 自动解算高程，则测标可随地面起伏自动调整。

（2）人工调整：在影像窗中，按住鼠标中键左右移动；或按住键盘上的"Shift"键，左右移动鼠标；还可用键盘的"Page Up"和"Page Down"两键微调，都可调整测标使之切于立体模型的表面。若用手轮脚盘，可转动脚盘调整测标。

(五) 地物的测绘

地物量测的基本步骤为：输入地物属性码→进入量测状态→根据需要选择线型或辅助测图功能→对地物进行量测。

1. 输入地物属性码

每种地物都有各自标准的测图符号，而每种测图符号都对应一个地物属性码，数字化地物时首先要输入将要测地物的属性码，有如下两种方法：

（1）直接输入。当用户熟记了属性码，可在状态条的属性码显示框中输入当前码。

（2）选择图标。按下相关图标按钮，将弹出地物属性码选择框。

2. 进入量测状态

单击鼠标右键可将编辑状态切换到量测状态，以选择线型和辅助测图功能。

（1）线型的选择。VirtuoZo 测图把数据表示的形状分为 7 种类型，并统称为线型，在地物线型工具条中有这 7 种类型的图标。

（2）辅助测图功能的选择。

3. 基本量测方法

地物量测一般在影像窗中进行，通过立体眼镜（或立体反光镜）对需量测的地物进行观测，用鼠标或手轮脚盘移动影像并调整测标，立体切准某点后，按鼠标左键或踩左脚踏开关记录当前点，按鼠标右键或右脚踏开关结束量测。在量测过程中，可随时修改线型或辅助测图功能，随时取消当前的测图命令等。

4. 不同线型的量测

（1）单点：单击鼠标的左键（或踩左脚踏开关）记录单点。

（2）单线。

（3）平行线：对于具有规则宽度的地物（如公路等）需要量测其平行宽度，先量测完地物一侧的基线（单线量测），然后在另一侧量测一点（单点量测），即可确定平行线宽度，系统自动绘出平行线。

（4）底线：对于有底线的地物（如斜坡等）需要量测底线来确定地物的范围。先量测完基线，然后量测底线（一般测于基线量测方向的左侧）。在测底线前可选隐藏线型进行量测，底线将不绘出。

（5）圆：在圆周上量测 3 个单点，用鼠标的右键结束。

（6）圆弧：按顺序量测圆弧的起点、圆弧上的一点和圆弧的终点，用鼠标右键结束。

（7）测图命令的中断：在量测地物的过程中，可以按"Esc"键中断正在进行的量测。

（8）点的回退：在量测地物的过程中，如测错了点，可以按键盘上的"→"键，回退到前一点。

（六）地物的编辑

进入编辑状态→选择将要编辑的某个地物及某个点→选择所需的编辑命令→进行具体的修测修改等。

1. 进入编辑状态

单击鼠标右键可将量测状态切换到编辑状态。

2. 选择将要编辑的地物及某个点（PICK 功能）

（1）选择一个地物：将光标对准要选择的地物，单击鼠标左键即选中地物，地物被选中后，该地物图形上的所有节点将显示蓝色标识框。

（2）选择一个点：在被选中的地物上，对某个蓝色标识框单击鼠标左键，则该点被选中，该点上原来的蓝色标识框变为红色标识框。

3. 编辑命令的使用

（1）当前地物的编辑：选用编辑工具条上的图标对当前地物进行编辑。

（2）当前点的编辑：选择弹出式菜单执行，也可由快捷方式执行。在当前地物的某点上，单击鼠标右键，弹出菜单，可移动或删除当前点。

（3）编辑恢复功能：快捷键"Ctrl+Z"，可恢复编辑前的状态。

（七）文字注记

进入注记状态→输入注记的参数→注记定位→注记编辑。

1. 进入注记状态

选择菜单"View"→"Textdialog"项进入注记状态。

(1) 注记的参数。

(2) 单点方式：单点方式只要一个控制点和一个角度，注记沿给定的方向分布。

(3) 布点方式：每一个字符需要一个控制点，字头朝向只能是正北。

(4) 直线方式：需要两个控制点，注记沿直线的方向分布，字间的距离由两点的长度来计算，每个字的朝向根据直线的角度确定。

(5) 任意线方式：任意线方式是利用若干个控制点来确定一个样条，注记沿样条分布。每个字的朝向都需要根据该字在样条上的位置的切线来确定。

(6) 字头的朝向方式：字头朝北，字头朝正北方向；字头平行，字头与定位线平行；字头垂直，字头与定位线垂直。

(7) 字体的变形：对于河流、山脉等的注记，经常用到左斜、右斜、左耸、右耸等字体的变形样式。

2. 输入注记的参数

在参数对话框中，输入或选择相应的参数。

3. 注记定位

输入注记的字符串及参数后，在影像或图形工作窗内单击鼠标左键，则当前注记在该处定位并显示。

4. 注记编辑

注记编辑要在编辑状态下，选择将要编辑的注记后才能进行，如下所述。

(1) 注记参数的修改：在弹出的注记参数对话框中修改注记参数，即可修改当前注记。

(2) 注记控制点的编辑：注记控制点（定位点）串可用常规的插入、删除、重测等编辑命令对定位点进行任意修改。

四、DLG 的质量控制及成果检验

（一）数据采集部分

1. 地形图扫描矢量化方法

(1) 对图纸的要求。图纸要平整无折，图面清晰，无局部变形。图廓点坐标一定要正确无误。

(2) 对扫描的要求。扫描分辨率的大小是否满足要求；图像清晰；图廓点和格网点的影像必须完整。如果采用了分块扫描，影像拼接处就不能出现错位。

(3) 对图纸定向和几何纠正的要求。定向与纠正后的图廓点和格网点坐标与理论值的偏差要满足要求。分块扫描拼接后，不应出现裂缝与重影等拼接痕迹。

2. 数字摄影测量方法

(1) 原始数据的质量检查：①影像：扫描分辨率的大小是否满足要求，影像质量用直方图检查；②参数：包括相机参数和控制参数，其数量和质量要满足相应航测作业要求。

（2）作业过程的质量控制。定向（内定向、相对定向、绝对定向）的结果要满足相应作业规范。

（3）解析或机助方法：①原始数据的质量检查。包括相机参数和控制参数，其数量和质量要满足相应航测作业要求。②作业过程的质量控制。定向（内定向、相对定向、绝对定向）的结果要满足相应作业规范。

（二）图形编辑部分

（1）对基础地理信息要素进行二维或三维跟踪，以满足分层分类数字化要求。位置相重叠的要素按优先者数字化，面状要素必须封闭，相接的节点应采用抓取功能，不出现悬挂点，有向点、有向线的数字化顺序方向必须正确，要求按中心点、中心线数字化的要素，其位置必须准确。

（2）采用代码要素及其符号显示一体化的微机图形编辑软件，根据GIS空间要素建库要求或制图图式要求，分别对基础地理信息要素的点、线、面几何特性（位置、形态及相互关系）、属性代码以及拓扑关系进行编辑、建立、检查、修改。

（3）图幅间按规定要求接边，保证跨图幅要素几何位置的连续与属性逻辑上的一致性。

（4）将DLG数据文件按符号化输出其模拟产品，进行检查并返回修改。

（5）按规定内容与格式要求检查元数据文件有无错漏。

（6）除进库外，DLG数据应作双备份，对备份数据应作正确性检查，并应异地存放。

五、DLG成果的检验方法

对于数字线划图，根据检验项目，常用以下方法检验成果质量：

（1）数学基础的检验。由绘图仪将数学基础回放到薄膜图上，量测图廓线边长、对角线长与理论长度的误差。

（2）平面和高程精度的检验。平面点选在明暗的物点上，高程点选在地形特征点上，一般不少于20个点，可采用内业加密桩点法检查平面与高程点的精度。

（3）接边精度的检验。可利用计算机软件或数字线划图回放后，目视检查公共图廓边的要素是否完全重合，等高线是否连接。

（4）属性精度的检验。属性精度主要包括要素分类与代码的正确性、要素属性值的正确性、要素注记的正确性，可通过回放原图套或在屏幕上一一显示要素，并进行检查。

（5）逻辑一致性和完备性的检验。将回放图与原图套合或采用屏幕漫游的方式，目视检查面状要素是否封闭，线状要素是否连续，属性数据是否完整，同一地物在不同图幅内其分类、分层属性是否相同，注记是否完整等。

任务五　数字栅格地图的生产

【任务目标】
(1) 学会使用图廓整饰模块，掌握图廓整饰中各项参数的意义及其设置方式。
(2) 生成图廓参数文件，制作完整的 DOM 图幅产品。
(3) 生成图廓参数文件，制作完整的 DRG 图幅产品。

【任务描述】
数字栅格图 DRG 可作为背景用于数据参照或修测拟合其他地理相关信息；用于数字线划图（DLG）的数据采集、评价和更新；还可与数字正射影像图（DOM）、数字高程模型（DEM）等数据信息集成使用，派生出新的可视信息，从而提取、更新地图数据，绘制纸质地图。

【任务知识】

一、DRG 的基本特征

数字栅格地图（DRG）是模拟产品向数字产品过渡的中间产品，一般用作背景参照图像，与其他空间信息相关。可用于数字线划图的数据采集、评价和更新，还可与数字正射影像图、数字高程模型等数据集成使用，派生出新的可视信息，从而提取、更新地图数据，绘制纸质地图和作为新的地图归档形式。

DRG 有下述基本特征：

(1) DRG 是一种既保留了现有模拟地形图的全部内容与视觉效果，又能被计算机处理的数字产品。所以 DRG 是所有数字产品中兼顾两种产品特点，且变换最为简捷的数字产品，也是模拟产品向数字产品过渡的有效模式。

(2) DRG 经过图幅定向与高保真几何校正，不但保持了原模拟图的几何精度，而且在其应用，如点位坐标数字化、长度、面积、体积量算中提高了数学精度。

(3) DRG 不但可将历代模拟地形图以数字方式存档，作为历史档案管理，而且通过数字正射影像方式更新的 DRG，可作为地理信息系统的空间背景数据而广泛应用。

二、基于数字摄影测量的 DRG 生产过程

在 VirtuoZo 的 IGS 数字化测图系统中，通过在立体模型影像上的矢量测图和坐标范围设定等操作，可生成数字线划图（DLG）。在其图廓整饰环境中，载入相应的矢量文件、正射影像，设定相应的图廓参数，即可生成数字栅格地图（DRG）。其过程如图 9-14 所示。

基于 VirtuoZo 的 DRG 生产基本过程如下所述。

(一) 进入图廓整饰界面

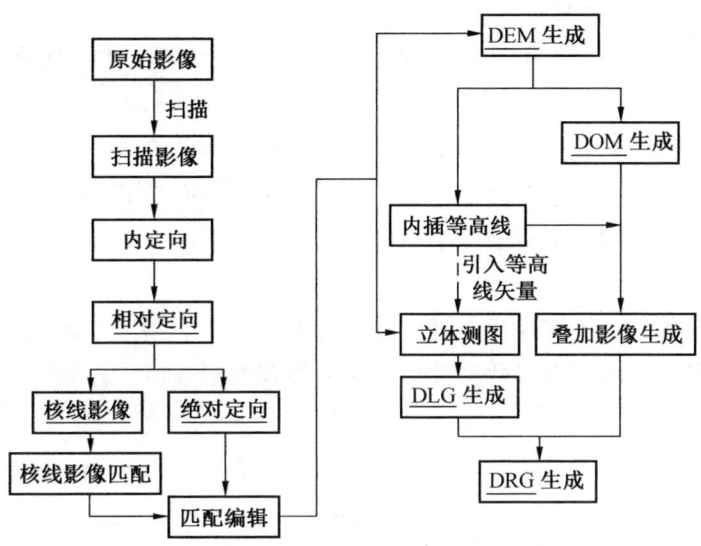

图 9-14 数字摄影测量的 DRG 生产过程

在系统主菜单中,选择"工具"→"图廓整饰"项,屏幕显示图廓整饰主界面,如图 9-15 所示。

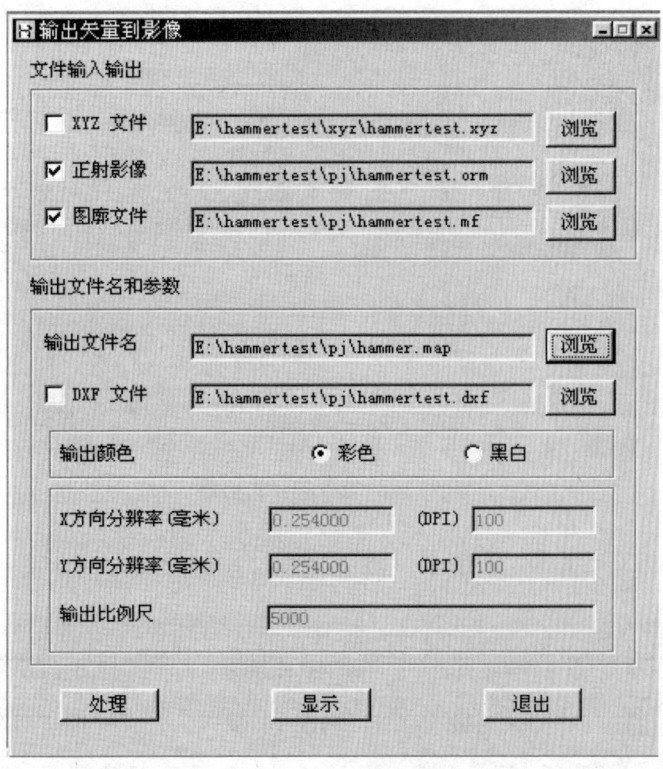

图 9-15 图廓整饰主界面

（二）选择当前要生成的地图文件

在图廓整饰主界面中，选择图廓整饰的输入文件，例如对正射影像进行整饰（＊＊＊.or＊）。

用鼠标左键单击正射影像行的"浏览"按钮，屏幕弹出文件查找框，可选择当前要整饰的正射影像文件＊＊＊.orl（或＊＊＊.orr）或等高线叠合正射影像文件＊＊＊.orm；然后用鼠标左键单击正射影像行前的小白框，则该文件被选中。

（三）建立图廓文件

若新建图廓文件，首先用鼠标左键单击图廓文件行的"浏览"按钮，屏幕弹出文件查找框，选择好路径，输入图廓参数文件名，在文件查找框选择"打开"按钮即可。

1. 填写图廓参数

单击图廓文件行前的小白框，则进入图廓参数对话框（图9-16），填写用户所需要的数值。

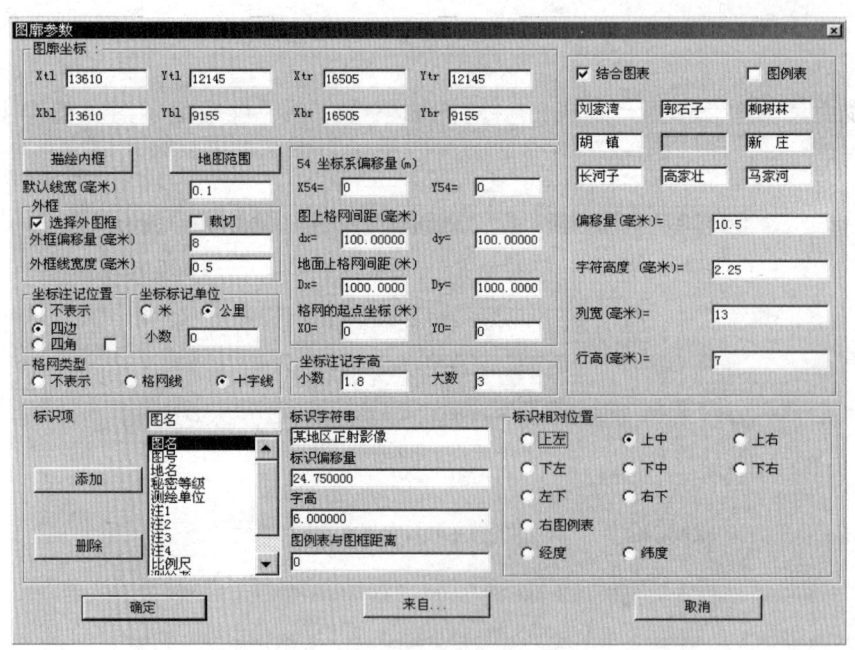

图 9-16　图廓参数对话框

图廓参数填写方法如图9-17所示（图廓坐标与控制点文件坐标系一致）。

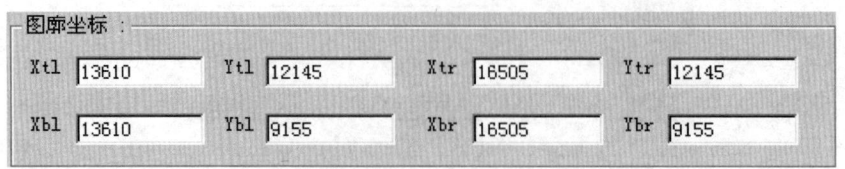

图 9-17　图廓坐标设置对话框

(1) Xtl：左上角 X 图廓大地坐标。

(2) Xtr：右上角 X 图廓大地坐标。

(3) Ytl：左上角 y 图廓大地坐标。

(4) Ytr：右上角 y 图廓大地坐标。

(5) Xbl：左下角 X 图廓大地坐标。

(6) Xbr：右下角 X 图廓大地坐标。

(7) Ybl：左下角 Y 图廓大地坐标。

(8) Ybr：右下角 Y 图廓大地坐标。

点击【描绘内框】按钮：可选择为：没有线、交叉线、拐角线。

2. 输入坐标注记字高

(1) 小数：坐标注记字小数（小数部分）的字高（mm）。

(2) 大数：坐标注记字大数（整数部分）的字高（mm）。

3. 填写结合图表

将光标分别置于结合图表的小格中（中心小格除外），分别输入与本幅图相邻的图名，结合图表填写。

4. 标识相对位置

标识项栏：注记项名称的输入与显示；标识相对位置栏；选择当前注记项与图框的位置，如图 9-18 所示。

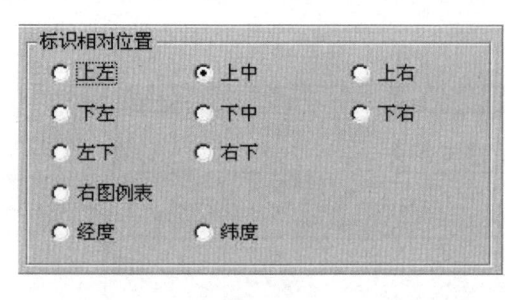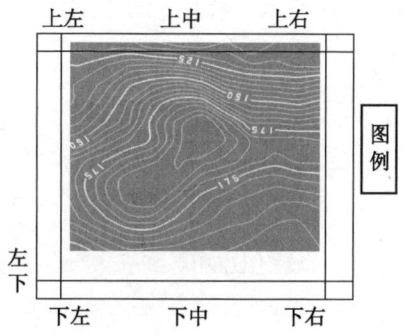

图 9-18　标识相对位置

步骤一：在标识项栏，点击【添加】按钮，注记项名称显示栏出现蓝色条后，将光标移到第一行的输入框中，输入当前注记项的名称。

步骤二：将光标移到标识字符串框，在其框内键入当前注记项的字符串；在标识偏移量框输入当前注记项与图框的距离（字的左下角到内图框的距离）。

步骤三：在字高行，输入当前注记项的字符串字高（单位：mm）。

步骤四：在标识相对位置栏，点击相应的按钮，选择当前注记项与图框的位置。

当图廓参数输入完毕后，在图廓参数对话框中选择的【确定】按钮，生成图廓参数文件*.mf。回到图廓整饰主界面。

(四) 确定图幅的输出文件名及路径并设置参数

1. 确定文件名及路径

如图 9-19 所示，在图廓整饰主界面中"输出文件名"栏，选择要生成的图幅文件名及路径。

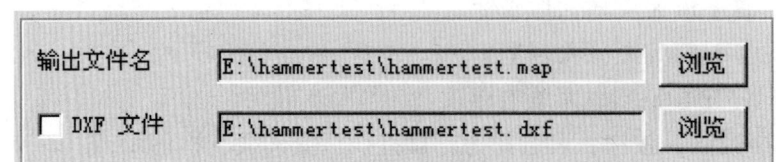

图 9-19　图幅输出

若＊＊＊.map 文件已经存在，选择文件后再接着选择"显示"按钮，显示当前图幅文件；若＊＊＊.map 文件不存在，则再输入新的＊.map 文件名，选择"处理"按钮生成新的图幅文件，再选择"显示"按钮，进入图幅的图廓显示界面。

确定是否要生成带图廓的 DXF 文件，如果要生成则输入文件并选中。

2. 确定当前图是彩色或黑白

在图廓整饰主界面"输出颜色"栏中，选择彩色或黑白中的一种。

3. 确定当前数字影像图输出分辨率

如图 9-20 所示，在图廓整饰主界面，输入当前数字影像图输出设备分辨率和输出比例尺分母。

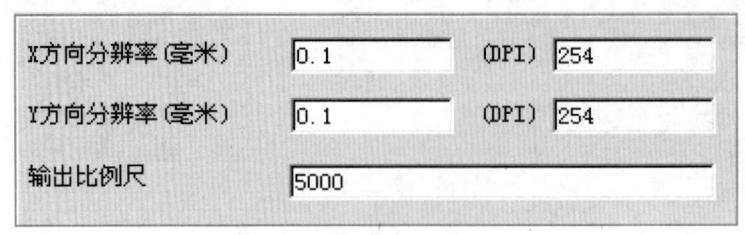

图 9-20　图幅输出分辨率

(五) 生成图幅 DOM 产品文件并显示结果

(1) 生成图幅产品文件。当以上参数输入完毕后，在图廓整饰主界面中选择"处理"按钮，生成图幅文件＊＊＊.map。

(2) 显示图廓整饰结果。选择"显示"按钮，进入图廓整饰的显示界面，如图 9-21 所示。

(六) 生成图幅 DRG 产品文件并显示结果

当生成图廓参数文件*.mf 后，在图廓整饰主界面中，用鼠标左键单击 XYZ 文件行的"浏览"按钮，屏幕弹出文件查找框，可选择当前要整饰的 XYZ 文件＊＊＊.xyz，然后用鼠标左键单击 XYZ 文件行前的小白框，则该文件被选中，如图 9-22 所示。

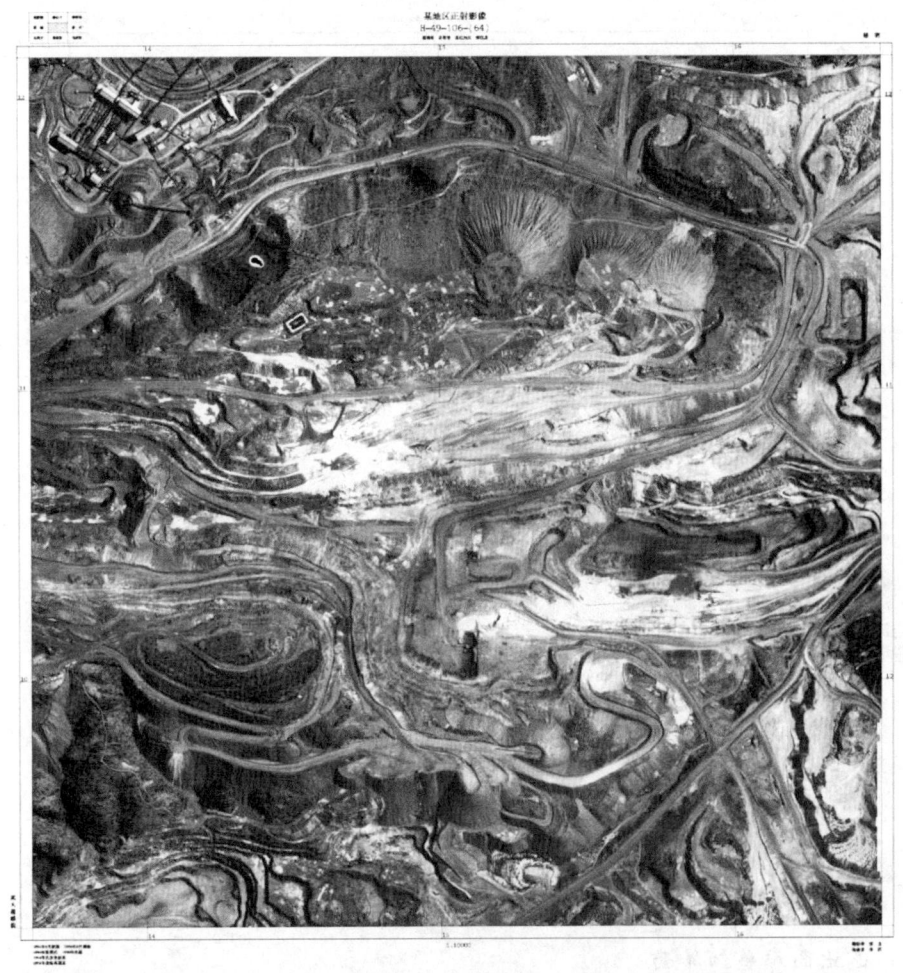

图 9-21　图廓整饰显示界面

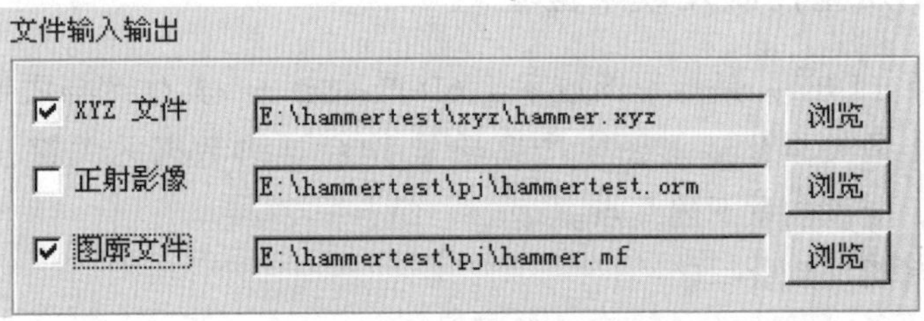

图 9-22　DRG 文件输出对话框

当以上参数输入完毕后，在图廓整饰主界面中选择"处理"按钮，生成图幅文件＊＊＊.map，即 DRG 栅格文件。

在图廓整饰主界面选择"显示"按钮，进入图廓整饰的显示界面，如图 9-23 所示。

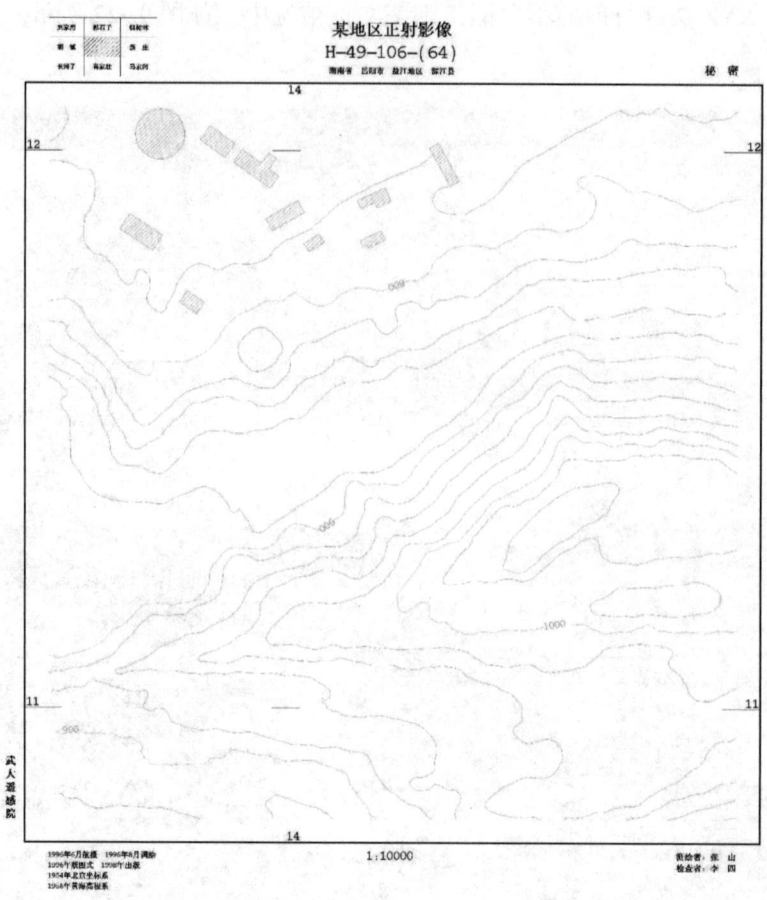

图 9-23　DRG 图廓整饰结果图

（七）退出图廓整饰界面

在图廓整饰界面中选择"退出"按钮，则返回系统主界面。

三、DRG 的质量控制及成果检验

数字栅格地图（DRG）是地形图数字化 6D 产品之一，其生产与质量控制是构建地形图数据库的基础，是矢量化地形图生产高质量 DLG 地形数据的关键；因此，为了控制 DRG 的成图质量，应该注意下述几点。

1. 保证工作底图的质量

（1）图面整洁、无破损，褶皱、图形要素清晰可见。

（2）图廓边长限差 W0.2 mm，图廓对角线限差 W0.3 mm，十字丝格网距限差 W0.2 mm，不能满足要求的图纸舍去不用。

（3）尽量使用最新的图纸，多张图幅版式一致。

2. 选取适当的扫描分辨率

综合考虑地图线划宽度、扫描误差、图像处理误差及图像数据量大小,地形图数字化扫描分辨率不能低于 400 dpi,即 1 cm 有 2255000 个像素,相当于 1 cm 有 158 个像素点,正好与规范一致,可达到精度为 0.083 mm 的要求。过分增大分辨率会使图像文件的容量急剧增加。若等高线密集,则可选 500 dpi 或 600 dpi;若等高线稀疏,则可选 300 dpi。

3. 控制图纸定向误差

图纸定向精度是保证数字化数据精度的基础,图纸定向不应少于 4 点,定向点应分布均匀、合理,应选用图廓坐标或靠近图廓的方格网点作为定向点。采用 4 个图廓点定向时,定向精度不能超过 0.1 mm;采用 9 个点定向时,定向精度不能超过 0.12 mm,最大不能大于 0.15 mm。定向完毕后应做检查,检查点的数字化坐标值与理论坐标值之差不应超过图上 ±0.12 mm,超限时应重新定向。

【项目习题】

1. 什么是数字摄影测量 6D 产品?
2. 简述自动影像匹配获取 DEM 的流程。
3. 简述 DOM 的生成流程。
4. 简述 DOM 生产 DLG 的基本过程。
5. 简述制作 DRG 的主要技术方法。
6. 在 6D 产品生产过程中,如何控制产品质量?
7. 如何检验 6D 产品的精度?
8. 6D 产品之间有何关系?

项目十 摄影测量的外业工作

摄影测量测制地形图包括三个阶段：航空摄影、外业工作和内业工作。航空摄影是利用摄影机获取测区的影像信息；外业工作是在野外测定摄影测量处理过程中所需控制点的坐标，进行像片控制测量、像片调绘及必要的补测工作；内业工作是依据航摄影像和外业成果，进行空中三角测量加密、像片纠正、立体测图。摄影测量的外业工作保证了航测内业加密或测图的需要，提高了测制地形图的效率。

任务一 摄影测量的外业工作的任务和工作流程

【任务目标】

（1）掌握像片控制测量和像片调绘的主要内容。

（2）掌握摄影测量外业工作的作业流程。

【任务描述】

随着国家经济建设的发展和科学技术水平的提高，航空摄影测量成图方法成为测制中小比例尺国家基本地形图、大比例尺与大面积地形、地籍测绘的主要方法。与常规地形测量相比，航测成图方法具有速度快、成本低、数字化程度高等特点。摄影测量的作业过程主要包括航空摄影、航测外业、航测内业、输出产品，航测外业主要包括像片控制测量和像片调绘。

【任务知识】

一、摄影测量外业工作的任务

1. 摄影外业控制测量

利用航摄像片进行信息处理，要有一定数量的控制点作为数学基础。这些控制点不但要在实地测定平面坐标和高程，而且它们的数量和在像片上的位置还要符合影像处理的需要。因此，在已有大地成果和航摄资料的基础上，在野外测定摄影测量所需控制点的工作称为摄影测量的外业控制测量。它的意义在于把航摄资料与大地成果联系起来，使像片量测具有与地面测量相同的数学关系。

像片控制测量的主要内容：

（1）像片控制测量技术计划的拟订。

（2）高级地形控制点的观测与计算。

(3) 控制点的选刺。
(4) 像片控制点的观测、计算。
(5) 控制测量成果的整理。

2. 像片判读（解译）及调绘

我们知道，像片上虽然有地物、地貌的原始影像，但航片是不能作为地形图使用的，这是由于未经处理的原始航片有变形，而且不符合地形图对测区综合取舍和用规定符号表示的要求。为了立体测图的需要，必须实地调查，并将调查结果按规定要求描绘、注记在像片上，这项工作称为像片调绘。

像片调绘的主要内容包括：①像片调绘前的准备工作；②像片判读；③地物、地貌元素的综合取舍；④调查有关情况和量测有关数据；⑤补测新增地物；⑥像片着墨清绘。

此外，对于航摄漏洞、大面积的云影与阴影、影像不清楚的地区，以及新增地物的区域，还需进行必要的补测工作，这也是摄影测量外业工作的任务之一。

二、摄影测量外业工作的作业流程

摄影测量的外业工作是摄影测量过程中的一个重要环节。只有安排好各项工序，才能保证外业工作顺利完成。摄影测量外业工作的作业流程包括以下工序：

1. 技术设计

（1）技术任务书的拟定。编写技术任务书，主要包括设计的目的与任务、测区自然地理概况、测区已有测绘成果、旧图资料、设计方案等内容。设计技术任务书应从技术和组织上说明根据和理由，提出最合理的技术方案。

（2）技术设计图的制作。设计图是设计书的补充和附件，所绘制的设计图应与设计书相配合，准确表示出作业地区、任务范围、地理情况和已知大地控制情况等。

2. 准备工作及拟定具体作业计划

（1）准备工作。包括对作业使用的各种仪器、器材进行检校；收集外业工作必需的资料，如航摄资料、基础控制点成果以及各种地图资料等。

（2）拟定具体作业计划。完成测区整体设计后，按所分担的任务拟订具体实施方案，内容包括：对测区的航片编号；在像片上标绘已知点和图廓线；按摄影测量要求在像片上选出控制点，并将点位转标到旧地图上，以便设计出比较合理的像控点的平面和高程联测方案；确定调绘片，划分调绘面积，并且拟订作业进程表。

3. 外业施测工作

摄影测量外业施测工作主要包括控制测量、像片调绘及必要的地形测绘工作。

控制测量包括踏勘已知点，根据摄影测量对控制点的点位布设要求在像片上预选控制点，再到实地确定控制点的确切点位，然后在像片上刺点，根据平面和高程联测方案，进行选点观测、计算和成果整理等。

像片调绘工序一般与野外控制测量同时进行。

4. 外业成果检查与验收

对外业成果的检查与验收是保证成果质量的重要措施。为了对外业成果质量进行整体评价，发现差错并及时纠正，必须对外业成果进行全面的检查验收，具体包括：作业组的自检与互检、作业队检查，对成果组织验收、上交。

任务二　像片控制测量

【任务目标】

（1）了解像片控制点的选取与布设原则。

（2）掌握控制点布设方案。

（3）了解像控点的选刺与整饰方法。

【任务描述】

在室内拟订像片控制点联测计划后，已经在像片上确定了这些控制点的概略位置，但需要在实地测定这些控制点的坐标和高程，以提供内业加密或测图使用，因此还必须在实地找到这些控制点的相应位置，到实地落实联测方案并最后选定像控点，进行像片控制测量。

【任务知识】

一、像片控制点的布设

（一）像控点

摄影测量测图所需的控制点称为像片控制点，简称像控点。根据航测外业控制测量的需要，像片控制点分为3种：只需测定平面坐标的控制点称为平面点（用 P 表示）；只需测定高程的控制点称为高程点（用 G 表示）；同时测定平面坐标和高程的控制点称为平高点（用 N 表示）。

（二）像控点布设的一般原则

根据地形条件、摄影资料及内业成图处理方法不同，像控点的布设方案也不同。

（1）像控点在像片上的目标影像应清晰，易于判读。像控点可在摄影前布设地面标志，以提高刺点精度，增强外业控制点的可靠性；若不布设地面标志，则像控点必须选定像片上的明显目标点，以便于正确地相互转刺和立体观察辨认点位。

（2）像控点一般按航线全区统一布点，可不受图幅单位的限制。

（3）相邻像对和相邻航线间的像控点应尽量公用，布设在同一位置的平面点和高程点，应尽量联测成平高点。当航线间像片排列交错而不能公用时，必须分别布点。

（4）位于自由图边或非连续作业的待测图边的像控点，一律布设在图廓线外，确保成图满幅。

(三) 像控点的位置要求

像控点在像片和航线上的位置，除各种布点方案的特殊要求外，应满足下列基本要求（图 10-1）：

（1）像控点一般应布设在航向三度重叠和旁向两度重叠中线附近，困难时可布设在航向重叠范围内。在像片上应布设在标准点位上，即通过像主点垂直于方位线的直线附近。

（2）像控点距像片边缘的距离不得小于 1 cm，因为边缘部分影像质量较差，且像点受畸变和大气折光差等因素引起的位移较大；同时，倾斜误差和投影误差也使边缘部分影像变形大，增加了判读和刺点的困难。

（3）点位与像片上压平线和各类标志（如气泡、框标、片号等）的距离不得小于 1 mm，以利于明确辨认。

（4）旁向重叠小于 15% 或由于其他原因，控制点在相邻两航线上不能公用而必须分别布设时，两控制点之间裂开的垂直距离不得大于像片上 2 cm。

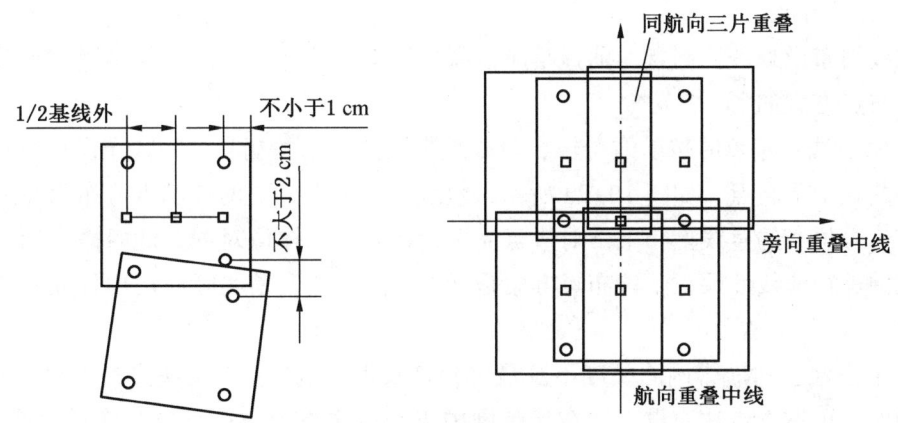

图 10-1 像控点的位置要求

（四）像片联测

像控点是摄影测量内业加密和测图的基础，其点位的选定、坐标的测定精度直接影响到内业成图的数学精度。在野外，依据已知的大地点、水准点，借助外业仪器实地测定像片控制点的物方坐标，并且在像片上正确标示出像控点位置的工作称为野外像片控制测量，或称为像片联测。

（五）像控点的布点方案

像片控制测量的布点方案是根据成图方法和成图精度在像片上确定航摄像片控制点的分布、性质、数量等各项内容所提出的布点规则。它是体现成图方法和保证成图精度的重要组成部分。像片控制测量的布点方案分为全野外布点方案和非全野外布点方案。

1. 全野外布点

摄影测量内业测图中所需的像片控制点的物方坐标全部由外业测定，这种布点方案称为全野外布点。全野外布点精度高，但外业控制测量的工作量较大，使用范围受限制。

全野外布点方案适用于如下情况：

（1）航线像片比例尺较小，而成图比例尺较大，内业加密无法保证成图精度。

（2）用图部门对成图精度要求较高，采用内业加密不能满足用图部门需要。

（3）由于像主点落水或其他特殊情况，内业不能保证相对定向和模型连接精度。

2. 非全野外布点

为了减少外业工作量，一般在外业只布设测定少量控制点，再以此为依据，按一定的数学模型进行平差计算，解求摄影测量内业测图所需的像片控制点（也称为加密点）的物方坐标，这种布点方案称为非全野外布点，也称稀疏布点。这种布点方案可以减少大量的野外工作量，提高作业效率，充分利用航空摄影测量的优势，实现数字化、自动化操作，是现在生产部门主要采用的一种布点方案。按照构网方式的不同，可分为单航线布点方案和区域网布点方案。

1）航线网布点

按航线网布设野外控制点的前提是应该满足航带网的绝对定向及航带网变形改正的要求。具体布点方案如下：

（1）六点法：布点时按航线分段，每段航带网的首末两端和中间各布设一对平面高程控制点，共 6 个平高点，如图 10-2a 所示，航线首末端上、下两控制点应布设在通过像主点且垂直于方位线的直线上，上下对应点应布设在同一立体像对内。此时需采用二次多项式对航线网进行非线性改正。该布点方案是标准布点形式，是实际应用中优先并普遍采用的方法。

（2）五点法：对航带网的长度不及最大允许长度的 3/4，而又超过最大允许长度 1/2 的短航带网，可按五点法布设，即在航带网中央的像主点上方或下方只布设一个平高点，如图 10-2b 所示。

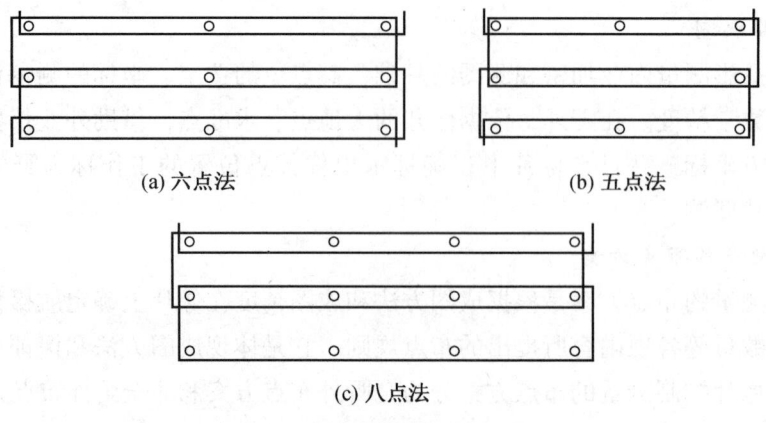

图 10-2 航带网点布点方案

(3) 八点法：在每段航线内，均匀布设 8 个平高控制点，如图 10-2c 所示，此时需采用三次多项式对航线网进行非线性改正。

2) 区域网布点

区域网通常由长方形或正方形组成。区域网布点一般只在区域网的四周按一定跨度布设平高控制点，区域网中间则加设高程控制点，图 10-3 所示的各方案是常用的区域网布点方案。

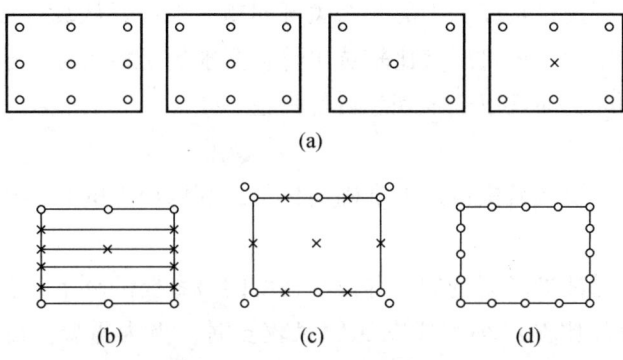

图 10-3 区域网布点方案（○—平高控制点，×—高程控制点）

区域网布点时，像控点在像片上和航线上的具体点位要求，应与航线网布点要求相同。

二、像片控制测量的外业实施

（一）像控点的选刺与整饰

像控点是摄影测量控制加密和测图的基础，野外像控点目标选定的好坏和指示点位的准确程度，直接影响测图的精度。所以，野外控制测量工作需要重视像控点的选定，并保证指示点位的准确；同时，还要加强检查工作，以确保后续作业正确无误。

1. 像控点的目标选定

像控点要求选定在影像清晰、目标明显的点上，即野外实地位置和航摄像片上影像位置都可以明确辨认的点。

平面控制点一般应选定在线状地物的交点和地物拐点上，如道路交叉点、固定田角、场地角等；线状地物的交角或地物拐角应为 45°~120°。在地物稀少地区，也可选在线状地物端点，尖山顶和影像小于 0.3 mm 的点状地物中心。对于弧形地物、阴影、狭窄沟头、水系、高程急剧变化的陡坡，以及航摄后有可能变迁的地物，均不应选作控制点。

高程控制点应选定在高程变化不大的地方。这样，内业在模型上量测高程时，即使量测位置不准，对高程精度的影响也不会太大。因此，高程控制点一般应选定在地势平缓的线状地物的交会处，如场地角；在明显目标较少的地区，高程控制点可以选定在平山顶、鞍部或其他能够保证高程量测精度的地方。

▶ 摄 影 测 量 学

森林地区由于选定目标比较困难，一般可选定在没有阴影遮盖的树根上或高大突出、能准确判断的树冠上。在疏林地区，可选矮小灌木丛，也可以选定准确判别树干底部的独立小树；荒山地区，可选定裸露或半裸露岩石。当控制点选在树冠上或刺点位置上有植被覆盖，且像片上看不清地面影像，应量注植被高度至分米。若航摄时间距测图时间较长，植被增长较大，还应调查注记摄影时的植被高度。

在目标难以保证室内判点精度的地区，航摄前应铺设地面标志。

野外控制点的目标选定是成图中的一个关键问题，工作要认真仔细，要反复查看地面目标和对照像片目标影像，经过反复比较选出符合要求的明显目标；当像控点的最佳位置和理想目标不能兼顾时，通常以选定理想目标为主。

2. 像控点的刺点

在选定像控点后，要在航摄像片上准确地标示出其像控点的具体位置，目前仍采用在像片上刺点的方法。

像片刺点精度是保证摄影测量加密等数学精度的最重要的环节，特别是在大比例尺摄影测量的情况下，像片比例尺小于成图比例尺较多时，更为重要。随着区域网平差的应用，野外像控点的数量将会大大减少，相应地，对外业控制点的精度要求则越来越高；同时，这项工作缺乏严格的检核条件，往往在加密计算时才能发现刺点的正确与否。因此，这项工作必须做到判准、刺准。在实地多找旁证，将像片影像与实际地物形状仔细对照辨认，证实无误后方可进行刺点。

刺点目标在像片上的影像轮廓必须清晰，几何形状必须规整，单靠目视观察很难达到精度要求，平地需用放大镜，山地需用立体镜对像片进行实地辨认和刺孔。严禁远距离估计刺点、回忆刺点以及回驻地后再画略图等。

刺点常用的方法是用刺点针在像片控制点的影像点位上刺一个小孔，小孔中心表示像控点在像片的精确位置。像控点在像片上的刺孔不得超过 0.1 mm，并且要刺穿透亮，不允许有双孔出现。

对于每个像控点，一般只需在一张像片上刺孔；所以，应在相邻两航线的所有相邻像片中，选出像控点附近影像最清晰的一张像片进行刺点。

刺点工作由一人在现场完成后，必须再由另一人到现场检查，刺点者和检查者均需签名负责，并标注日期。

3. 像控点的整饰

像控点的选刺工作完成后，需对像控点进行编号，同时对该像片进行整饰，并加以说明。这样带有正确野外控制测量信息的像片称为像控片，是外业工作提交给内业的必须成果资料之一。

1) 控制点的编号

野外控制点连同测定这些点所做的过渡控制点，均要进行统一编号。编号原则如下：编号最好在航线内按从左到右、航线间按从上到下的顺序顺次进行编号，这样便于在工作中查找点位。同一测区内的像控点不得重号,以免发生混淆。

2) 像控片的整饰和注记

(1) 像控片的正面,三角点、埋石点、平高点或平面点,以边长或直径为 7 mm 的红色三角形、正方形或圆形进行整饰;水准点或高程点的刺点片以直径为 7 mm 的绿色或蓝色圆形进行整饰,水准点在圆内加绘不相交的斜十字线。点名、点号及高程用红色分式注记,分子为点名或点号,分母为高程。平面点因无高程,可在分母处加一横线,如图 10-4 所示。

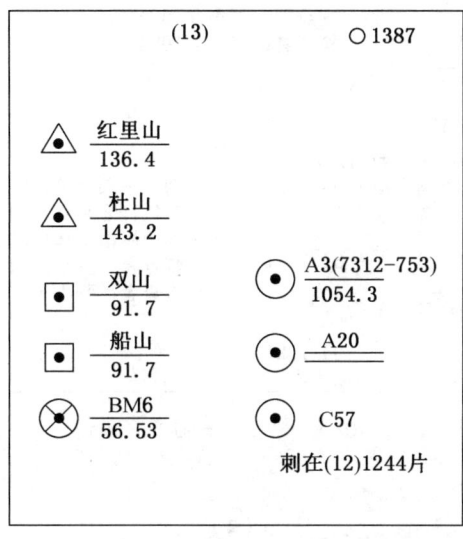

图 10-4　像控点正面整饰示例

(2) 像控片的反面,用铅笔在刺孔处以相应的符号标出点位,注上点名或点号,在现场详细绘制局部放大的点位略图,简要说明刺点位置和比高、刺点者、检查者或对刺者、签名和刺点日期。文字说明应简练、确切,点位图、说明、刺孔三者应一致。像控片仅整饰刺点片,反面不需注出刺点的高程,但必须对所有刺点注上刺点说明,如图 10-5 所示。图 10-6 为局部放大的点位略图。

(二) **像控点联测**

像控点联测就是用野外控制测量方法,测定像控点所对应的地面点的物方坐标。像控点平面坐标的测定,可以选定 GPS 测量或全站仪测量方法;像控点高程的测定,可以根据地形条件,采用几何水准测高或三角高程测量方法,也可以采用 GPS 方法。

1. 像控点测量精度应符合的规定

(1) 像片控制平面点和平高点相对于附近国家等级三角点、GPS 点和高级地形控制点的平面位置中误差不超过图上 0.1 mm。

(2) 像片高程控制点相对于附近水准点或联测过水准的三角点、GPS 点的高程中误差,平地、丘陵地、山地均不超过 1/10 基本等高距。

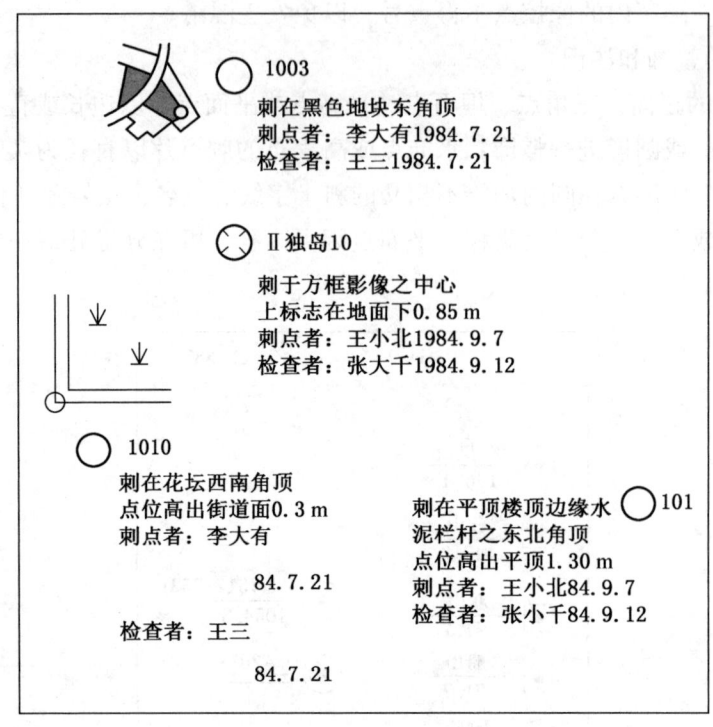

图 10-5 像控点背面整饰示例

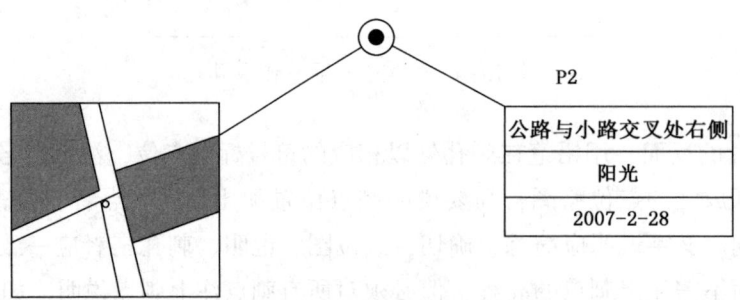

图 10-6 局部放大的点位略图

2. GPS 像片联测法具有的优势

(1) GPS 像片联测法不受地形条件的限制，不要求点间通视。

(2) GPS 像片联测法可跨等级布设。对于大比例尺成图而言，常规方法的作业程序是：进行基础等级控制测量、像片刺点、确定联测方案、像控点联测、加密计算、制作 DEM 等，作业工序环环相扣，不可颠倒。当利用 GPS 像片联测法时，可直接用测区内或测区外的国家等级控制点作为起算点，布设像控级 GPS 网，测得像控点坐标，即可进行加密计算、成图等，可将基础等级控制安排在作业过程中任何时间进行，作业工序较为灵活，并且对国家控制点距测区较远或不需要基础等级控制的测区来说，将节约大量的人力、物力和财力。

（3）GPS 像片联测法的精度良好。常规方法联测像控点的精度受基础等级控制点的精度、作业员的素质、地形、气象等因素的影响，且各点情形各异，GPS 作业过程自动化，少有人为因素的影响，量测成果可靠，精度高。

（4）GPS 像片联测法可不区分平高点和高程点，同时获得像控点的平面坐标和高程。

（三）控制点接边

控制测量结束后，要对成果资料进行认真整理，控制测量成果整理完成后，应及时与相邻图幅或区域进行控制接边。

（1）邻幅或邻区所测的像控点，如果作为本幅或本区公用，则应检查这些点是否满足本幅或本区的各项要求；如果符合要求，则将这些控制点转刺到本幅或本区的控制像片上，同时将成果转抄到计算手簿和图历表中。同样，如果按任务分配，本幅或本区所测的控制点应提供给邻幅或邻区使用，亦按同样的方法和程序进行转刺和转抄。

（2）自由图边的像控点，应利用调绘余片进行转刺并整饰，同时将坐标和高程等数据抄在像片背面，作为自由图边的专用资料上交。

（3）接边时应着重检查图边上或区域边上是否因布点不慎产生控制裂缝，以便补救。

所有观测手簿、测量计算手簿、控制像片、自由图边及接边情况，都必须经过自我检查，上级部门检查验收，经修改或补测合格，确保无误后方可上交。

（四）野外像片控制测量应上交的成果

（1）控制像片：像控点的点位和点数符合布点方案，刺点无误，正反面整饰符合要求。

（2）观测手簿：水平角观测手簿、垂直角观测手簿、GPS 观测手簿、水准测量手簿等。

（3）计算手簿：控制点点位联测略图、起算点成果、坐标换带、坐标计算、高程计算等。

（4）成果表：像控点坐标平差成果表、高程平差成果表等。

任务三　像片的判读和调绘

【任务目标】

（1）掌握像片判读和像片调绘的概念。
（2）了解像片判读标志和目视判读的过程。
（3）了解综合取舍的定义和原则。

【任务描述】

航摄像片以影像的表现形式提供了丰富的地面信息，对像片影像进行分析判断，确认影像所表示的地面物体的属性、特征，识别辨认出像片影像所代表的地物，并按照规定的

▶ 摄影测量学

图式符号和注记方式表示在航摄像片上，为测制地形图或为其他专业部门提供必要的地形要素。

【任务知识】

一、像片判读

航摄像片以影像的表现形式提供了丰富的地面信息，根据像片所显示的各种规律，借助相应的仪器设备及有关资料，采用一定的方法对像片影像进行分析判断，从而确认影像所表示的地面物体的属性、特征，为测制地形图或为其他专业部门提供必要的地形要素，这一作业过程称为像片的判读或像片解译。

像片判读是进行像片控制和像片调绘的基础，即进行这些工作，首先应掌握根据影像对相应地物进行辨认的能力。因此，影像判读是进行像片控制选点和像片调绘工作的一项基本技术。

（一）像片判读的分类

1. 根据判读的目的分类

根据判读目的不同，像片判读分为地形判读和专业判读。

（1）地形判读主要是指航空摄影测量在测制地形图过程中所进行的判读，目的是通过像片影像获取地形测图所需的各类地形要素。

（2）专业判读是为解决某些部门专业需要所进行的带有选择性的判读，目的是通过像片判读获取本专业所需要的各类要素。

2. 根据判读的方法分类

根据判读方法不同，像片判读可分为目视判读和电子计算机判读。

1）目视判读

目视判读是指判读人员主要依靠自身的知识和经验及所掌握的其他资料与观察设备，在室内或室外与实地对照去识别像片影像的过程。目视判读可进一步分为野外判读与室内判读。

（1）野外判读。野外判读是把像片带到所摄地区，主要根据实地地形的分布状况和各种特征，与像片影像对照进行识别的方法。其优点是判读简单，易于掌握，判读效果稳定可靠。但其缺点是野外工作量大，效率低。在目前的条件下，野外判读在生产中仍占据着重要的地位。

（2）室内判读。室内判读主要是根据物体在像片上的成像规律和可供判读的各种影像特征，以及可能收集到的各种信息资料，采用平面、立体观察和影像放大、图像处理等技术，并与野外调绘的"典型样片"比较，运用推理分析等方法，脱离实地所进行的判读。其优点是能充分利用像片影像信息，发挥已有的各种判读图件资料、仪器设备的作用，减少野外工作量，改善工作环境，提高工作效率。但其缺点是对判读人员自身的综合素质要求较高，目前判读的准确率有待提高。因此，将野外判读与室内判读有机结合起来，称为室内外综合判读法。

2) 电子计算机判读

电子计算机判读是借助计算机对图形和影像进行处理、分析和理解，以识别各种模式的目标和对象的技术。即根据识别对象的某些特征，对识别对象进行自动分类和判定。显然，电子计算机判读也是室内判读。

(二) 像片判读的方法

像片判读一般遵循从全面到局部、从大到小、从已知到未知、从易到难、循序渐进的原则。按照分析推理的观点，一般有以下几种像片判读方法。

(1) 直接判读法：依据判读标志，直接识别地物属性。

(2) 对比分析法：与该地区已知的资料对比，或与实地对比而识别地物属性；或通过对遥感图像不同波段、不同时相的对比分析，识别地物的性质和发展变化规律。

(3) 逻辑推理法：根据地学规律，分析地物之间的内在必然分布规律，由某种地物推断出另一种地物的存在及属性。如由植被类型可推断出土壤的类型，根据建筑密度可判断人口规模等。

(4) 信息复合法：利用透明专题图或透明地形图与遥感图像复合，根据专题图或者地形图提供的多种辅助信息，识别遥感图像上目标地物的方法。

(5) 地理相关分析法：根据地理环境中各种地理要素之间相互依存、相互制约的关系，借助专业知识，分析推断某种地理要素性质、类型、状况与分布的方法。

(6) 历史比较法：这是做动态研究时所采用的最好办法。即不同时期拍摄的影像，如研究滑坡、土体的厚度、滑坡速度、方向等。

(三) 像片的判读特征

影像与相应目标在形状、大小、色调、阴影、纹理、布局等特征方面有着密切的关系，人们根据这些特征去识别目标和解译某种现象，这些特征被称为判读特征。

1. 形状特征

形状是指物体外轮廓所包围的空间形态。地物在像片上的形状受空间分辨率、比例尺、投影性质等的影响。

(1) 由于航摄像片倾角较小，在平地不突出于地面的物体，如运动场、田块等在像片上影像的形状与实际地物的形状基本相似。

(2) 物体位于倾斜坡面上，如山坡上的地物，由于投影差的影响，使面向主点的倾斜面及其地物被拉长；而背向主点的倾斜面及其地物被压短。突出地面且又有一定空间高度的物体，如烟囱、水塔等，由于投影差的影响，其构像形状随地物在像片上所处的位置而变化。

(3) 当像片比例尺较小时，某些地物的构像形状变得比较简单，甚至消失。

(4) 同一地物在相邻像片上的构像由于投影差的大小、方向不同，其形状也不相同。

2. 大小特征

大小特征是指地物在像片上构像所表现出的轮廓尺寸。地物影像的大小取决于比例尺，根据比例尺可以计算影像上的地物在实地的大小。地物影像的大小除受目标大小的影响外，还受像片倾斜、地形起伏及亮度的影响。例如，在航摄像片上，平坦地区的地物，与其相应构像之间，由于像片倾角较小，基本上可以认为它们之间存在着大致统一的比例关系，即实地比较大的物体在像片上的构像仍然较大。但同样大小的地物，高处的地物比低处的地物在像片上的构像要大。

3. 阴影特征

高出地面的物体在阳光照射下进行摄影时，在像片上会形成三部分影像：受阳光直接照射的部分，由其自身的色调形成的影像；未受阳光直接照射，但有较强的散射光照射所形成的影像称为本影；由于建筑物的遮挡，未被阳光直接照射，而只有微弱散射光照射，在建筑物背后地面上所形成的阴暗区，即建筑物的影子，称为阴影或落影。

像片判读时阴影反映了地物的侧面形状，阴影和本影有助于增强立体感，对突出于地面的物体有重要的判读意义。特别是对于俯视面积较小而空间高度较大的独立地物，例如烟囱、水塔等，仅根据它们顶部的构像形状很难识别，而利用阴影进行判读则十分容易，而且可以确定其准确位置。阴影的存在对陡坎、陡崖的边线判读也很有利。

利用阴影特征进行判读时，一般情况下不能以阴影的大小作为判定地物大小或高低的标准。因为物体阴影的大小不仅与物体自身形状、大小有关，同时还与阳光照射的角度和地面坡度有关，阳光入射角大则阴影较小，反之阴影较大。在其他条件相同的情况下，地面坡度越大，阴影越大，反之，阴影较小。

4. 色调特征

色调是指影像上黑白深浅的程度。一般情况下，不同地物因其本身的波谱特性在像片上形成不同的色调。在可见光范围内，当物体本身为深色调时，在像片上的影像色调仍然为深色调；当物体本身为浅色调时，其影像则为浅色调。因此，判读人员使用同一地区同时间获取的像片，相对来讲，色调是可以比较的。色调的深浅用灰度来表示。为了判读时有一个统一的描述尺度，航空像片的色调一般分为 10 个灰阶，即白、灰白、淡灰、浅灰、灰、暗灰、深灰、淡黑、浅黑、黑。

影响地物影像色调的因素有以下 5 个方面：

（1）物体表面的照度。地物表面照度就是指其表面受光量的多少。一般情况下，阳光与地面受光面的角度越大、受光面越亮，其影像色调越浅；若为直角照射，色调发白。反之，受光量越小，色调越暗；当物体表面已经无阳光直接照射，而只有散射光时，色调就更深。

（2）物体的亮度。越明亮的物体在像片上的构像色调越浅。景物中所有物体的亮度取决于它们所受的照度和对光的反射能力。

（3）地物的含水量。对于同样的物体，由于含水量的不同，其影像色调也不相同。

（4）摄影季节。不同地区的植被景观随着季节的变迁，会有明显的变化，其影像色调会有所不同。

（5）地物表面粗糙度。物体表面的情况决定着光的反射性质：平滑的表面反射光线的方向性很强，主要产生镜面反射，其影像色调与摄影机所处的位置和所接受的反射光线多少有关；粗糙的表面则产生漫反射，此时地物在像片上构像的色调与摄影机镜头位置无关，主要取决于地物自身的亮度系数。

另外，水域在像片上构像的色调情况比较复杂，其色调特征不仅与水的深浅、水底物质性质有关，还与摄影机与水面的相对位置有关，也与水中悬浮物的性质、悬浮物多少与颗粒大小有关，与水面有无波浪、水面是否生长水生植物有关。

5. 颜色特征

颜色指彩色图像上的色别和色阶，用彩色摄影方法获得真彩色影像，地物颜色与天然彩色一致；用光学合成方法获得的假彩色影像，根据需要可以突出某些地物，更便于识别特定目标。在彩色像片上各种不同物体反射不同波长的能量（地物波谱特性），地物影像以不同颜色反映物体特征；不但可以利用彩色色调进行判读，而且可以从不同颜色区分地物。

6. 纹理特征

细小的地物，如一根草、一株棉、一棵树在航摄像片上很难成像或即使成像也没有明显的形状可供判读；但成片分布的细小地物在像片上成像可以造成有规律的重复，使影像在平滑程度、颗粒大小、色调深浅、花纹变化等方面表示出明显的规律，这就是纹理特征。纹理特征是地物成群分布时的形状、大小、性质、阴影、分布密度等因素的综合体现；因此，每一种地物都有自己独特的纹理特征。

7. 图案结构特征

如果说纹理特征是指地物成群分布时无规律地聚集所表现出的群体特征，那么地物有规律的分布所表现出的群体特征就是图案结构特征。例如经济林和树林都是由众多的树木组成的，但它们的空间排列、形状都有明显区别：天然生长的树林其分布状况是自然选择的结果，而人工栽种的经济林则是经过人工规划的，其行距、株距都有一定的尺寸。有经验的农艺师甚至可以根据图案结构的微小差异区分各种经济林的性质。

8. 相关位置特征

一种地物的产生、存在和发展总是和其他某些地物互相联系、互相依存的，地物之间的这种相关性质称为相关特征。相关位置特征或位置布局特征，是地物的环境位置、空间位置配置关系在像片上的反映。以此为基础进行推理分析，可以解释一些难于判读的影像。例如学校离不开操场；灰窑和采石场的存在说明是石灰岩地区；铁路、公路与河流、沟谷交叉处一般都会有桥涵；沙漠中有几条小路通向某一交点，一般在这个交点处都会有水源。

9. 活动特征

活动特征是指判读目标的活动所形成的征候在像片上的反映。工厂生产时烟囱的排烟、大河流中船舶行驶时的浪花、坦克在地面活动后留下的履带痕迹等都是目标活动的征候，是判读的重要依据。

对地物进行判读不可能只用一种特征，只有根据实际情况运用上述各种判读特征才能取得较为满意的判读效果。

（四）目视判读的步骤

1. 目视解译准备工作阶段

（1）了解影像的辅助信息：熟悉获取影像的平台、遥感器、成像方式、成像日期、季节、所包括的地区范围、影像的比例尺、空间分辨率、彩色合成方案等，了解可解译的程度。

（2）分析已知专业资料：目视解译的最基本方法是从"已知"到"未知"，所谓"已知"就是已有相关资料或解译者已掌握的地面实况，将这些地面实况资料与影像对应分析，以确认二者之间的关系。

2. 初步解译与判读区的野外考察

（1）建立解译标志：根据影像特征，即形状、大小、阴影、色调、颜色、纹理、图案、位置和布局建立起影像和实地目标物之间的对应关系。

（2）预解译：运用相关分析方法，根据解译标志对影像进行解译，勾绘类型界线，标注地物类别，形成预解译图。

（3）地面实况调查：在室内预解译的图件不可避免地存在错误或者难以确定的类型，就需要野外实地调查与验证，包括地面路线勘察，采集样品（例如岩石标本、植被样方、土壤剖面、水质分析等），着重解决未知地区的解译成果是否正确。

3. 室内详细判读

根据野外实地调查结果，修正预解译图中的错误，确定未知类型，细化预解译图，形成正式的解译原图。

4. 野外验证与补判

野外验证：检验专题解译中图斑的内容是否正确，检验解译标志。疑难问题的补判：对室内判读中遗留的疑难问题的再次解译。

5. 目视解译成果的转绘与制图

将解译原图上的类型界线转绘到地理底图上，根据需要，可以对各种类型着色，进行图面整饰以形成正式的专题地图。

二、像片调绘

（一）像片调绘的概念

像片调绘是根据地物在像片上的构像规律，在室内或野外对像片进行判读调查，识别影像的实质内容，并将影像显示的信息按照用图的需要经综合取舍后，用图式规定的符号在像片上表示出来，制作能够表示测区地面地理要素的调绘片。

调绘片是摄影测量内业测制地形图、建立地物与地貌、标定注记内容的依据和来源。调绘内容的准确性、影像信息综合取舍的恰当程度，将直接影响到图上地形要素的表示精度和正确性。

1. 像片调绘的方法

像片调绘的方法有全野外调绘法和综合判调法。

（1）全野外调绘法：对像片上所摄取的地物地貌，根据其构像特征经实地对照判读，按地形图图式的规定描绘在像片上，并加上注记内容。这种调绘方法的主要作业均在野外实地进行。

（2）综合判调法：先在室内采用一定的手段，如立体镜下的立体观察、影像识别等，判绘影像显示的地理要素，然后对于室内判绘有疑问的或者无法判绘的内容，再到实地检查和补调。综合判读法是室内判绘和野外补调相结合的调绘方法。

近年来，随着数字摄影测量设备的广泛应用，利用数字摄影测量成果正射影像图可视化的优点，常常对大比例尺正射影像图套合、叠加数字线划图后，再进行调绘。这样做，不但可以检查内业线划图的精度，还可以在图面上直观地发现差、错、漏的地方，有重点、有选定地进行补调和修错，使得航测法成图只需要内业立体测图，再经外业定性修测、检测就能完成影像数字化测图，缩短成图周期，极大地提高工作效率。

2. 像片调绘的原则

（1）准确性：位置准确、轮廓准确、性质准确、等级准确、方向准确、名称准确、新增地物补测准确；作业中判读准确、调查准确、量测准确；描绘准确。

（2）完整性：测区资料要完整；地形图内容要完整，不应有遗漏。

（3）统一性：采用图式版本要统一；全测区统一符号的表示要统一；说明注记要统一；还要注意调绘片和控制点布点相一致。

（4）合理性：综合取舍的尺度与成图比例尺相适应；各种地物关系处理恰当、主次分明、取舍得当。

（5）清晰性：图面整饰清晰，符号避让正确，字迹清晰，注记指向明确。

3. 像片调绘的要求

具体地形图上需要表示的地物地貌的类别、性质以及在像片上的位置，均需要通过调绘进行确定；采用现行国家标准的图式符号和文字注记表示调绘内容；凡测图范围内未能准确清楚反映的地物，或航摄后新增加的地物，应在调绘片上圈出范围，并注明"新增"，以安排补测；合理选定调绘路线，节省时间，不漏调。

用于调绘的像片应该选定影像清晰，反差适中且像片比例尺大于成图比例尺的像片。

调绘用的像片通常采用隔号像片，调绘范围应根据测图范围来确定。作业时除线性地物外，一般按像片顺序逐片调绘完成。

各张像片划分的调绘范围要保证测区调绘面积不出现漏洞和重叠。划分调绘面积的界线应选在航向重叠和旁向重叠中线附近，偏离像片边缘 1 cm 以上，界线应尽量避免分割居民地和重要地物，界线统一规定右、下边界为直线，左、上边界为曲线。调绘片的整饰如图 10-7 所示。

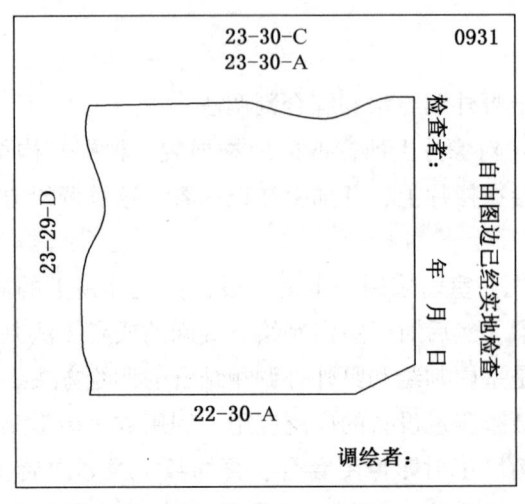

图 10-7　调绘片整饰示例

4. 像片调绘的内容

（1）居民地：房屋的外部轮廓，建筑结构、性质和楼层，居民地名称。对在建或已拆的房屋，应按其基础用虚线绘出轮廓，注明"建"或"拆"。

（2）管线：管道、电力线、通信线的位置和走向应准确表示。

（3）道路：铁路、公路（路面的铺设材料，宽度），城市、林区、居民地的道路；渡口；路上的桥、隧、涵洞建筑物。

（4）河流、湖泊、水库、池塘、沟渠的水涯线。

（5）农田、植被等各种地类界，行政区域分界线。

（6）密林、灌木丛区的沟底、交叉口、山凹、鞍部、地形变化处的树高。

（7）方位物：地面上易识别且能准确判定方向和位置的地物，如烟囱、塔、独立树、水井、纪念碑。

将调绘结果按标准图式要求清绘在航片上。新建地物以红色线条标示，已有地物以黑色线条标示。在航片的背面右下角注明调绘者调绘日期、使用航片的编号。

调绘片将作为外业成果提交给内业。所以，像片调绘应判读准确，描绘清晰正确，综合取舍合理恰当，图式符号运用正确，各种注记准确无误。

（二）调绘的综合取舍

地面上的地物很多，要将全部地物都表示在缩小千倍、万倍甚至几十万倍的图纸上是不可能的。因为在这种情况下，许多地物都要扩大以后才能在图面上表现出来，加上图面的各种注记也要占据一定的面积,这样就会造成表示内容所需要的图幅面积超出了图幅的承受能力,也就是说地形图在表示地面物体时不能超出图面的信息承受能力,必须对地面物体进行有选择的表示。

1. 综合取舍的概念

所谓综合,就是根据一定的原则,在保持地物原有的性质、结构、密度和分布状况等主要特征的情况下,对某些地物分不同情况,进行形状和数量上的概括。所谓取舍,就是根据测制地形图的需要,在进行调绘的过程中,选取某些地物、地貌元素进行表示,而舍去另一些地物、地貌元素不表示。因此,综合取舍的过程就是不断对地面物体进行选择和概括的过程。综合取舍的目的就是用合理的表示方法,使地形图描述的地表状况,具有主次分明的特点,保证重要地物的准确描绘和突出显示,反映地区的真实形态,从而使地形图更有效地为国民经济建设服务。

2. 综合取舍的原则

综合取舍是调绘过程中比较复杂、比较难以掌握的一项技术。有的地物可以综合,如毗连成片的房屋、稻田、树木;有的地物又不能综合,如道路、河流、桥梁。同一地物在某种情况下可以综合,如房屋毗连成片;而在另一种情况下又不能综合,如房屋分散或整体排列;同一地物在有些地区应该表示,如小路在道路稀少的地区应尽量表示,而在另一地区则可舍去或者选择表示,如道路密集的地区。运用综合取舍进行调绘,应遵循以下原则:

(1) 根据地形元素在经济建设中的重要作用综合取舍。地形图主要服务于国民经济建设,因此地形图所表现的内容也应该服从这一主题。凡是在经济建设中有重要作用的地形元素,就是调绘时选择表示的主要对象。

(2) 根据地形元素分布的密度决定综合取舍。地形元素的作用是在一定条件下也有相对性。调绘时要根据地形元素分布的密度考虑综合取舍问题。一般情况是,某一类地物分布较多时,综合取舍的幅度可以大一些,即可适当多舍去一些质量较次的同类地物;反之,综合取舍幅度就应小一些,即尽量少舍去或进行较小的综合。

(3) 根据地区的特征决定综合取舍。在根据地形元素分布密度进行综合取舍的同时,又要注意反映实地地物分布的特征,否则就会使地形图表现的情况与实地不符,面貌失真,降低地形图的使用价值。

(4) 根据成图比例尺的大小决定综合取舍。成图比例尺大,图面的承受能力也越大,用图部门对图面表示内容的要求也越高,图面就应该而且有条件表示得详尽一些。因此,调绘中,综合取舍的幅度就应该小一些。反之,成图比例尺越小,综合取舍的幅度就可以大一些。

(5) 根据用图部门对地形图的不同要求决定综合取舍。不同专业部门对地形图所表示的内容及表示的详尽程度也有不同要求。调绘时可根据不同的要求决定综合取舍的内容和程度。

(三) 新增地物的补测

像片调绘除了应将像片影像显示的信息准确判读描绘出来外，对于影像没有显示，或者影像不够清晰而测图又需要表示的地物地貌要素，还需要按其形状位置补绘在调绘片上。这些要补绘的地物可能是摄影到调绘期间地面出现的新增地物，或者是由于比例尺过小而无法直接判读的较小地物，或者是被云影、阴影所遮盖而未成像的地物等。

将像片没有的或者成像不清晰的地物按像片比例尺缩小描绘在调绘片相应位置的工作称为新增地物的补测。

新增地物的补测可采用以明显地物点为起始点的交会法或截距法，应在调绘像片上明显标明补调的地物与明显地物点的相关距离。交会法是实地量测三个地物点到新增地物点的距离，并将量测值按比例缩小到像片上，交会出新增地物点在像片上的准确位置。截距法是沿线状地物在实地量测新增地物点到明显地物点间距的测定方法。

对于航摄后拆除的建筑物，应在调绘片上标注出边界范围，用红色的"×"划去，范围较大时应加以说明。

由于像片上没有新增地物的影像，补测时如果不注意就可能产生移动变形，不能满足成图精度的要求，因此，补测中还要注意以下问题：

（1）注意地物的中心位置：不依比例尺表示的独立地物都是以中心点为准，线状地物都是以中心线为准。

（2）注意地物的形状和大小：除垂直于南图廓线描绘的独立地物符号外，在外业测量其他地物时要特别注意地物的方向，因为描绘时方向不好控制，容易出错。

（3）注意地物的形状和大小：对于依比例尺表示的地物，补测时还要注意其形状和大小，否则会使地物变形失真。因此、补测地物时必须首先准确判定或测定地物外部轮廓的转折点，然后再补测其他地物点。补测线状地物，应注意转折点的准确位置。

（4）注意表示补测地物的附属建筑物：在补测地物时，对有的地物如公路、水渠，不但注意表示地物本身，而且要注意表示其附属建筑物和附属设施，否则不仅会造成地物遗漏，而且还会产生与周围地物不协调甚至矛盾的问题。

【项目习题】

1. 摄影测量外业工作的任务是什么？并简述它们的主要内容。
2. 像控点布设的一般原则是什么？其在像片上的分布位置有何要求？
3. 区域网平差加密时有哪些布点方案？
4. 什么叫像片刺点，像片刺点在航测成图过程中有什么作用？像片刺点应满足哪些要求？
5. 什么是像片判读？像片判读的特征有哪些？举例说明。
6. 野外像片判读的一般方法和注意事项是什么？
7. 像片调绘和像片判读有什么联系和区别？
8. 什么是综合取舍？综合取舍的原则是什么？

项目十一　倾斜摄影测量

传统航空摄影测量能够得到地面高程信息、地物地貌信息，对有明显轮廓的建筑物能提供较高的三维重建精度，是目前城市建筑物三维信息获取的手段之一，但传统航空摄影测量方式不能有效提供建筑物立面纹理信息，在建筑物密集区会有遮掩等问题。近年来发展迅速的倾斜摄影技术在获取顶面纹理的同时，其搭载的倾斜相机能够同时获得地物的侧面纹理，具备了传统的航摄相片和地面影像的双重优势，极大地降低了地表尤其是城市三维重建的成本，提升了三维重建的效率和三维重建效果。

任务一　倾斜摄影测量概述

【任务目标】
(1) 理解倾斜摄影测量定义。
(2) 了解倾斜摄影测量技术的特点。

【任务描述】
倾斜摄影测量是摄影测量的一个重要分支，主要用来进行三维建模，国内外已广泛开展倾斜摄影测量技术的应用，倾斜摄影建模数据也逐渐成为城市空间数据框架的重要内容，是智慧城市建设的地理信息框架。

【任务知识】

一、倾斜摄影测量发展及概念

（一）摄影测量按照摄影瞬间光轴的方向不同分类

摄影测量按照不同标准有不同分类，其中按照摄影瞬间光轴的方向不同分为以下 3 类：

(1) 竖直摄影：也称为垂直摄影，要求航摄机在曝光的瞬间物镜主光轴保持垂直于地面。实际上，由于飞机的稳定性和摄影操作的技能限制，航摄机主光轴在曝光时总会有微小的倾斜（图 11-1），按规定要求像片倾角应小于 2°~3°，这种摄影方式称为竖直摄影或垂直摄影。对于无人机而言，通常要求像片倾角小于 10°。以测绘地形图为目的的空中摄影多采用竖直摄影方式。

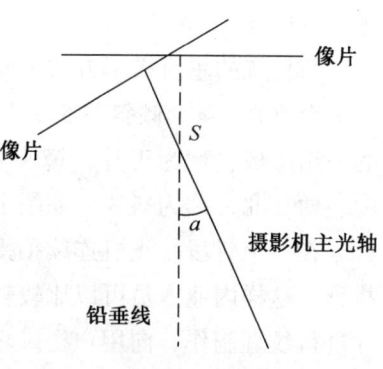

图 11-1　摄影瞬间光轴示意图

（2）水平摄影：有些特殊情况下，需要将摄影机主光轴方向接近水平方向进行摄影测量。被摄影物体主要位于竖直面内，如陡岩、墙面等，通常用于近景摄影测量中。

（3）倾斜摄影：摄影机主光轴方向与铅垂线夹角在0°~45°时的摄影，目的是获得更好的纹理效果。倾斜摄影是2000年后发展起来的一种摄影测量方法，目前主要用于生产三维实景模型。

（二）倾斜摄影测量的发展

近年来，随着CCD传感器、多相机、多镜头等技术的发展，倾斜摄影测量技术开始萌芽发展。20世纪90年代，研究学者就已经开始对倾斜摄影测量技术做深入研究，美国Pictometry公司被认为是世界上最早的研究倾斜摄影测量技术的公司。从摄影测量角度出发，徕卡公司2000年推出的ADS40二线阵相机获得的倾斜影像被认为是世界上较早被人们熟知的倾斜影像。解决了倾斜影像与其他数据源融合的问题，并且定义了倾斜影像空间参考后，倾斜影像开始应用于地震、工业事故等灾害事件。2008年倾斜摄影技术作为ISPRS的重要议题在摄影测量领域引起了广泛关注。Jurischetal调查了使用Pictometry影像创建城市模型的可行性，特别研究了使用倾斜影像进行建模和纹理映射的好处，并且针对Helsinki地区提出了一种基于正射、倾斜影像进行手动创建几何模型和纹理映射的方法。

我国测绘行业于2010年4月首次引进倾斜摄影测量技术，并且随着Smart3D、街景工厂等软件的推广，摄影测量技术进入快速发展阶段，利用计算机并行技术，短时间内完成一座城市三维数字建模不再是一个难题。在倾斜数据处理阶段，武汉天际航信息科技有限公司的DPModeler软件，可进行半自动建模、三维模型修饰和模型渲染等功能，在国内倾斜摄影测量行业得到广泛应用。

（三）倾斜摄影测量的概念

倾斜摄影测量技术是国际测绘遥感领域近几年发展起来的一项高新技术，它通过在同一飞行平台上搭载多台传感器，同时从多个不同的角度采集影像，通过摄影测量原理和计算机技术生成的数据成果直观反映地物的外观、位置、高度等属性，得到和现实完全一致的三维模型，从而将用户引入了符合人眼视觉的真实直观世界，为真实效果和测绘级精度提供保证。目前，三维建模在测绘行业、城市规划行业、旅游业甚至电商业等行业的应用越来越广泛。

与传统的垂直摄影方式不同，倾斜摄影一般在同一飞行平台上搭载5台传感器，同时从1个垂直、4个倾斜共5个不同的角度采集影像。垂直地面角度拍摄获取的是垂直向下的一组影像，称为正片，镜头朝向与地面成一定夹角拍摄获取的4组影像分别指向东、南、西、北，称为斜片，如图11-2、图11-3所示。

在一个时段，飞机连续拍摄几组影像重叠的照片，同一地物最多能够在3张像片上被找到，这样内业人员可以比较轻松地进行建筑物结构分析，并且能选择最为清晰的一张照片进行纹理制作，向用户提供真实、直观的实景信息。影像数据不仅能够真实地反映地物情况，而且可通过先进的定位技术，嵌入地理信息、影像信息，获得更高的用户体验，极大地拓展遥感影像的应用范围。

图 11-2 多旋翼倾斜摄影示意图

图 11-3 固定翼倾斜摄影示意图

二、倾斜摄影测量技术的特点

倾斜摄影测量作为测绘领域的一门新兴技术，有以下特点：

（1）倾斜摄影测量获得的影像远多于垂直摄影测量。倾斜摄影测量系统一般搭载多个相机，而且航向重叠度和旁向重叠度都较垂直摄影测量有所提高，某一场景点可以从数十张影像中看到，倾斜影像数量是垂直摄影获得影像数量的十几倍。

（2）从不同视角获得的倾斜影像，会造成几何变形大、地面分辨率不一致、建筑物遮挡等问题，导致传统的摄影测量数据处理系统不再适用。

（3）倾斜影像不仅可以得到建筑物、构筑物的顶面纹理信息，还可以得到其侧面纹理信息，能提供较为丰富的空间信息和纹理信息，扫除垂直摄影测量影像中的盲点。

（4）倾斜航摄仪一般搭载在低空飞行器上，所以倾斜影像分辨率较高，一般在 5 cm

左右，甚至更小。

（5）通过影像外方位元素可测量影像中物体的高度、角度、坡度等信息，弥补了传统垂直影像在行业应用中的不足。

（6）倾斜摄影测量技术降低了三维建模的时间成本和劳动成本，可以促进数字城市的发展，促进城市信息化从二维信息到三维信息的转换。

（7）倾斜摄影测量能获得某个物体各个视角的影像，因此能提高传统航空摄影测量难以识别某物体的能力，如路灯、电线杆等。

（8）倾斜摄影测量技术借助无人机等飞行载体可以快速采集影像数据，实现全自动化的三维建模。通过实验发现，1~2年的中小型城市三维人工建模工作，借助倾斜摄影测量技术只需3~5个月就能完成。

任务二 无人机倾斜摄影测量系统

【任务目标】
(1) 掌握无人机倾斜摄影测量系统的组成，包括影像获取、影像处理和数据采集。
(2) 理解无人机倾斜摄影测量技术的优点和缺点，客观看待倾斜摄影测量技术。
(3) 认识无人倾斜摄影测量系统的软件和硬件，理解不同情况下选择不同软硬件的原因。

【任务描述】
以低空飞行的无人机为平台、搭载倾斜相机的摄影测量系统称为无人机倾斜摄影测量，是倾斜摄影测量的主要作业方式。无人机倾斜摄影技术的诞生，颠覆了传统测绘的作业方式，该技术通过无人机低空多位镜头摄影获取高清晰立体影像数据，自动生成三维地理信息模型，快速实现地理信息的获取，具有效率高、成本低、数据精确、操作灵活、侧面信息可用等特点，满足测绘行业的不同需求，极大地改善了测绘内、外业的协同工作，解决了天气等外因造成的工作延误，把原本大量的外业工作转变成内业工作，极大地解放了测绘人员的劳动时间，减少了外业劳动强度。

【任务知识】

一、无人机倾斜摄影测量系统组成

根据目前倾斜摄影测量的用途，无人机倾斜摄影测量系统由倾斜摄影系统、影像处理系统和数据采集系统组成。

（一）倾斜摄影系统

倾斜摄影系统主要包括航飞平台、摄影相机、飞行控制等部分。对于以测绘为目的的倾斜摄影系统，最重要的是航飞平台和摄影相机。

1. 航飞平台

1) 航飞平台的主要类型及特点

(1) 电动多旋翼无人机：以四、六旋翼和八旋翼无人机为主（图 11-4a），起飞重量一般小于 7 kg。多旋翼无人机的优点是起飞重量轻、对起降场地要求低、飞行速度可控（一般小于 10 m/s）、可低空飞行、操作维护相对简单等；缺点是续航时间短（15~30 min）、有效负载低（1~2 kg）。

(2) 轻型电动固定翼无人机：起飞重量一般为 5~10 kg，手抛、弹射起飞、滑降或伞降，如图 11-4b 所示。电动固定翼无人机的续航时间一般在 1 h 左右，但有效负载低（1 kg 左右），飞行速度快（20 m/s 左右）。

(3) 轻型垂直起降固定翼无人机：起飞重量一般小于 15 kg，如图 11-4c 所示。垂直起降固定翼无人机起飞重量较大，续航时间一般在 1~1.5 h；飞行速度快（20 m/s 左右）。

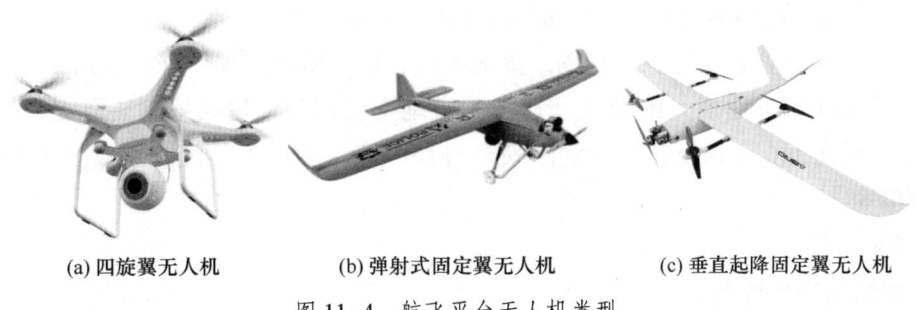

(a) 四旋翼无人机　　(b) 弹射式固定翼无人机　　(c) 垂直起降固定翼无人机

图 11-4　航飞平台无人机类型

2) 无人机的主要参数

对于倾斜摄影的无人机选择，主要考虑载荷、续航、自重、维修、运输、成本、经济效益、抗风等因素。

(1) 载荷：固定式五镜头重量一般在 1.5~2.5 kg，双相机三相位摆动式一般在 1.0~1.5 kg，因此选择无人机进行倾斜摄影，有效载荷应大于 1.5 kg。

(2) 旋翼数量：倾斜一般都在建筑物相对密集、人员活动相对较多的测区，故对飞机的安全性要求也很高。建议选择六旋翼或者八旋翼。

(3) 续航要求：目前多旋翼无人机一般续航时间在 30~50 min，有效作业续航时间在 20~40 min。如过度追求续航时间，就要增加电池，会导致机身自重加大，尺寸加大，对运输和安全也有影响，意义不大。因此提高单位时间飞行作业效率即可。

(4) 飞机自身重量：由于多旋翼无人机续航时间有限，为了利用其有效航程，合理设置起降点，飞机起飞重量一般控制在 10 kg 以内，最好在 7 kg 以内。

(5) 便携性：运输无人机一般采用运动型实用汽车或微型面包车，故要方便快速折叠或拆装，且考虑尽可能一辆车多载几架无人机。

(6) 飞行速度：原则上，为了减少相机曝光时因无人机运动产生的像点位移，曝光周期内快门速度越快越好，无人机的飞行速度越低越好。但一般相机快门速度不超过

1/2000 s，而为了保证作业效率，飞机速度也不能太慢。综合考虑，无人机最大飞行速度一般在 5~10 m/s。

油动或混合动力的固定翼无人机，虽然续航时间长，有效负载大，但飞机重，保养维护要求高；相对于多旋翼无人机，性价比低，且出事故后的危险性较高，并不适合以低空、低速、密集短航线为特点的倾斜摄影。

3）无人机的选择

（1）对于影像地面分辨率（GSD）在 2 cm/px 左右的倾斜摄影，只能使用多旋翼无人机，飞行高度 100~200 m，相机快门速度优于 1/1250 s。这样才能保证三维模型的精度在 5 cm 左右，满足航测项目对三维模型的精度要求，满足 1∶500 成图比例尺的精度要求。

（2）对于影像地面分辨率在 5 cm/px 左右的倾斜摄影，可使用电动或垂直起降固定翼无人机，飞行高度 300~500 m，相机快门速度优于 1/1600 s。这样三维模型的精度在 20 cm 左右，满足航测项目 1∶2000 成图比例尺的精度要求。

（3）大范围作业建模建议采用固定翼无人机，影像地面分辨率可以达到 2.5 cm 左右。

（4）小范围精细建模大比例尺（1∶500）地形图测量，建议采用旋翼无人机航飞建模，航高控制在 100 m 以下，飞行线路安全可控，镜头可选 1.2 亿像素或者 1.8 亿像素，地面分辨率可达 1.5 cm。

2. 摄影相机

1）相机类型与特点

摄影相机从专业类型上分为测量型相机和非测量型相机，镜头数量可以是单个镜头、两个镜头或五个镜头。DMC 类型的专业航测相机大多为中、长焦距，分辨率在 1 亿像素以上，价格较高，多在 30 万~100 万元，适用于 100 m 航高以上、大面积的竖直航摄。五镜头倾斜摄影相机，单个镜头分辨率大多为 2400 万像素，焦距较短，价格多在 10 万~20 万元，适用于无人机低空摄影。非测量型相机通常为微单（单反）类型，焦距 35 mm，分辨率达到 4000 万以上，价格 2 万元左右，可通过云台控制单镜头或两镜头摇摆模拟五镜头效果。

倾斜摄影可以采用单镜头、两镜头或五镜头，如图 11-5 所示，主要取决于成本费用和飞机类型。

 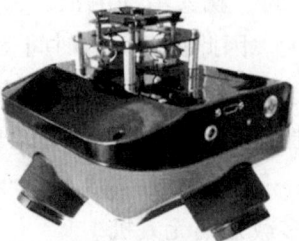 

(a) 摇摆式单镜头非测量相机　　(b) 双镜头倾斜相机　　(c) 五镜头倾斜相机

图 11-5　摄影相机类型

一台微单相机（含镜头）的重量通常在 0.5 kg 左右，一台单反相机（含镜头）的重量通常在 1 kg 以上，而一套五镜头相机的重量一般都超过 2 kg。因为对无人机来说，负载越大，续航时间越短。负载大，也需要使用更大的飞机，成本也越贵。

单镜头相机的重量相对较轻，倾斜摄影时选择的无人机种类多一些；相反五镜头相机的重量较大，选择的机型要少一些，成本也贵一些。

2）相机倾斜角度

倾斜相机的倾斜角度到底选多少，与倾斜相机的幅面、镜头焦距、传感器数量有关。从模型效果来说，只要相机的倾斜角度在 25°~45°，三维建模软件就可以较好地恢复模型的纹理。

目前，市场上多数五相机倾斜摄影系统的相机倾斜角度是 45°。即前视、后视、左视和右视均为 45°，下视 0°，少数几款倾斜摄影系统的前、后、左、右相机的倾斜角度在 35°左右。

双相机三相位摆动式倾斜摄影系统的相机倾斜角度一般在 30°，即左、右相机各倾斜 30°朝向两侧放置，前后摆动 30°左右。双相机三相位摆动式倾斜摄影系统在一个曝光周期（后视—下视—前视）内，可获取六张朝向不同的照片。

对于单个镜头的相机，采用五相位摆动，即下视—前视—右视—后视—左视顺时针方向摆动，由云台控制，每隔 1~1.2 s 摆动一次。快门可设为 1/1000~1/1250 s。

3）相机焦距

用于无人机倾斜摄影，一般使用微单（单反）固定焦距镜头，焦距一般在 30~50 mm，以减少和控制影像的变形。依据实际项目经验，倾斜摄影系统一般使用 35 mm 或 50 mm 焦距的镜头，不宜采用变焦镜头和超广角镜头。

焦距的选择原则：

（1）平坦地区：选择短焦距物镜，可以提高基高比，提高立体量测精度。

（2）山区摄影时最好选择稍长的焦距，减少摄影死角的影响，减少像片的数量，改善立体观测条件；同时也使得地形起伏引起的投影差最小。

（3）为了保证倾斜影像的 GSD，有些五相机倾斜摄影系统的下视相机和倾斜相机使用不同焦距的镜头组合，如下视相机使用 35 mm 焦距的镜头、倾斜相机使用 50 mm 焦距的镜头。

（4）在像元尺寸和影像 GSD 不变的情况下，飞机的航高随着镜头焦距的增加而增大。为了保证飞行安全和每张像片都有足够的成像范围，飞机距飞行区域内最高点（建筑物、树木、山顶等）的相对高度不少于 50 m，如建筑物高度超过 100 m，为保障飞行安全的影像地面 GSD，应使用较长焦距的镜头。

4）快门速度

对倾斜摄影而言，相机快门速度的快慢主要影响像点位移的大小。由于无人机倾斜摄影系统一般不具备像移补偿装置，故无人机飞行速度越快，快门速度越低。影像的位移值越大，影像的清晰度就会降低，三维模型建模的精度就越不好。

故为了保证影像的清晰度，需要将像点位移值限制在一定范围内。

$$像点位移值=飞行速度×曝光时间$$

从上述公式可知，飞行速度越快、曝光时间越长（快门速度越低），像点位移量越大。要减少像点位移值，就要降低飞行速度、缩短曝光时间（提高快门速度）。

因此仅就减少像点位移值而言，无人机的飞行速度越低越好，相机的快门速度越快越好，这样影像清晰度越高，后期三维模型的精细程度也越好。但为了保证一定的飞行效率和曝光量，就需要在飞行速度和快门速度间找到一个平衡点。

依据实际项目经验，为了保证模型效果，需注意以下三点：

（1）像点位移值的限差应小于影像地面分辨率的 25%。

（2）为了控制像点位移量，一般无人机快门速度不低于 1/1200 s。

（3）倾斜摄影尽量在光照度较好的情况下进行，如时间在 10—14 点，薄云晴天等。

5）连续曝光周期

连续曝光周期是指倾斜摄影系统可以连续曝光的最短时间间隔。

由于倾斜摄影的航向重叠度一般要达到 80%，航向相邻曝光点的间距较小，曝光时间间隔较短，这就要求倾斜摄影系统必须具备长时间连续快速曝光的能力。

就高档消费级相机而言，其连续曝光的周期一般都小于 1 s，基本满足倾斜摄影系统对连续曝光周期的需求。

目前部分使用微单或单反相机重新进行改装的倾斜摄影系统，为了减轻重量和简化操作，对相机结构进行了减重改装，并采取了集中数据存储的模式。系统的最小曝光周期（连续曝光周期）有所延长，在进行高分辨率倾斜摄影时难以保证航向重叠度 80% 的要求。

3. 飞行控制

飞行控制系统是地面与无人机之间的通信系统，实时传送无人机和遥感设备的状态参数，实现对无人机航测系统的实时控制，供地面人员掌握无人机和遥感设备信息，并储存所有指令信息便于随时调用复查。通信系统主要由计算机、电台、天线、操控器、电池及飞控软件等组成，如图 11-6 所示。随着科学技术的进步和无人机技术的完善，地面飞行控制系统设计得越来越简单、方便，一些无人机地面站可以用智能手机或平板电脑来代替计算机作业。

考虑到作业不同地形的实际需要，建议通信距离不小于 5000 m 为宜。

（二）影像处理系统

无人机飞行作业完成后获取的任务荷载原始影像数据和 POS 数据（飞机姿态数据）想要转化成我们所需要的数据产品，就需要经过影像处理系统后才能得到。影像处理系统生产的测量数据产品包括密集点云数据、DOM、DSM、实景三维模型等。

目前，用得最多最广的国外倾斜摄影测量三维建模影像处理软件是美国 Bentley 公司

图 11-6 地面与无人机通信设备

的 ContexCapure，其次是瑞士 PX4D 公司的 Pix4Dmapper，俄罗斯 Agisoft 公司的 Metashape，德国的 Inpho，以色列 Skyline 公司的 PhotoMesh 等。其中 Pix4Dmapper、Metashape、Inpho 多用于正射模型和地表模型处理，ContexCapure 和 PhotoMesh 多用于三维模型处理，三维模型成果也可得出正射模型和地表模型。

国内的影像处理软件有中国工程院院士张祖勋提出并指导研制出的新一代数字摄影测量网格处理系统 DPGrid，上海畅景开发的 Smart 3D 实景三维建模软件，深圳大疆创新科技有限公司推出的大疆智图。此外，还有武汉立得空间信息技术股份有限公司的 Leador AMMS、武汉天际航信息科技有限公司的 DP Modler、武汉航天远景公司的 Virtuoso3D、香港科技大学的 Altizure 等一批建模软件。

（三）数据采集系统

传统的垂直摄影测量测绘地形图是采用地面立体测量方法，在专用计算机上通过软件对立体像对进行要素采集，获得我们所需要的地形图。这种作业方法对作业员的业务素质要求相对较高，而且长期佩戴立体眼镜对视力损害较大。如图 11-7 所示。

图 11-7 传统的立体像对测图

▶摄影测量学

无人机航测与传统测绘技术的改革在于测量方式的不同。进行无人机航测无须再进行人力现场实地测量，而是通过使用数据采集软件在无人机倾斜摄影数据三维建模成果上直接进行测量，其作业过程就像全站仪或 GNSS 全野外数字测图过程一样。这种作业方法不需要专用计算机，也不需要佩戴立体眼镜，是目前生产地形图的新的方法。目前这种方法广泛应用于房地一体、地形地貌、道路交通、城乡规划、灾害防治等生产项目中。在三维模型立体数据采集方面，由于我国地形图的生产标准与欧美不同，我国自行研制的三维模型立体数据采集软件主要有：

（1）北京三维科技股份有限公司基于 EPS 地理信息工作站研发的倾斜摄影三维测图（图 11-8）。

（2）广州南方测绘公司基于 CASS 采集平台开发的 CASS 3D 倾斜摄影三维测图。

（3）武汉天际航信息科技有限公司开发的 DPMapper 倾斜摄影三维测图。

（4）武汉航天远景公司开发的 MapMatrix3D 倾斜摄影三维测图。

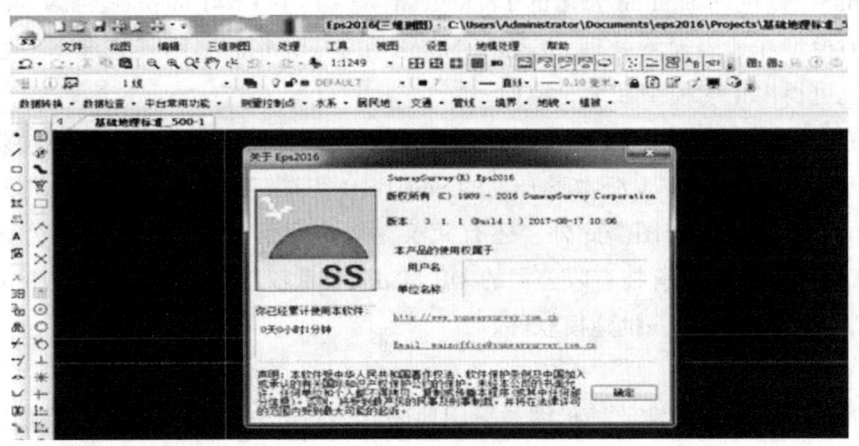

图 11-8　北京三维 EPS 测图软件界面

为了推动国产无人机技术的研究和应用，2014 年 6 月，国家测绘地理信息局经济技术科学研究所、辽宁省地理信息院、国家测绘地理信息局第一航测遥感院、国家测绘地理信息局第二航测遥感院、国家测绘地理信息局第三航测遥感院、北京红鹏天绘科技有限责任公司、四维数创（北京）科技有限公司、武汉天际航信息科技有限公司、北京超图软件股份有限公司、武汉立得空间信息技术股份有限公司作为发起单位在北京成立了倾斜摄影技术联盟，并在现场举行了签字仪式，会后又召开了联盟的第一次筹备会议。该联盟将致力于打造和完善倾斜摄影三维建模生态产业链，促进产业的良性发展，实现多方的合作共赢。

二、倾斜摄影数据文件

每个架次飞行结束后，工作人员应及时导出相机存储卡中的数据文件，并按一定的格式要求保存到计算机硬盘中。

（1）影像数据文件。影像数据文件是无人机摄影的结果文件，数量多，内存占用量大。对于测量型相机而言，像片曝光瞬间的位置数据自动记录在像片中（带 RTK 功能）。图 11-9 显示的是某像片属性结构中存储的像片曝光瞬间的位置（经纬度格式）。

（2）POS（Positioning and Orientation System）文件。对于具有惯导的无人机摄影系统，同时还生成一个与像片号对应的 POS 文件。该文件不仅记录了像片曝光瞬间的位置数据，还记录了无人机在空中的姿态数据。

文件中，GPS 定位数据用 X，Y，Z 表示，姿态定位系统主要记录相机在曝光瞬间时的姿态，通常用三个角元素 φ、ω、k 表示。图 11-10 显示某架次结束后的 POS 文件。

图 11-9　像片中记录的位置数据

pos123.txt - 记事本

文件(F)　编辑(E)　格式(O)　查看(V)　帮助(H)

Cameras (64)

# PhotoID, X, Y, Z, Omega, Phi, Kappa					
100_0185_0001	508290.4706366077900000	3600073.4968035193000000	319.7720271728480300	-1.2117806304577214	0.0471556356394836
100_0185_0002	508300.1261709116500000	3600084.3672898058000000	319.7944439275475500	-1.0402990929333347	-0.0725718659040056
100_0185_0003	508314.9701672813400000	3600101.3325198917000000	319.8815476827609200	-0.9737520661579516	-0.1139315194364149
100_0185_0004	508329.0090907999500000	3600117.6639910685000000	319.8567052211340600	-0.9414451193976149	-0.1734264232459230
100_0185_0005	508343.1245953093700000	3600133.8804555954000000	319.8071092678965800	-0.8991858482095824	-0.2163268137816608
100_0185_0006	508357.4258106575600000	3600150.1248628758000000	319.8050612471972700	-0.8772709546787226	-0.2800398835713721
100_0185_0007	508371.9160449882000000	3600166.4860063922000000	319.8514267205173400	-0.8333713247325372	-0.3765733597456533
100_0185_0008	508386.1190076629900000	3600182.6956460616000000	319.8303459354281700	-0.8461015720974960	-0.4055530337313799
100_0185_0009	508400.5092954117000000	3600199.0222517159000000	319.8360885605404700	-0.8431770896020134	-0.4345856582300354
100_0185_0010	508414.7214209309900000	3600215.2427722057000000	319.8243711622694100	-0.8190349265208626	-0.4283836166818938
100_0185_0011	508428.6071885501700000	3600231.1660441072000000	319.9178584268981400	-0.8312054795798937	-0.4486940115846281
100_0185_0012	508426.2749086665000000	3600240.5277953306000000	319.7115429123377900	-0.2969266496121853	-1.1499488870792913
100_0185_0013	508416.5600704343500000	3600260.6243732483000000	319.8471401299949500	-0.1543105162637277	-1.1400967567194535
100_0185_0014	508407.5063163883800000	3600278.6127124857000000	319.9137383651907400	-0.1114685963277951	-1.1184661028006491
100_0185_0015	508401.8831655063500000	3600275.1619224134000000	319.8575098862007200	1.0410717326878567	-0.1088061627678164
100_0185_0016	508387.1900198205300000	3600258.5587089434000000	319.8718804731200300	0.9745641419913653	0.0270653860000092
100_0185_0017	508372.9140313603600000	3600242.2568153655000000	319.8681158566096800	0.9494147404493216	0.0964796089843752
100_0185_0018	508358.7727592905900000	3600226.0764218085000000	319.8499559777639500	0.9176892497630398	0.1661346461354492
100_0185_0019	508344.4115382802600000	3600209.7665262842000000	319.8482832364549600	0.9009192165161236	0.2415034829151874

图 11-10　POS 数据文件结构示例

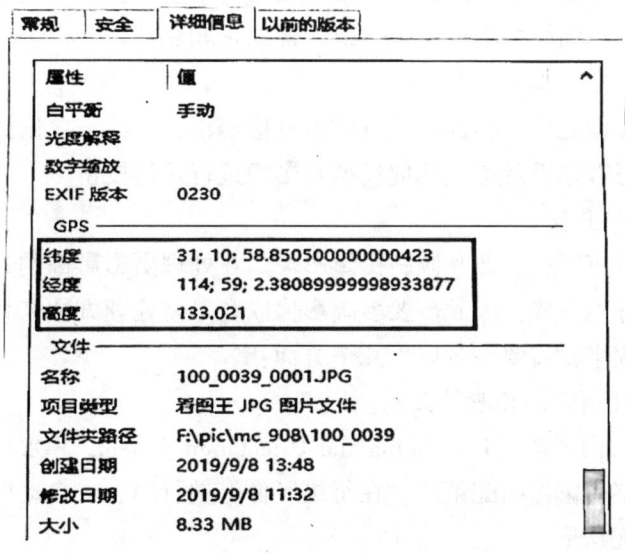

▶ 摄影测量学

对于影像处理软件而言，例如 Inpho，当提供了较为精确的 POS 数据文件后，连接点的匹配及空三处理速度明显加快。不过对于非测量型相机，即使没有 POS 数据文件，也没有像片的位置数据，对于像 ContextCapture、PhotoMesh、Metashape 等软件都可以生产。

需要注意的是，获得数据之后，还需要现场对获取的影像进行逐一检查。对于不合格的测区需要补飞，重新拍摄，直至拍摄的影像能够满足质量要求。在检查完成之后，要对合格的影像进行匀光匀色的处理。由于在飞行的过程中存在光照角度、空间上的不一致，影像之间会存在差异，因此需要对有差异的影像进行处理，直至符合要求。

三、倾斜摄影测量影像处理特点

倾斜摄影测量影像处理的关键包括非量测相机高精度检测、多视影像联合平差、多视影像密集匹配、数字表面模型生成、真正射影像纠正和 3D 建模。

1. 非量测相机高精度检测

无人机在拍摄影像之后，影像的数量较多且像幅小，因此需要依据影像的特点及相机定标参数、拍摄姿态数据以及有关几何模型对影像进行几何校正。

2. 多视影像联合平差

多视影像包括垂直摄影影像和倾斜摄影影像。在处理摄影影像的过程中，部分空中三角测量系统无法较好地完成，因此需要多幅影像联合平差处理方法来处理倾斜影像。在多视影像联合平差过程中，需要注意以下几个方面：

（1）影像间的几何变形和遮挡关系。

（2）结合定位定向系统（Positioning and Orientation System，POS）提供的多视影像外方位元素，结合金字塔影像匹配策略，在每级影像上进行同名点自动匹配和联合平差，得到较好的同名点匹配结果。

（3）建立误差方程式时，将连接点、控制点坐标、GPS/IMU 辅助数据等数据，与多视影像自检校区域网平差的误差方程进行联合解算，以获取高精度的平差结果。

3. 多视影像密集匹配

多视影像密集匹配是数字摄影测量的核心技术之一，基于多视影像的特点，多视影像匹配相较于传统的单一立体影像匹配有诸多优点：

（1）在多视影像中，由于数量较多，可以利用影像中的冗余信息，来对所拍摄地物中的错误匹配进行改正。

（2）可以利用多视影像中的信息，尽可能地对盲区的地物特征进行补充。

4. 数字表面模型生成

利用多视影像密集匹配方法能够生成高精度、高分辨率的数字表面模型（DSM），该模型能够表达地形的起伏变化。这一技术已经成为新一代研究空间数据基础设施的重点研究对象。但由于多角度倾斜影像之间存在差异（角度、色差、高度等引起的差异），且影像中会存在较严重的阴影和遮挡问题，DSM 利用倾斜影像自动获取成为新的难点。为了解决这一问题,可以先依据自动空中三角测量计算出各个影像的外方位元素,继而选择合适的影像匹配单元与之前计算出来的外方位元素进行特征匹配和像素级的密集匹配,并引入并行算法,提高计算效率。

5. 真正射影像纠正

多视影像真正射影像纠正涉及物方和像方两个概念,其中物方为连续的数字高程模型(DEM)和大量离散分布且粒度差异很大的地物对象;像方为海量的多角度影像,因此在进行多视影像真正射影像纠正的过程中,物方和像方同时进行。前面生成的 DSM 模型中,顾及了地物的几何特征和地面连续地形语义信息。利用多片拟合、房顶重建、轮廓提取等技术提取地面相关信息;然后根据多视影像信息进行边缘提取、影像分割和纹理映射等计算方法获取像方信息;最后通过联合平差以及密集匹配建立地面与像方即像点与地面点的对应关系,在纠正过程中顾及几何辐射等系统误差的因素进行联合纠正,最后获得正射影像。

6. 3D 建模

将之前无人机获取的倾斜摄影影像经过影像处理之后,利用测绘建模软件可以生成倾斜摄影三维模型。生成的模型有两种,分别为单体对象化的模型以及非单体对象化的模型。

单体对象化的模型是基于倾斜摄影影像中的丰富数据,结合现有的三维线框模型,利用纹理映射的方法生成三维模型。基于这种方法生成的模型是对象化的模型,模型中单独的建筑物可以进行独立的修改、替换或删除,其纹理也可以利用软件进行替换。

非单体对象化的模型,也称倾斜模型。该模型是基于全自动化的方式生成的,能够在短时间之内以较少的人力获得模型。在获得倾斜摄影影像,对数据进行处理之后,将数据导入专业建模软件即可通过软件获得地物的三维模型。基于这种方法生成模型之前,对数据处理的方式比较复杂,需要对数据进行匀色匀光处理,并经过多视角的几何校正和联合平差的处理方法。将处理完成的影像数据转换成超高密集点云,由此来创建 TIN 模型,并用该模型生成基于该影像纹理的高分辨率的倾斜摄影模型,由高分辨率和超高密集点云生成的三维模型符合倾斜影像的测绘级精度。

四、无人机倾斜摄影优缺点

1. 无人机倾斜摄影的优点

相对于传统的航天和航空摄影测量而言,基于无人机的低空摄影测量为危险区域图的实时获取、环境监测、地理国情监测及应急指挥需求等提供了一种新的技术途径,具有广阔的发展与应用前景。除了携带运输方便、组装简单、工作效率高、不必申请空域飞行手续等优势外,还具有如下优势。

(1)影像获取快捷方便。无须专业航测设备,普通民用单反相机即可作为影像获取的传感器,操控手经过短期培训学习即可操控整个系统。

(2) 低成本。UAV 系统及传感器成本远远低于其他遥感系统，无人机（具备飞控系统）的市场价格为 3 万~100 万元，各种档次都有，而相机整套（机身加镜头）不到 2 万元，整套系统成本低廉。一般的单位和个人都有能力负担。

(3) 具有机动性、灵活性和安全性。无须专用起降场地，升空准备时间短、容易操控，特别适合应用在建筑物密集的城市地区和地形复杂地区以及南方丘陵、多云区域。

(4) 能够在特殊环境下工作。能够在危险和恶劣环境下（如森林火灾、火山爆发等）直接获取影像，即便是设备出现故障，发生坠机也无人身伤害。

(5) 受气候条件影响小。只要不下雨、下雪且空中风速小于 6 级，即使是光照不足的阴天，无人机也可上天航拍。

(6) 分辨率高、多角度（视角）。由于是低航空摄影，一般在云下飞行，使用 CCD 数码相机作为传感器，具备垂直与倾斜摄影能力，搭载 GNSS 定位装置，可低空多角度摄影获取建筑物侧面的纹理信息，弥补了卫星遥感和普通航空摄影遇到的高层建筑遮挡问题。

空间分辨率能达到分米甚至厘米级，可用于构建高精度数字地面模型及三维立体景观图的制作。

(7) 影像获取周期短、时效性强。无人机遥感几乎不受场地和天气影响，飞行前准备工作可少于 2 h，因此可快速上天获取满足要求的遥感影像，从准备航飞到获取影像周期短，影像获取后可立即处理得到航测成果，时效性强。

2. 无人机倾斜摄影的缺点

无人机遥感系统凭借着众多的优势，在图像的实时获取、环境监测、地理国情监测及应急指挥需求、土地利用动态监测、地质环境与灾害勘查、地籍测量、地图更新等领域得到充分的应用；但是，与传统的航天和航空影像相比，无人机遥感影像又存在以下问题。

(1) 姿态稳定性差、旋偏角大。无人机在飞行时由飞控系统自动控制或操控手远程遥控控制，由于自身质量小、惯性小、受气流影响大，俯仰角、侧滚角和旋偏角较传统航测来说变化快，致使影像的倾角过大且倾斜方向没有规律，幅度远超传统航测规范要求。

(2) 像幅小、数量多、基高比小。受顺风、逆风和侧风影响大，加上俯仰角和侧滚角的影响，航带的排列不整齐、主要表现在重叠度（包括航向和旁向重叠度）的变化幅度大，甚至可能出现漏拍的情况。为了保证测区没有漏拍，通常是通过提高航向和旁向重叠度的方法来实现这一点，同时普通单反相机像幅相对专业数码航摄仪来说小，在保证预定重叠度的情况下，整个测区影像数量成倍数增多，基高比也相应变小。

(3) 影像畸变大。相比传统的航空摄影而言，无人机低航空摄影选取 CCD 数码相机作为成像系统。而较专业航摄仪来说，小数码影像（普通单反拍摄的）畸变大，边缘地方畸变可达 40 个像素以上。

无人机遥感影像的这些问题，给影像的匹配和空中三角测量等内业处理也带来困难：①由于姿态稳定性差、旋偏角大，比例尺差异大，降低了灰度匹配的成功率和可靠性；②像幅小、影像数量多，导致空三加密的工作量增多、效率降低，航向重叠度和旁向重叠度不规则,给连接点的提取和布设带来困难,基高比小无疑对高程的精度也造成一定的影响;③如若对于小数码影像的畸变差不考虑,直接使用将影响空三加密的精度。

任务三 无人机倾斜摄影测量技术的应用

【任务目标】
(1) 了解倾斜摄影测量技术在国民经济建设中的应用种类。
(2) 掌握倾斜摄影测量技术在不动产测绘、公路工程、地质灾害等方面的具体应用。
(3) 能区别倾斜摄影测量不同成果的不同应用。

【任务描述】
无人机倾斜摄影技术应用十分广泛,如国家重大工程建设、灾害应急与处理、国土监察、资源开发、新农村和小城镇建设、城中村拆迁数据留存,政府方面的税收评估、公共安全、执法行动、规划发展、消防;公共事业方面的灾害评估、环保、企业方面的保险、房地产;公众方面的位置服务、互联网应用、旅游等。尤其在基础测绘、土地资源调查监测、土地利用动态监测、数字城市建设和应急救灾测绘数据获取等方面具有广阔的市场前景。

【任务知识】
由于倾斜影像为用户提供了更丰富的地理信息、更友好的用户体验,倾斜摄影测量技术目前在欧美等发达国家已经广泛应用于应急指挥、国土安全、城市管理、房产税收等行业。在国内政府部门多用于国土监测、房产税收、土地整治、数字城市、城市管理、应急指挥、灾害评估、环境监测。在企事业单位主要用于房地产开发、工程建筑规划与设计实景导航、旅游规划等领域,如图11-11所示。

图11-11 倾斜摄影测量的行业应用

一、无人机倾斜摄影测量技术在不动产测绘中的应用

(一) 做好相关准备工作

首先,在倾斜摄影测量技术参数方面,需要设定好地面分辨率,使用相机的焦距调节,解决好测绘中航线间隔和旁向重叠度、影像色彩清晰度等问题。飞行高度越低,地面分辨值就越小,可以得到更加清晰的影像。但这样处理会拉长建筑物阴影,相同测区影像数量增多,而加大后期数据处理难度,同时也不利于保证飞行安全系数,因此需要合理选择飞行航高。其次,在进行测绘作业前,需进行空域申请,了解气象条件预报,避免违规飞行被扣押设备。工作人员可以先进行试飞试照,分析处理得到的影像,确保其质量符合要求,再开展正式测绘作业。

(二) 影像获取,布设像控点

无人机倾斜摄影测量技术可以在传统正射影像基础上,通过其他四个搭载在不同角度的镜头全方位采集数据,再经过多视匹配、快速建模等建立起三维模型。飞行中,工作人员应注意控制好飞行质量,利用高性能飞控设备、GNSS 导航系统准确掌握飞行数据,避免出现导航失效等问题。为保证摄影质量,还应加大操作中的控制力度,选择在能见度良好的高度飞行,各飞行架次气象条件要保持一致。根据航摄要求确定好摄影时间,选择天气能见度良好、光照充足的时间。再依据飞行高度和能见度等,选择摄影相机合适的曝光参数,保证影像质量。测绘过程中通过辨认地物、绘制轮廓,使相邻影像间相同地物色调一致。结束飞行后要利用管理软件处理摄影站点 GNSS 坐标数据,如果不合格则需补飞。妥善处理好存储航片影像数据的介质,将其送到基地进行后期处理,之后便可接收到返回的质量检验报告,并进一步调整作业方案。

布设像控点是倾斜摄影测量中的重要环节,关系着后期空三加密精度和三维模型精度,具体根据地形、地物和航线设计来布设。具体布设按照以下原则:①像控点在影像上比较清晰、易识别;②像控点应在距离影像边界 1~5 cm 的位置,以避免投影误差影响影像匹配精度;③阴影会导致像控点标准模糊,尽量避免存在阴影区域;④选择在宽敞地方布置像控点,避开信号塔等,以免测量精度受到信号干扰。以房地一体项目测绘为例,先布设目标范围周边,再布设测区中间位置,控制好像控点距离和成图范围。一个自然村要保证至少布设了 5 个像控点,且这些像控点将村庄规则包裹。如果测绘区域地形特殊,像控点需最大范围包裹目标,根据航线计划图、预设测点位置来均匀布设,外围像控点连线应将目标村庄包裹,图廓线外则布设自由图边像控点。

(三) 建立三维模型与精度分析

(1) 建立三维模型。具体流程主要是整理影像数据、修正数据偏差、控制点影像关联、空三加密、提取点云信息、建立三维模型。

(2) 三维测图。不动产测绘调查中,需要逐栋测量房屋,可以利用三维测图系统加载具有实际地理坐标的模型数据,在二维三维交互一体化采集采编下,直接采集测图地物,

该技术下不需改正屋檐,且实际效率较高。

(3) 精度分析。在倾斜摄影测量技术应用中,为保证建立模型的精度,需要选择实验区明显地物点进行精度检测,统计检测点误差,确保满足高精度三维模型要求。可以选取多个检测点,对比分析采集结果和实测数据,来验证测图精度。比如采集房子边长数据,确定待测房产图的界址点、边长,利用全站仪采集各项数据并记录测量边长,在对比分析中验证摄影参数准确性,确保其达到不动产测绘要求。

(4) 矢量化图空间校正。虽然测绘中,单个建筑物测绘误差较小,但在整体三维模型中,这种误差会随之加大。因此需要对无像控三维模型下绘制的矢量图做空间校正。主要是进行几何纠正,使被纠正图层与目标图层对齐,可以采用橡皮页变换法纠正,如果纠正点分布均匀可以采用线性法,分布比较分散则可采取自然邻域法。

二、无人机倾斜摄影测量技术在公路测量中的应用

1. 在带状图上进行内插,明确测区的高程差

利用无人机倾斜摄影测量技术可以在带状图上进行内插,明确测区的工程差,这样就可以解决公路坡道和转弯等各个难题。具体应用步骤是:①根据无人机航飞拍摄的画面以及外业测量的特征来完成影像的匹配;②结合公路施工特点来对生成的图像实施内插运算,从而将公路的高程特点清晰明了地体现出来;③借助相应的软件将带有横断面特点的图像筛选出来,然后明确其倾斜角度。一般完成以上3项后,基础工作就已经完成了,剩下的只需要测绘人员在横断面区域进行测量即可,同时勘查横断面附近的环境,便于后期施工方案的制定。利用无人机倾斜摄影测量技术有效地提高了公路测量的工作效率,降低了测量成本。

2. 基于影像成果,计算填挖土方量

由于无人机倾斜摄影测量获取的影像之间的旁向重叠度和航向重叠度都比较高,在多个参数共同作用下得出最终影像,因此可以据此得到图像的比例尺。也就是说,可以根据此图像计算出被测区域的面积以及体积等。基于影像成果就可以计算出山区公路需要的填挖土方量。在具体计算时,应先明确填挖土方量的路段,并仔细查看这些路段周围环境特征,包括土壤情况和岩石走向等,然后确定需要填挖的土方量。如果需要填充,并且填充路段周围是优质土壤,则可以就近取材,减少资源消耗的同时,也降低了填充成本。如果需要开挖,则开挖时应综合考虑开挖对周边环境造成的影响,开挖出来的土料应堆放到合适的地点。

3. 借助影像,观察横纵断面处理及对周围的影响

利用无人机倾斜摄影测量技术还可以清晰地观察到横纵断面及其周围环境的状况,一般在地势险要的地段其作用更加明显。因为这些地段的岩石、水体受施工的影响较大,稍微明显的震动都会使山体的结构发生变化,存在很大的安全隐患。借助无人机拍摄的影像便可以了解周围环境,从而明确施工需要注意的地方,一方面加快了施工进程,另一方面

也保证了工程与施工人员的安全。对于平原来说,该技术应用效果则不太明显。

三、无人机倾斜摄影测量技术在地质灾害调查中的应用

发生地质灾害后现场混乱,勘测人员和救援人员无法到达灾害体附近,导致无法准确得到灾害现场的具体信息。而此时应用无人机倾斜摄影测量技术则可以轻松到达灾害体附近,并对其进行全方位的实时拍摄,相关人员通过拍摄的图像了解灾害现场的特点以及灾害的严重程度,从而制定出合理的整治方案。

1. 建立地质灾害三维模型

建立三维模型使得灾害发生前后信息表达、传递、沟通更加真实直观,降低了专业门槛,有利于领导和各行业专家发挥多方智慧共同会商决策。

通过三维模型中各部位分析与岩体力学结构、抗滑系数、动力学模型等相结合进行可视化表达和计算解析,建立地灾仿真预警系统,对各类地质灾害体内部进行数学和力学仿真分析,快速实现地质灾害三维可视化分析、安全性评估以及灾害发展与影响模拟。

相较正射影像,三维立体模型通过倾斜摄影技术从垂直、倾斜等不同角度获取的影像数据,信息更完整准确,也能从各个角度更直观地观察灾害体,拉近放大局部区域,调查的内容更加丰富,使得无人机倾斜摄影测量在地质灾害调查中的应用更加广泛。并且,由于三维立体模型能够将地质灾害现场完整、真实地反映出来,因此即使是非专业人员,也能了解地质灾害情况,尤其是具有决策权的领导,有利于其进行科学决策。

2. 结合 GIS 应用

通过与 GIS 软件相结合,将原来以点、线、表格存储的地质灾害信息,并根据钻孔岩芯、剖面地层和地质测量资料等建立地质灾害三维空间数据库,可实现对地质灾害体感兴趣区域的信息查询,任意切割制作地质剖面图、平面图等,并计算地质灾害体局部或全部的面积和体积(容量),为地质灾害的发生、演变提供决策和技术依据。

3. 线划地形图

线划地形图是地质灾害调查的基础。一般使用传统的地形图测绘只能生产小于或等于既定比例尺的地形图,并且测绘时间长,需要大量的人力,影响了调查工作的进度。但是无人机倾斜摄影测量却可以有效解决这些问题,它能够设定不同比例尺同时进行测绘,并且可以设定测绘时间段,大大提高了测绘速度与质量。然后根据需要,利用正射影像图和三维立体模型快速生成各种比例尺线划地形图,更好地满足地质灾害调查的用图需要。

四、无人机倾斜摄影测量技术在露天矿山监测中的应用

1. 开采范围监测

矿区的监测主要集中在露天矿坑的采矿区是否超过界限。在无人机倾斜测量中,可以得到高分辨率的真实投影图像(TDOM)数据和三维现实模型数据。通过 TDOM 得到的结果,能够直观地看到开采的边界,判断开采是否越境,从而对开采范围进行更好的规划与

控制。无人机倾斜摄影测量的精度非常高，现已达到厘米级，因此在露天矿山监测中的作用非常显著。

2. 动态储量监测

通过相应的扫描软件可以对垂直三维模型实施倾斜测量，从而实现矿山开采的动态监测，便于相关人员及时了解矿山开采过程中的现场情况，获取更准确的数据信息。

五、无人机低空倾斜摄影测量技术在建筑物提取精度中的应用

只有保证了数据检索能力，才能保证建筑物的提取精度。因此，数据检索能力在建筑物精度提取中发挥着重要作用。利用无人机倾斜摄影测量技术可以对建筑物进行碎部采集，并且可以将栅格数据显示出来。需要注意的是，应当将数据进行分类，不同的数据拥有不同的级别，依照级别设置缓存和索引。与此同时，技术人员在提升数据检索能力的过程中还可以通过利用 DEM 分别对图像进行逐像元投影改正、镶嵌、图幅裁剪，最终能够一次生成数字正射影像数据集并且进行数据的提取工作。

六、无人机倾斜摄影测量在城市管理中的应用

利用无人机倾斜摄影测量技术可以快速建立城市的三维实体模型，对于城市的建设与管理具有十分重要的意义。无人机倾斜摄影测量可以对城市进行实时航拍，及时更新测量数据，城市管理者通过这些数据可以制定出更科学的城市管理方案。另外，由于城市的建筑物普遍较为高大，结构复杂，使用传统测量方法工程难度很大，而无人机的介入则可以快速获取建筑信息，从而便于人们对建筑模型进行更新和处理。总之，利用无人机倾斜摄影测量技术可以加快城市化进程，促进城市发展。

任务四　无人机倾斜摄影测量作业流程

【任务目标】

(1) 掌握无人机倾斜摄影测量外业作业流程与方法。

(2) 掌握无人机倾斜摄影测量某种软件内业作业流程与方法。

(3) 能配合小组成员完成一次无人机外业航拍任务，并独立进行一次内业数据处理，并得到合格结果。

【任务描述】

为了得到满足工程项目要求的倾斜摄影测量成果，必须从外业任务规划、航线规划、像控测量、航拍以及内业空三加密、三维建模等方面同时考虑。同时应该按作业规范执行，符合安全标准，完成作业。

【任务知识】

倾斜摄影测量的作业分为外业工作和内业工作两部分，详细流程如图 11-12 所示。

一、外业工作

1. 任务规划

（1）到现场了解作业区的地形概况和地貌特征，包括居民地、道路、水系、植被等要素的分布与主要特征，地形类别、困难类别、海拔高度、相对高差等。

（2）确定要使用的坐标系统、中央子午线、投影面高程、高程系统、基本等高距、图幅分幅规格及图号编排。

（3）向有关部门申请空域。我国的空中管制十分严格，由空军统一管理，所有的航空摄影项目都需要进行空域申请，得到批复后才可以实施测量。

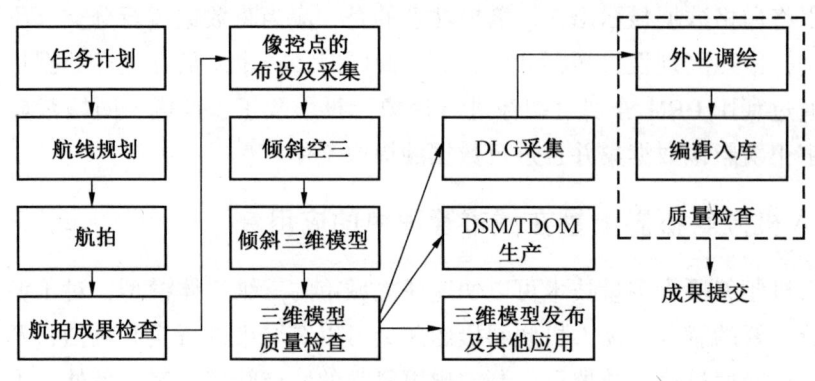

图 11-12 倾斜摄影测量作业流程

2. 航线规划

航线的规划第一步应考虑天气情况，最理想的作业环境是在 9—15 时，光照适中，无雾霾，空气能见度高。如无法保证一直在标准的时间段内作业，则应考虑光照问题，因此应选择结构设计更加合理的相机。之后应明确航测范围、确认航向和旁向重叠度、考虑风向等问题。在谷歌地图等软件上进行规划，如图 11-13 所示。

3. 像控点布设与测量

在整个航测作业中，摄影测量像控点是空三加密运算和测图的基础，其位置的选择和坐标的测定直接影响内业成图的数学精度，因此像控点的布设至关重要，像控点布设如图 11-14 所示，可选择明显地物点或单独布设。像控点布设要注意以下几个方面：

（1）像控点一般在航向三片重叠和旁向重叠中线附近，困难时可布设在航向重叠范围内。

（2）像控点距像片边缘的距离不得小于 1 cm。

（3）控制点在相邻两航线上不能公用而需分别布点时，两控制点之间裂开的垂直距离不得大于像片上的 2 cm。

（4）点位应尽量选在旁向重叠中线附近，离开方位线大于 3 cm 时，应分别布点。

所有像控点要刺在地面明显清晰、易于判读的地方，如斑马线角、坪角等，刺点要能

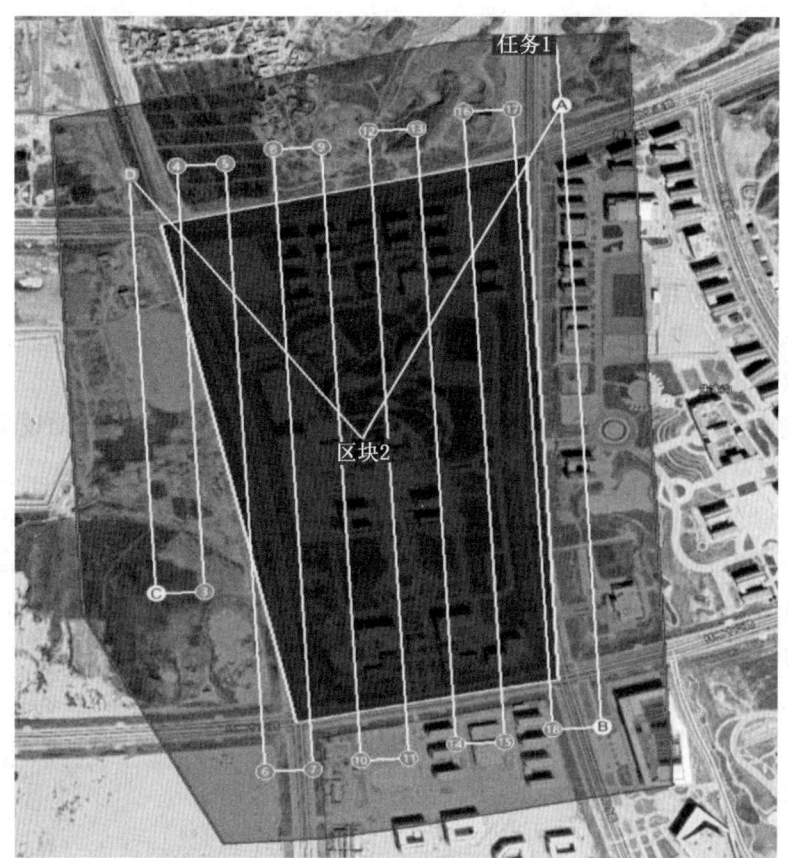

图 11-13 航线规划示意图

图 11-14 像控点布设示意图

满足平高点位置的要求。像控点位置距像片边缘要在 1~1.5 cm。像控点选定后，相片上要进行刺点，刺孔直径不得超过 0.1 mm。选定像片控制点后，进行控制点编号，同时要进行控制像片的整饰，并附加说明。

像控点测量一般可采用 RTK 模式进行施测，信号较弱的地区采用 GNSS 静态测量模式。像控测量平面高程精度均不能超过±0.02 m。

4. 航拍

像控点布设好之后，进入正式作业阶段——航拍。对于放置很久的设备，应当在正式使用前对设备进行全面保养和安全故障排查，确保设备能够正常作业。确认设备无安全隐患、各项功能正常后，还需要做以下起飞前准备事项：

（1）控制点/检查点测量。将设计的控制点点位 kml 导入手机等移动设备，到达预设点位现场，简单评估情况，选择合适特征点或者喷绘控制点。为测量控制点拍摄"点之记"照片，远近景各一张。（喷绘点可以不用拍摄，斑马线等特征标志点需要拍）

（2）航飞准备。将所有规划好的航飞区域 kml 导入遥控器；选择一个合适的起飞场地，要视野通透、开阔。设置航飞参数：相机参数、等距拍照、航高、起飞速度、航线速度、执行完动作返航、航向重叠度、旁向重叠度、航线角度、边距等。

飞机开机检查飞机状态、操控模式、传感器状态，测试相机拍照。

上传航线、开始飞行，监控飞行姿态、气象条件、相机工作状态。任务执行完/低电返航，断点续飞。

5. 数据检查预处理

飞行完成后，检查飞行数据也是一个很重要的工作，要确认无人机采集的航片能够用于内业数据处理，以免等数据发回后才发现数据不能用，这将极大地延误项目实施进度，造成工期延误与预算浪费。数据下载一般分为 POS 数据下载与影像下载。

（1）POS 数据下载。POS 数据包含航片的地理位置信息，会参与后期空三加密运算，直接影响模型的精度。较为常见的问题是：POS 丢失、POS 数据错位。外业人员需要检查记录的拍照次数与记录的 POS 数据是否能对应，如有缺失，应及时补救。POS 数据错位存在于五镜头数据不能统一拷贝的相机中，一般是人为原因造成的。

（2）影像下载。航飞完成后，外业人员应当检查获取的航片质量，判断影像是否清晰、色彩是否均匀、是否存在漏片现象等问题。如果存在，应采取补救措施；如果数据合格，应及时下载、分类保存好数据，交付内业同事使用。

二、内业工作

1. 内业三维建模

外业摄影作业完成后，需要及时将数据导出转入内业处理，内容包括：

（1）数据检查。主要检查航摄作业的飞行质量以及所拍摄影像质量，如实际影像重叠度、像片倾角和旋角、航线弯曲度、摄取覆盖范围、影像的清晰度、像点位移等。如果检查内容不满足内业规范和作业任务要求，则应根据实际情况重新拟定飞行计划对局部区域补飞或重飞。

（2）空三加密。目前在无人机倾斜摄影测量内业数据处理过程中，通常采用光束法区域网联合平差的方法，也称联合平差。联合平差的基本原理是对运用两种不同观测手段得到的数据进行平差，将控制点坐标数据和像片的 POS 姿态数据作为外方位元素的初始值进行联合平差。

（3）实景三维模型建立。基于原始影像及空三成果，即可使用 Pix4Dmapper 等内业处理软件生成三维模型及派生数据，包括 DOM、DSM（含 DEM）、数字点云等数据。

2. 内业数据采集

实景三维模型生产完成后，应使用像控点和检查点对模型精度进行检查。模型精度符合相关规范要求后，采用相关数据采集平台，进行地形数据采集，作业模式采用先内后外的模式生产。倾斜摄影测量数据处理流程如图 11-15 所示。

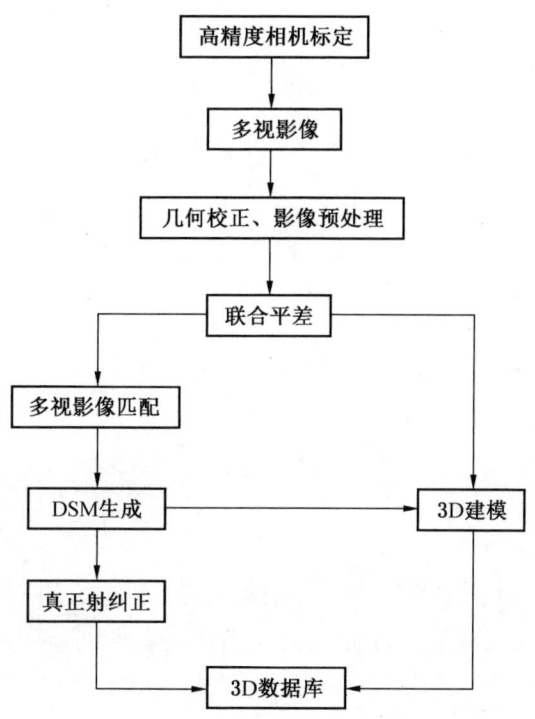

图 11-15 倾斜摄影测量数据处理流程图

【项目习题】
1. 什么是倾斜摄影？它有什么特点？
2. 倾斜摄影的外业工作有哪些？内业工作有哪些？
3. 倾斜摄影的直接数字化产品有哪些？
4. 倾斜摄影系统组成主要包括哪些部分？

5. 倾斜摄影系统航飞平台的主要类型及特点有哪些?
6. 对于利用无人机进行倾斜摄影,选用相机时其焦距的选择原则有哪些?
7. 目前,常用的一些国内外处理倾斜摄影的影像处理软件有哪些?
8. 在三维模型立体数据采集方面,国内的三维模型立体数据采集软件主要有哪些?

参 考 文 献

[1] 王启春. 摄影测量与遥感［M］. 重庆：重庆大学出版社，2019.
[2] 潘洁晨. 摄影测量学［M］. 成都：西南交通大学出版社，2016.
[3] 邹晓军. 摄影测量基础［M］. 郑州：黄河水利出版社，2008.
[4] 丁华. 摄影测量学基础［M］. 北京：清华大学出版社，2018.
[5] 张彦丽. 摄影测量学［M］. 北京：清华大学出版社，2020.
[6] 张祖勋，张剑清. 数字摄影测量学［M］. 武汉：武汉大学出版社，2010.
[7] 赵红. 摄影测量与遥感技术［M］. 武汉：武汉理工大学出版社，2016.
[8] 刘广社. 摄影测量与遥感［M］. 武汉：武汉大学出版社，2013.
[9] 李玲，黎晶晶. 摄影测量与遥感基础［M］. 北京：机械工业出版社，2014.
[10] 王军，徐亚明. 摄影测量学［M］. 武汉：武汉大学出版社，2005.
[11] 张祖勋，张剑清. 数字摄影测量学［M］. 武汉：武汉大学出版社，2002.
[12] 张剑清，潘励，王树根. 摄影测量学［M］. 武汉：武汉大学出版社，2009.